旅館會計實務

Practical Hotel Accounting

楊上輝◎著

序

筆者於1973年文化大學觀光事業系畢業，退役後陸續從事國際貿易、超市經營及三普大飯店的籌建工作，其後被國祥冷凍公司陳董事長延攬爲高雄分公司經理，而且有機會於三十五歲赴美留學，榮獲佛羅里達國際州立大學旅館及餐飲管理碩士學位，回國後曾擔任兩家分離式冷氣製造廠總經理及知本富野渡假大飯店副總經理、花蓮天祥晶華酒店執行董事、帛琉大飯店總經理等職務，且在文化、實踐、銘傳、高雄工商專等大學院校兼任講師計十二年。現任職於寶成國際集團、昆山裕天新天地商務酒店專案主管，且爲中國常州建東學院，旅遊業管理客座教授。

筆者從事於旅館業達二十多年，深知觀光事業的外匯收入，可以平衡國際收支與繁榮社會經濟。觀光事業爲涉及範圍甚廣的學科，與觀光直接有關的行業包括旅館、餐廳、旅行社、遊覽車業、遊樂業及手工藝品等，因此需要學有專精的人才。

旅館從業人員，應擺脫學旅館最終目的是在旅館「就業」的消極理念，而將層次提早到「經營」旅館的地位，「就業」的立場是服從旅館從業準則，而經營則是從研究作業準則中，比較分析出本旅館與其他同業之間的差異性、優劣點，瞭解旅館的管理制度，以及各種報表的功能。總經理、經理、主任等各階主管，應將各部門的經營情況瞭解整理，並向董事會報告經營結果及提出營業預算，在這過程中需具備有旅館會計的專業知識，才能達成以上的任務。

筆者於1996年出版之《旅館經營管理實務》，在本書中學習、瞭解到旅館誕生的過程，從申請、規劃、市場調查、可行性研究一直到旅館籌建中各種設備，連鎖旅館合約的簽訂及電腦系統。

《旅館會計實務》於2004年完成，其中包含會計的基本原理、觀光旅館會計制度、客房會計、餐飲會計、餐飲成本、行政管理會計、旅館資產管理、旅館電腦化作業系統及我國稅捐稽徵通則。讀者詳閱此書，可從經營數字中得到經營管理的具體結論，從分析中瞭解明年度努力的目標。當別人花費二十年才成爲經理，你看完此兩本書，你只要花六年的時間便可以有更好的未來。

本書承蒙揚智文化公司葉總經理忠賢先生及林總編輯新倫先生的極力支持下，才使本書順利出版，在此特予申謝，對於本書尚有疏漏之處，敬祈各界先進惠予指正爲盼。

楊上輝

目　錄

第一章

會計的基本概念

- 會計學的定義
- 會計與簿記之區分
- 會計科目內容
- 會計基本方程式與借貸法則
- 會計分錄與普通日記簿

會計係因應社會及經濟上的需要而產生，由於會計工作的領域多年來逐漸擴展，不單是企業界，連與營利無關的醫院、學校、公益社團、文化團體及政府機構，都採用會計，以協助企業管理、工作進度的控制及衡量工作的績效。

會計是企業的語言，管理的利器。會計是以理論爲基礎，根據有系統的科學方法，採用一般公認會計原則，以貨幣爲衡量單位，將各行業的經營事項加以記錄、分類、整理、彙總報導結果，並對財務報表加以分析解釋，使經營者能充分瞭解企業經營的狀況。

由於企業團體的規模及營業範圍相當複雜，所以管理當局設計了一套會計制度，作爲管理或釐訂決策的參考。凡企業各單位的會計事務及相關作業制度，均適用於此制度。在會計事務方面，範圍包括交易的記錄、分類、彙總及財務報表。在作業制度方面，涵蓋採購、銷售、現金收付、商品控管、固定資產控制及人事等制度。

第一節　會計學的定義

美國會計學會在1966年對會計學的定義爲：會計是對經濟資料的認定、衡量與溝通的程序，以協助資料使用者作審慎的判斷與決策。此定義乃會計處理資訊的程序，即是將處理後的資訊提供予決策者，協助作審慎的判斷與決策。

會計學所包含的範圍甚廣，目前已發展爲一獨立的體系，會計學涵蓋：（1）財務會計；（2）成本會計；（3）管理會計；（4）稅務會計；（5）審計學；（6）預算制度；（7）會計制度；（8）政府會計；（9）財務報表分析；（10）特殊行業會計。茲說明於下，以供讀者更進一步的瞭解。

一、財務會計 (financial accounting)

其主要功能，即將企業財務狀況及經營成果的資料，提供投資者、債權人及稅捐稽徵單位、主管機關、經濟分析員等人士參考。外界人士對企業經營狀況無法如同內部管理人員一樣清楚地瞭解，因此，提供外界人士使用的報表必須按照一般公認會計原則編製，才能公正表達企業的財務狀況、經營成果及現金流量。

二、成本會計 (cost accounting)

重點在計算企業產品及各項作業所花費的成本，以協助管理者達成計劃性的目標，並建立管理資料之整體系統。

三、管理會計 (management accounting)

管理會計爲成本會計之延伸，其目的乃提供管理決策所需要的數量化資料，提供管理者執行規劃與訂定決策的參考。因爲僅供企業內部管理人士應用，各項資料只要對管理決策有所幫助，均可提供。

四、稅務會計 (tax accounting)

稅務會計乃在研究企業稅捐繳納的問題，研究的重點爲各項稅務法令之規定，與會計無涉，目前國內各大專院校皆開設「稅務會計」課程，而成爲專業性之會計學術。

五、審計學（auditing）

審計學乃在研究如何審查企業的財務報表、會計記錄及這些記錄所依據的原始憑證，並研究對查核的結果表達出專業性的意見。

六、預算制度（budgeting system）

預算制度為企業管理控制之一項工具，實施預算制度的企業，在各項工作施行之前，須預先訂定計畫，並作為與實際工作結果相比較的標準。

七、會計制度（accounting system）

由於企業組織型態、規模大小不同，因此會計事務的處理方式也不同。每一企業必須設計會計工作處理的程序，包括使用的憑證、表單、帳冊、報表的格式及記錄的方法。

八、政府會計（governmental accounting）

此專為適應政府機構的業務而特別設計的會計記錄與報告方法；通常是以預算制度為手段，而達到控制資金運用之目的。

九、財務報表分析（financial statement analysis）

即研究財務報表的分析及解釋的工作，依照報表上的資料，經由各項統計分析，並將結果加以解釋，使經營者對企業營運狀況能更清楚的認識與瞭解，而作正確的決策。

十、特殊行業會計（particular field accounting）

係就某些性質較特殊的行業而專門研究發展出的會計處理原則及方法，如銀行會計、保險會計、交通會計（包括鐵路、公路、航運等）……。

第二節　會計與簿記之區分

在如何區分會計與簿記之前，讀者先要有簿記的基本概念，目前的社會中，任何企業的管理，都有金錢的收入與支出、貨品的增加與減少、債權與債務的發生。企業規模愈大，金錢、財物貨品、債權、債務的變化也更加複雜，簿記是以有系統、有組織的方法，記錄、計算並整理上述發生的變化，而達到迅速、正確、明瞭之目的。

簿記之應用，扼要言之，分述如下：

1.依所經營事業的性質可分爲：買賣業簿記、服務業簿記、專業簿記（例如：金融業簿記、工業簿記、農業簿記），由於各業性質不同，簿記記錄的內容、帳戶的設置、科目之分類亦不同，但簿記的原則與程序，則爲相同。

2.按事業經營之目的，分爲營利事業與非營利事業兩種。營利事業之簿記稱爲營業簿記，例如：商業簿記、銀行簿記、工業簿記。政府機關之公務會計、公庫會計、財務會計、稅務會計則屬於非營業簿記的範圍。

3.早期的會計記錄僅屬於備忘性質的記載，帳簿上的記錄僅屬單式簿記的形式，此種記錄無法提供完整的經濟活動資料，而不能滿足商業上的需要。所謂雙式簿記，對於每筆交易事項發生的因果關係，均加以記載，並建立一均衡性。例如：某甲向銀行借款$2,000，其記錄爲一方記現金$2,000，另一方記負債$2,000，兩方的金額同爲$2,000，以顯示均衡性。

4.以資本構成之方式爲分類的標準，可分爲獨資簿記、合夥簿記、公司簿記等。

會計學（accounting）與簿記（bookkeeping），二者關係非常密切，對一般人而言容易混淆，難以明確劃分。簿記爲會計之帳務處理技術，它的重點爲如何登帳及製表，屬於會計的技術面，簿記是重複且較爲刻板的工作，爲會計領域內最簡單的部分，只要受過短時間的訓練即可成爲一個優秀的簿記員。

會計學以研究會計理論爲重點，爲會計領域內較高深之部分，通常須受過多年的專業訓練，才對會計學有更深入的瞭解。要成爲一名會計師需經國家檢定考試通過，領有會計師執照，才有資格成立會計師事務所，爲民衆服務。

第三節　會計科目內容

會計科目爲編製財務報表的基礎，就一般常用的會計科目，按資產負債表及損益表的格式可分爲：（1）資產；（2）負債；（3）業主權益；（4）營業收入；（5）營業成本；（6）營業費用；（7）營業外收益及費用等項。

今說明如下：

一、資產（assets）

資產由企業所擁有，並具有未來經濟效益，且能以貨幣衡量的經濟資源。企業之資產按性質可劃分爲：（1）流動資產；（2）投資與基金；（3）固定資產；（4）無形資產；（5）其他資產；（6）遞延借項等。

（一）流動資產（current assets）

流動資產包括現金、銀行存款、短期投資、應收票據、應收帳款、存貨、預付費用等。各科目的內容說明如下：

1. 現金（cash）：會計上所稱的現金係指紙幣、硬幣及即期支票等。
2. 銀行存款（cash in bank）：凡存放於銀行或其他金融機構的存款，如支票存款、活期存款、活期儲蓄存款等。
3. 短期投資（short-term investment）：如投資政府公債、公司債及股票，短期投資通常爲剩餘資金的運用。
4. 應收票據（notes receivable）：發票人或付款人在特定日期支付一定金額的書面承諾。如本票、承兌匯票及遠期支票等。
5. 應收帳款（accounts receivable）：因出售商品或勞務而向客戶收取款項。
6. 應收收益（accrued receivable）：凡已賺得的收益而尚未收取者，如應收之利息、房租及其他各項收益。
7. 備抵呆帳（allowance for doubtful accounts）－應收票據：以應收票據餘額爲基礎，預計可能發生呆帳而預先提列之數。
8. 備抵呆帳－應收帳款：以應收帳款餘額爲基礎預計可能發生呆帳而預先提列之數。
9. 存貨（inventory）：指所有權屬於公司的商品存貨、寄銷存貨等。
10. 預付費用（prepaid expense）：指未到期而預先支付的各項費用，如預付房租、預付保險費。

11.用品盤存（office supplies on hand）：即尚未領用的各項文具、印刷用品。

12.進項稅額（purchase tax）：凡因採購商品、勞務或支付各項費用，依營業稅法規定必須支付的營業稅款。每月或年底應與銷項稅額沖抵，進項稅額大時，餘額爲留抵稅額，可遞延至次月份扣抵銷項稅額；銷項稅額較大時，餘額爲應付稅額。

（二）投資與基金（investments and funds）

凡基於公司的政策，將部分資金作長期性投資，而享有控制權或收益，如公債、公司債及股票等。

1.長期股權投資（investment in equity securities）：指購買其他公司股票，用來控制被投資公司或建立業務關係。股權投資之收入爲股息。

2.長期債券投資（investment in bonds）：凡長期投資於政府公債或其他企業所發行之債券者。

（三）固定資產（fixed assets）

指供營業使用而不以出售爲目的，並有實體存在的資產，包括土地、建築物、機器設備、辦公設備、交通及運輸設備。

上述設備，有一定的耐用年限，耐用年限屆滿時，資產即無使用價值，因此必須將其成本分攤於各使用期間作爲費用，此種會計程序，稱爲折舊（depreciation）。折舊代表設備資產已經消耗的成本，本應直接降低設備的帳面價值，但爲了保持設備資產的原始成本，另設立一抵銷科目，稱爲累積折舊（accumulated depreciation），用來與設備資產的成本相抵銷以表示未折舊的資產淨額。

（四）無形資產（intangible assets）

指供營業使用，且具經濟效益但不具實體存在的資本，如專利權、開辦費、商譽等。

1.專利權（patent）：即取得政府授與專有製造、銷售或處分專利品的權利。
2.開辦費（organization cost）：係指成立公司所支出的費用，包括律師、會計師公費、公司登記執照費等。
3.商譽（goodwill）：由於經營管理良好，產品品質優良，獲利能力高，此種具有產生超額盈餘的能力稱爲商譽。依據一般公認會計原則，購入的商譽可以入帳，自行發展的商譽不得入帳。

（五）其他資產（other assets）

凡不屬於上述其他各項資產者。

（六）遞延借項（deferred charges）

遞延借項又稱遞延費用，指長期預付款或一項支出，其預期效益超過一年以上者。

二、負債（liabilities）

負債乃係指由於過去之交易或其他事項所產生的經濟義務，履行該義務，預期會導致經濟利益流出企業。企業之負債依其性質可分爲：（1）流動負債；（2）長期負債；（3）其他負債。

（一）流動負債（current liabilities）

流動負債包括銀行借款、銀行透支、應付帳款、應付票據、應付費用、預收收益、應付所得稅、銷項稅額等。

1.銀行借款（bank loan）：向銀行短期借入的款項，以供週轉，還款期限爲一年以內。

2.銀行透支（bank overdraft）：銀行存款不足支付到期的票據時，企業與銀行簽訂由銀行代墊，而欠銀行的款項。

3.應付帳款（accounts payable）：公司因進貨、運費等，尙未支付所欠的款項。

4.應付票據（notes payable）：公司因進貨或借款，而簽發一年以內到期的各種票據，如遠期支票、商業本票等。

5.應付費用（accrued expense）：指負債已發生，但尙未償付現金的債務。如應付利息、應付薪資、應付房租等，通常於會計年度結束時調整入帳。

6.預收收益（revenue received in advance）：企業在未交付貨品或提供勞務時，而預先收取的貨款或費用。

7.應付所得稅（income tax payable）：企業於營業年度終了後，應付而未付的營利事業所得稅。

8.銷項稅額（sales tax）：凡銷售貨品或勞務，依營業稅法規定，向消費者收取的營業稅。銷項稅額應於月底或期末與進項稅額沖銷，銷項稅額較大時，餘額爲應付稅額。

（二）長期負債（long-term liabilities）

指償還期限爲一年以上之負債，如應付公司債、長期借款等。

1.應付公司債（bonds payable）：亦稱公司債，公司因籌集資金而發行公司債券，按期支付一定利息給投資人，因公司債償還日期常在若干年以上，故屬長期負債。

2.長期借款（long-term loans payable）：凡借入的款項，其償還期

限在一年以上者。

(三) 其他負債 (other liabilities)

凡不屬於上述流動負債及長期負債者，如存入保證金。

三、業主權益 (owner's equity)

公司組織之業主權益稱爲股東權益，包括股本及保留盈餘等項目。今說明如下：

1.股本 (capital stock)：指依法辦理登記、實收並發行在外的資本。

2.保留盈餘 (retained earnings)：指公司營業所獲得的盈餘，未分配給股東，而保留於公司使用者。

四、營業收入 (operating revenue)

凡企業主要營業活動而產生的收入，如出售貨品的銷貨收入。而銷貨亦常發生貨品退回、提早付現而給予折扣或價錢優待等事項，應另設銷貨退回、銷貨折扣、銷貨讓價等科目，作爲銷貨收入之抵銷科目。

五、營業成本 (operating cost)

指公司主要營業活動所產生的成本。營業成本在製造業或買賣業又稱銷貨成本。就買賣業而言，影響銷貨成本的科目爲進貨、進貨運費、進貨讓價與期初、期末存貨等。今將上述科目說明如下：

1.進貨 (purchase)：凡購進待銷的貨品皆屬之。

2.進貨運費（freight-in）：爲購買貨品須支付的運費，爲進貨成本之加項。
3.進貨退出（purchase returns）：貨品退還供應商而未實際付款，爲進貨之減項。
4.進貨折扣（purchase discount）：因進貨而提前付款取得的折扣，爲進貨之減項。
5.進貨讓價（purchase allowance）：由於貨品品質不合而減價或經賣方同意將貨品原價款的尾數去除的部分，爲進貨之減項。

六、營業費用（operating expense）

凡因營業之需要而發生的各項費用。常用之銷售費用科目如下：

1.薪資費用（salaries and wages）：凡銷售部門所產生員工之薪資、加班費、退休金、獎金、員工津貼等。
2.文具用品費用（stationery and supplies）：銷售部門所使用的文具、書報、紙張等費用。
3.差旅費（travelling expense）：銷售部門人員出差各地之交通、膳宿等費用。
4.運費（delivery expense）：因銷售貨品所需支付的空運、海運、陸運等費用。
5.郵電費（postage, telegram and telephone）：因營業所支付的郵費、電報費、電話費等費用。
6.廣告費（advertising）：由於推銷產品所產生的報章、雜誌、廣播、電視等費用。
7.水電費（water, heat and light）：銷售部門所使用的水費、電費等。
8.保險費（insurance expense）：凡營業場所之建物、貨品、設備及員工投保的保險費用。

9.修繕費（repair and maintenance）：銷售部門所需支付的修理及維護費用。

10.交際費（entertainment）：因營業上需要而支付如餐飲費、住宿費、禮品費、賀儀等。

11.自由捐贈（donation）：凡對慈善、公益、文教、愛國等捐獻。

12.稅捐（taxes and fees）：如營利事業所得稅、房屋稅、土地稅、燃料稅、印花稅等。

13.折舊費用（depreciation）：營業部門使用之建築物、設備之折舊費用。

14.呆帳費用（bad debts）：凡銷售貨品而無法收回的款項。

15.管理費用（administrative expense）：管理部門因業務上需要的各項費用。管理費用科目與銷售費用科目相同，讀者可參考之。

七、營業外收益及費用（non-operating income and expense）

非因主要營業活動而發生的收入與費用均屬之。一般製造業與買賣業的其他收入如利息收入、租金收入、佣金收入、資產處分利益等；其他費用如利息支出、佣金支出、資產處分損失等。茲說明如下：

1.利息收入（interest revenue）：凡因資金存於金融機構，或借予其他個人、團體所收到的利息。

2.租金收入（rent revenue）：公司出租房屋、土地、設備等所獲得的租金。

3.佣金收入（commission earned）：介紹他人交易所獲得的報酬。

4.資產處分利益（gain on disposal of assets）：出售存貨以外的資產，售價高於帳面價值，其差額爲資產處分利益。

5.利息支出（interest expense）：因借款所產生的利息費用。

6.佣金支出（commission expense）：酬謝他人介紹交易所支付的款項。

7.資產處分損失（loss on disposal assets）：出售存貨以外的資產，售價低於帳面價值，其差額爲資產處分損失。

第四節　會計基本方程式與借貸法則

企業爲獲得利潤，必須具備供經營活動應用之資產。企業資產乃企業所擁有的經濟資源，而業主及債權人之權益則爲此經濟資源之來源。

一、會計基本方程式

企業的資產來自業主的投資與債權人的借款。業主及債權人對企業的資產具有權益。企業的資產等於權益，以公式表示爲：

資產＝權益

業主及債權人對企業資產具有權益，而債權人的權益爲企業的負債，故上述恆等式可列爲：

資產＝業主權益＋負債

此一方程式爲資產、負債、業主權益三項會計要素間的基本關係，此乃一切會計原理的基礎，無論交易如何變化，此方程式永遠相等，故稱爲會計基本方程式或會計恆等式。

會計基本方程式，亦可有多種變化，將各元素之間重新編排，而成爲：

資產－負債＝業主權益

二、借貸法則

凡交易之發生，應依平衡原理及會計基本方程式，將每一交易分別記錄於帳戶之適當位置。

（一）借貸的意義

借主即債務人，貸主爲債權人，在帳戶中，記錄借主的一方爲借方（debit），而記錄貸主的一方爲貸方（credit），借方在左方，貸方在右方，凡記入帳戶借方之帳項爲借項，或借方記錄，而記入帳戶貸方的帳項稱爲貸項，或貸方記錄。

借貸形式可用「T」字帳說明之，橫線表示帳戶的範圍，而直線將帳戶劃分爲二，左邊稱爲借方，右方稱爲貸方，而帳戶名稱位於橫線之上，說明如下：

借方　　（帳户名稱）　　貸方

借方	貸方
借記 借項 借方記錄	貸記 貸項 貸方記錄

（二）借貸法則

交易的發生，需依平衡原理及會計基本方程式，將影響的會計要素分別記錄於帳戶中。根據會計基本方程式，資產＝負債＋業主權益，資產在等式的左邊即借方，在資產帳戶之左方表示資產增加，在右邊（貸方）表示資產減少。負債與業主權益在等式的右邊即貸方，因此列示在帳戶的右方表示增加，而列示在左邊（借方）表示減少，這就是所謂的借貸法則。

借方	貸方
資產增加	資產減少
負債減少	負債增加
業主權益減少	業主權益增加
費用增加	費用減少
收益減少	收益增加

今將各類會計要素的借貸法則，用圖形表示提供讀者更進一步的瞭解：

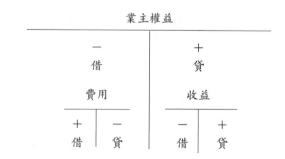

資產		=	負債		+	業主權益	
+	−		−	+		−	+
借	貸		借	貸		借	貸

業主權益	
−	+
借	貸
費用	收益

費用		收益	
+	−	−	+
借	貸	借	貸

爲方便讀者熟練借貸法則，請熟記下列規則：

1.資產增加記入左邊，減少記入右邊。
2.負債增加記入右邊，減少記入左邊。
3.業主權益增加記入右邊，減少記入左邊。
4.收入的增加記入右邊，減少記入左邊。

5.費用的增加記入左邊，減少記入右邊。

會計帳戶的借項和貸項記錄，爲有借必有貸，有貸必有借，借貸必相等。

茲舉例說明借貸法則的運用：

【例】1.上輝大飯店購買交通車一部，付現800,000

交通設備	
800,000 （資產增加）	

現金	
	800,000 （資產減少）

2.支付水電費計60,000

水電費	
60,000 （費用增加）	

現金	
	60,000 （資產減少）

3.房客抗議飯店冷氣不良，要求退房，公司同意退回4,000房租給客人

客房收入	
4,000 （收益減少）	

現金	
	4,000 （資產減少）

4.張三代Mr. Johnson向本飯店訂房一間，支付保證金6,000

現金	
6,000 （資產增加）	

存入保證金	
	6,000 （負債增加）

第五節　會計分錄與普通日記簿

企業在繼續經營下，而會計卻具有週期性，每一會計期間的交易，均始於分錄，至決算報告止。當每一筆交易發生，應根據原始憑證，區分借貸，記入帳簿，此項工作稱爲分錄。而用以交易的帳簿稱爲分錄簿或日記簿。

一、會計憑證

商業會計法第十二條規定：「會計事項之發生，均應取得足以證明之會計憑證。」原始憑證之開立必須根據交易的事實，非根據眞實事項，不得造具任何會計憑證，會計憑證包括原始憑證，以及根據原始憑證所編製，用爲記帳根據的記帳憑證。

（一）原始憑證

原始憑證可分爲下列三種：

1.外來憑證：如購貨而取得的進貨發票、支付款項而取得的收據。
2.對外憑證：如銷貨開出的發票、收入款項而給對方的收據等。
3.內部憑證：企業基於內部會計處理的需要而編製的憑證，這些憑證與外人無關，如業務員塡製的支付憑單。

（二）記帳憑證

記帳憑證通稱爲傳票，用以區分交易的借貸科目，記錄適當的金額，並用以傳遞各有關人員，方便於收付、入帳、審核等手續，以簡化帳務的處理。

二、分錄的意義

交易發生，取得原始憑證及編製傳票後，按交易發生的先後順序，分別記錄其借貸科目及金額，此種工作，會計術語稱爲分錄，而所作的每一筆借貸記錄，亦稱爲分錄，而使用的帳簿稱爲分錄簿或日記簿。

分錄的種類可分爲單項式分錄與多項式分錄，單項式分錄即分錄中之借方與貸方各僅一個科目的分錄。多項式分錄即分錄中之借方與貸方同時有兩個或兩個以上科目所構成的分錄。

分錄是按時間的經過而記載，在我國，分錄簿俗稱流水帳，而一切交易事項的會計處理，首先記入此一帳簿，所以又稱原始記錄簿。

交易的記載，因分類帳的帳戶甚多，通常另設一專簿，用以記錄每一筆交易，此專簿即爲日記簿。

將每一交易先行記入日記簿的優點如下：

1. 可以防止錯誤：由於借貸科目集中列示，可減少科目誤記、方向誤列或遺漏等現象。若借貸金額不平衡時，較容易發現，防止錯誤。
2. 方便查核：由於按交易發生的先後順序記錄，且一筆交易集中列示，查核較爲方便。
3. 瞭解交易的全貌：與每一筆交易有關的各科目及金額，全集中記錄一處，且摘要中亦可記錄交易的其他重要項目，故能充分瞭解交易全貌。

日記簿可分爲普通日記簿及特種日記簿。最簡單而基本的普通日記簿格式如下：

日記簿							第____頁
年		會計科目及摘要	類頁	借方金額		貸方金額	
月	日						

分錄的記載，爲求簡便常以下列形式表示之：

5/1	應收帳款	8,000	
	銷貨		8,000

此記錄表示5月1日賣出貨品$8,000，借方科目爲應收帳款，貸方科目爲銷貨，借貸科目書寫已很明確，不必在各科目前另寫「借」、「貸」字樣，以免畫蛇添足。

第二章

基本財務報表分析

- 資產負債表及分析
- 損益表及分析
- 現金流量表及分析
- 業主權益變動表

企業的會計循環，最終的目標爲編製財務報表來公正表達企業的經營實況。企業的主要財務報表包括資產負債表、損益表及現金流量表，並另編製業主權益變動表或保留盈餘表。

1.資產負債表：爲顯示企業在一特定時日的資產、負債及業主權益的財務狀況，屬於靜態報表。
2.損益表：顯示企業某一會計期間的經營結果，屬於動態報表。
3.現金流量表：即報導企業在某一會計期間內現金的來源與使用的情形。
4.業主權益變動表：報導企業的業主權益在會計期間的增減變動情形。

以上各項報表，每年至少編製一次，年底編製的報表，稱爲年報，其餘按月、季、半年或不定期編製的通稱爲期中報告。

財務報表分析，雖分爲靜態與動態兩種，但不能取一而捨其他，需兩者兼顧，才能對企業經營狀況有深入的瞭解，管理者才能作出正確的決策。

第一節　資產負債表及分析

資產負債表又稱財務狀況表，其顯示企業某一特定日財務狀況的報表，所報導僅爲各帳戶的狀況，爲靜態性的表達，因此屬於靜態報表，資產負債表包括資產、負債及業主權益三部分，茲說明於下：

1.資產：包括現金、應收帳款、土地、建築物、存貨、各項設備、專利權、著作權等。
2.負債：企業因交易所發生的債務，如應付帳款、應付票據、應付公司債等。

3.業主權益：指企業投資者所擁有的權益。企業一旦結束後，資產必須先償還負債，故業主權益爲一種剩餘權益，即資產減負債的差額。

今將資產負債表的內容，依資產、負債及業主權益的順序，分別說明如下：

一、資產負債表的組成要素

資產負債表又稱爲財務狀況表，是表達企業資金來源與運用的狀況，因其報導者僅爲某特定時日各帳戶的狀況，爲靜態性之表達，故屬於靜態報表。其組成要素爲資產、負債及業主權益三部分，茲說明如下：

（一）資產

1.流動資產：指現金及在一年內或一個營業週期內可變爲現金或耗用之資產，除現金外尚包括銀行存款、應收帳款、應收票據、有價證券、存貨等。而應收帳款、應收票據可能無法全額收回，故提列備抵呆帳科目，在資產負債表上列爲債權資產的減項。

2.長期投資：公司基於營業或財務的目的，利用部分資金購買股票及債券而擬長期持有。

3.廠房及設備：指以營業使用爲目的，並具有較長使用年限的有形資產，如土地、建築物及各項設備。除土地外，建築物及各項設備經過一定的耐用年限，會產生折舊，折舊代表設備資產已經消耗的成本，由各使用期間共同分攤，設置累計折舊科目，列爲資產的減項。

4.無形資產：指企業具經濟效益，而不具實體存在的資產，如專利權、商譽等。

5.其他資產：不屬於上述各項之資產，如存出保證金等。存出保證金是指存出作保證用的各種款項。

（二）負債

1.流動負債：指在短期內必須支付或清償的債務，如應付帳款、應付票據、其他應付款及預收收益。

2.長期負債：指償還期限在一年以上之負債，如應付抵押借款、長期應付票據、應付債券等。

3.其他負債：不屬於上述各項負債者，如存入保證金。存入保證金即收到客戶存入保證用的款項。

（三）業主權益

業主權益爲投資者對企業資產的剩餘權益，公司組織之業主權益通常有股本及保留盈餘等，茲說明如下：

1.股本：指股東投入的資本。

2.保留盈餘：公司經營獲利，尙未分配股息紅利給股東，或分配給股東後保留未分配之部分存於公司。會計年度終了，應將本期損益科目轉入保留盈餘，保留盈餘科目則包括至本年底的累積盈餘。

二、資產負債表的格式及實例

資產負債表常採用帳戶式及報告式兩種。爲使讀者對資產負債表有深入的認識，今以上輝公司○○年底之資料爲依據而加以說明如下：

1.帳戶式：按分類帳標準帳戶的格式，資產列於左邊，負債及業主權益列於右邊（如表2-1）。

2.報告式：將資產、負債及業主權益縱向排列（如表2-2）。

表2-1　帳戶式資產負債表

上輝電機有限公司
資產負債表
○○年12月31日

資產				負債		
流動資產				流動負債		
現金		$866,300		應付票據	$457,100	
銀行存款		200,000		應付利息	29,600	
應收票據	$30,000			預收租金	4,000	
應收帳款	40,000			應付所得稅	42,120	
減：備抵壞帳	（2,500）	67,500		流動負債合計		$532,820
應收利息		2,600		長期負債		
預付保險費		800		抵押借款		197,365
用品盤存		1,000		負債總額		$730,185
流動資產合計			$1,138,200			
廠房及設備				股東權益		
土地		$400,000		股本	$1,200,000	
建築物	$500,000			保留盈餘	213,200	
減：累計折舊	（22,000）	478,000		股東權益總額		$1,413,200
辦公設備	$15,000					
減：累計折舊	（975）	14,025				
運輸設備	$120,000					
減：累計折舊	（6,840）	113,160				
廠房及設備合計			1,005,185			
資產總計			$2,143,385	負債及股東權益總計		$2,143,385

資料來源：作者整理。

表2-2　報告式資產負債表

上輝電機有限公司
資產負債表
○○年12月31日

資產			
流動資產			
現金		$866,300	
銀行存款		200,000	
應收票據	$30,000		
應收帳款	40,000		
減：備抵壞帳	(2,500)	67,500	
應收利息		2,600	
預付保險費		800	
用品盤存		1,000	
流動資產合計			$1,138,200
廠房及設備			
土地		$400,000	
建築物	$500,000		
減：累計折舊	(22,000)	478,000	
辦公設備	$15,000		
減：累計折舊	(975)	14,025	
運輸設備	$120,000		
減：累計折舊	(6,840)	113,160	
廠房及設備合計			$1,005,185
資產總計			$2,143,385
減負債			
流動負債			
應付票據		$457,100	
應付利息		29,600	
預收租金		4,000	
應付所得稅		42,120	

（續）表2-2　報告式資產負債表

流動負債合計		$532,820
長期負債		
抵押借款		197,365
負債總計		$730,185
	股東權益	
股本		$1,200,000
保留盈餘		213,200
股東權益總計		$1,413,200

資料來源：作者整理。

第二節　損益表及分析

損益表是將企業某一會計期間的所有收益及費用帳戶集中，顯示經營成果的報表。因爲是報導某期間的資料，爲動態的表達，故屬於動態報表。由於損益表乃表達某一會計期間的經營成果，報表上應列示所包含的期間，如2004年1月1日至12月31日或2004年度，而非資產負債表，列示某一特定日。

一、損益表的組成要素

損益表由收益及費用所組成，當收益大於費用時，所產生的盈餘稱純益；而費用大於收益時，所產生的虧損稱爲純損。

損益表由收益及費用所組成，茲將組成要素說明如下：

（一）收益

指因出售商品或提供勞務所獲得的現金、應收帳款。如企業的銷貨收入、勞務收入及投資收入等。

企業的收益因行業不同而內容各異，可分爲營業收益與非營業收益。主要營業行爲所產生的收益稱爲主要收益，如製造業及買賣業的營業收益爲產品銷售；非營業收益包括租金收入、股利收入、利息收入、資產處分利得等。

（二）費用

企業的費用如同收益，因行業不同，內容各異，可分爲營業費用及非營業費用。製造業及買賣業的營業費用包括銷貨成本、薪資、差旅費、水電費及郵電費等；非營業費用如利息費用、資產處分損失等。

二、損益表的格式及實例

表2-3爲單站式損益表，本期純益係由收益減費用。

表2-3　單站式損益表

上輝電機有限公司
損益表
○○年1月1日至12月31日

收益：		
銷貨收入		$320,000
利息收入		2,600
租金收入		20,000
收益合計		$342,600
費用：		
薪資	$60,000	
利息費用	19,600	
保險費	3,000	
交際費	4,500	
差旅費	2,500	
文具用品	1,200	
壞帳	2,000	
折舊	29,815	
捐贈	6,000	
費用合計		128,615
稅前純益		$213,985
所得稅費用		(42,120)
本期純益		$171,865

資料來源：作者整理。

第三節　現金流量表及分析

現金流量表，以現金流入與流出爲基礎，企業的現金流量，是由營業、投資與理財等活動所引起的。現金流量表爲說明企業在一特定期間內的營業、投資與理財的會計報表。此報表可幫助投資人及債權人瞭解企業償債及支付股利的能力，現金流量表中報導營業、投資、理財的現金流量及影響財務狀況的投資與理財交易。

現金流量的內容包括現金的收入與支出，其發生的原因可分爲三類：（1）營業；（2）投資；（3）理財。

一、營業活動的現金流入與流出

營業活動的現金流入包括銷貨而收受的現金、應收票據、應收帳款；現金流出包括支付貨款、應付帳款、應付票據、支付各項稅捐、支付債權人利息、慈善捐贈等。

二、投資活動的現金流入與流出

投資活動的現金流入包括出售廠房設備資產、出售投資、收回貸款等；現金流出包括購買廠房設備款項、貸款或購買股票等。

三、理財活動的現金流入與流出

理財活動的現金流入包括發行證券及債券所收入的現金；現金流出包括償還借款、支付股利及其他長期債權人的本金。

現金流量表如表2-4所示。

表2-4　現金流量表

上輝公司 現金流量表 ○○年度		
營業活動的現金流量：		
現銷及應收帳款收現	$9,800,000	
投資收益收現	80,000	
進貨付現	(7,060,000)	
利息費用付現	(380,000)	
員工薪資	(490,000)	
其他營業費用	(400,000)	
所得稅費用	(320,000)	
營業活動的淨現金流入		$1,230,000
投資活動的現金流量：		
出售固定資產	$200,000	
支付購買設備	(680,000)	
投資活動的淨現金流出		(480,000)
理財活動的現金流量：		
贖回公司債	$ (2,200,000)	
發行公司債	3,100,000	
發放現金股利	(900,000)	
購買庫存股票	(320,000)	
理財活動的現金流出		(320,000)
本期現金增加數		$430,000
期初現金餘額		140,000
期末現金餘額		$570,000

資料來源：作者整理。

第四節 業主權益變動表

一般公認會計原則規定，企業應編製業主權益變動表，業主權益變動表所包括的項目除保留盈餘外，所有業主權益之項目均應列入，因此報表使用者能瞭解保留盈餘及股本等項目的增減變化。今以上輝公司爲例編製業主權益變動表，亦即股東權益變動表（如表2-5）。

表2-5 股東權益變動表

上輝電機有限公司 股東權益變動表 ○○年1月1日至12月31日		
股本		
期初餘額（○○/1/1）	$ 0	
加：本期投資	1,200,000	
期末餘額（○○/12/31）		$1,200,000
保留盈餘		
期初盈餘（○○/1/1）	$ 0	
加：本期純益	103,200	
期末餘額		103,200
股東權益總數		$1,303,200

資料來源：作者整理。

本章的基本財務報表，讀者首先必須瞭解各報表的科目內容及格式，方能順利製作報表，進而瞭解公司的財務狀況及經營實況。

第二章

旅館概論

- 旅館的特性
- 旅館的分類
- 旅館的組織
- 旅館的連鎖經營
- 我國國際觀光旅館發展沿革

政府爲發展觀光事業，加速國內經濟繁榮，於1969年7月30日經總統令頒布發展觀光條例，並於1980年11月24日修正頒布，對許多觀光專業術語及行政管轄權有具體規定，2001年11月14日再度修正，茲分述如下：

1.觀光事業定義：指有關觀光資源開發、建設與維護觀光設施之興建、改善及爲觀光旅客旅遊、食宿提供服務與便利之事業（第二條）。
2.觀光旅館業：指經營觀光旅館、接待觀光旅客住宿及提供服務之事業（第二條）。
3.觀光旅館業務範圍：
（1）客房出租。
（2）附設餐廳、咖啡、酒吧間。
（3）附設餐飲、會議場所、休閒場所及商店之經營。
（4）其他經交通部核准與觀光旅館有關之業務，如夜總會之經營。（第二十二條）。
4.觀光主管機關：在中央爲交通部（設觀光局主管全國觀光事務），在地方爲省（市）、縣（市）政府（依需要設觀光課等機構）（第三、四條）。
5.觀光旅館分級：根據觀光旅館業管理規則第二十三條規定，各觀光旅館因建築及設備標準之高低，分爲國際觀光旅館（international tourist hotel）：四朵、五朵梅花，以及觀光旅館（tourist hotel）：三朵梅花。我國以梅花數量分級，在國外則以星「☆」表示之：

五星☆☆☆☆☆　deluxe
四星☆☆☆☆　high comfort
三星☆☆☆　average comfort

二星☆☆　some comfort

一星☆　economy

在歐洲，有許多五星級旅館的價值在它的歷史性，如某位名人曾下榻之飯店，由於年代悠久的關係，一座deluxe的旅館可能走起路來，地板會喀喀作響，不要抱怨，因爲你住的旅館可能是「拿破崙」住過的飯店。

第一節　旅館的特性

旅館的特性可分爲一般特性與經濟特性兩種。一般特性包含服務性、公共性、豪華性、全天候性等特質。而經濟特性則包括商品無儲存性、無彈性、立地性、投資性、季節波動性、客房部毛利高、社會地位性及綜合用電等特質，茲分述於後：

一、一般特性

1.服務性：係屬於第三產業服務業之發展。人員的服務，使顧客有「賓至如歸」的商品服務，使生活品質提升。

2.公共性：旅館爲最主要的社交、文化、資訊的活動中心，食、衣、住、行、育、樂均可包括其中。

3.豪華性：旅館永遠保持嶄新的設備與用品，設備宏偉、安全、舒適的陳設，更因不同的室內設計，令人置身其中，有如進入不同時空氣氛之中。

4.全天候性：二十四小時全天服務，飯店開幕當天，董事長以鑰匙象徵性開啓旅館大門後，將鑰匙丢棄，表示飯店永遠敞開大門歡迎顧客，不再關閉。

二、經濟特性

1.商品無儲存性：顧客稀少時，未賣出的房間，成爲當天的損失，無法轉下期再賣。

2.無彈性：客房一旦售出，則空間、面積無法再增加，而台灣許多小型旅館爲能解決此一問題，白天以休息爲業，住宿的客人常要半夜十一時以後才能進住，使其客房使用回轉率提高許多，唯觀光旅館之立場，不得有此種銷售方式。

3.立地性：旅館的業務之良窳，所在位置地理條件非常重要，但它無法移動，對生意影響很大。許多經營良好的旅館，設法在另地闢建分館，一方面分散本館的業務，一方面提高總收益，如：國賓高雄館、福華長春店及知本老爺酒店均爲顯例。

4.投資性：資本密集、固定成本高、人事費用、地價稅、房捐稅、利息、折舊、維護等固定費用占全部開支60%～70%之間。

5.季節波動性：旅館所在地區受季節、經濟景氣、國際情勢影響大，淡旺季營業收入差距甚大，許多旅館旺季時，需要超額訂房，而淡季時，爲了節省變動成本，關閉數個樓層，以減少水電及臨時人事費用支出。

6.客房部毛利高：觀光旅館客房部營業費用低，稅捐單位對觀光旅館核定：客房收入－營業成本＝營業毛利爲85%，而營業毛利－營業費用＝營業淨利達35%，利潤率高，唯上述假設係以合理經營之狀況，若住宿率太低，則因固定成本之拖累，使旅館呈現赤字。

7.社會地位性：因觀光旅館爲社交集會中心，其投資者之社會聲望較一般行業高，許多建設公司老闆紛紛籌建旅館，除提升社會地位之外，其建設公司之房屋也因此易於銷售，可謂名利雙收。

8.綜合用電：製造業受政府工業政策保護，水電、租稅較輕，旅館號稱「無煙囪工業」，卻必須以綜合用電方式負擔較高費用。

第二節　旅館的分類

旅館依其經營方式及所在位置之不同，可區分如下：

一、按收取房租的方式分

依收取房租的方式可分爲歐洲式旅館及美國式旅館：

1.歐洲式旅館：係指其定價僅包括房租。
2.美國式旅館：係在其定價中包括房租與餐費。

二、按房間數目分

按房間數之多寡，可分爲大、中、小三型：

1.大型旅館：房間數爲500間以上。
2.中型旅館：房間數爲151～499間。
3.小型旅館：房間數爲150間以下。

三、按旅客種類分

按旅客種類，可分爲家庭式、商業性旅館：

1.家庭式旅館（family hotel）：指旅館內部設備裝潢與居家環境相同，房租價格合理，適合家庭居住的旅館。
2.商業性旅館（business hotel）：其意義與商用旅館相同。經常與航空公司及各大旅行社配合經營，而其中以各大公司簽約的商務旅客爲其主要的客源之一。商業性旅館雖無明顯的淡旺季之分，但常於離峰時期推出各式促銷專業。

四、按旅客停留時間的長短分

依旅客停留時間的長短，可分爲短期、長期及半長期三種住宿用旅館：

1.短期住宿用旅館（transient hotel）：供給住一週以下的旅客。
2.長期住宿用旅館（residential hotel）：供給住一個月以上且有簽訂合同之必要。
3.半長期住宿用旅館（semi-residential hotel）：具有短期住宿用旅館的特點。

五、按旅館所在地分

按旅館所在地區分，可分爲都市旅館和休閒旅館：

1.都市旅館（city hotel）：指位於市區的旅館。
2.休閒旅館（resort hotel）：亦稱爲度假旅館。

六、按特殊的立地條件分

按旅館特殊的立地條件區分，可分爲公路旅館、機場旅館和鄉村旅館：

1.公路旅館（highway hotel）：指位在公路邊的旅館。

2.機場旅館（terminal hotel）：於機場附近設置的旅館，用來接待飛行人員及大型國際機場過往旅客。有的機場旅館是航空公司直營，稱爲airtel。

3.鄉村旅館（country hotel）：指位於山邊、海邊及高爾夫球場附近的旅館。

七、按特殊目的分

依特殊目的而區分爲商務旅館、公寓旅館和療養旅館：

1.商務旅館（commercial hotel）：以國內、外工商界人士爲主要對象之旅館。

2.公寓旅館（apartment hotel）：指供長期住宿顧客用之旅館，在美國爲提供退休者住用，內部設計仿照家庭式的格局，居住舒適便利。

3.療養旅館（hospital hotel）：指專供人休養、避暑或避寒的場所。此種旅館設立的地點通常在山上、鄉間海濱及各風景區，有各種設施符合顧客的需要。

爲便於比較前述之都市旅館、休閒旅館及商務旅館之經營特性，茲將其列述如表3-1。

表3-1　三種基本旅館比較表

旅館分類	都市旅館	商務旅館	休閒旅館
本質	注重旅客生命之安全，提供最高的服務	提供商務住客所需合理的最低限度之服務	注重住客的生命安全提供娛樂方面之滿足
推銷強調點	氣氛、豪華	低廉的房租、服務的合理性	健康活潑的氣氛
商品	客房＋宴會＋餐廳＋集會	客房＋自動販賣機＋出租櫃箱	客房＋娛樂設備＋餐廳
客房餐飲收入比率	4：6	8：2	5：5
旅行社與直接訂房	7：3	4：6	5：5
損益平衡點	55%～60%	45%～70%	45%～50%
外國人與本地人	8：2	2：8	3：7
客房利用率	90%	80%	70%
菜單種類	150～1,000	30～100	50～200
淡季	12月中旬～1月中旬	無變動	12月～2月（冬季）
員工人數與客房比例	1.2：1	0.6：1	1.5：1
資本週轉率	0.6	1.4	0.9
推銷費、管理費	65%	40%～50%	65%
用人費	24.7%～26.4%	15%	27%～29%

資料來源：楊長輝著，《旅館經營管理實務》（台北：揚智文化，1996年）。

第三節　旅館的組織

旅館的組織目前尚無一定的標準，但大致上差不多，不論旅館各部門如何組織與區分，其所有旅館之基本職掌均大致相同。一般而言，旅館作業可區分為兩大部門，一為「外務部門」(Front of the House）：外務部門的任務在以禮遇與使客人滿意之前提下，圓滿供應旅客食宿服務；一為「內務部門」(Back of the House）：內務部門的任務在以有效之行政支援，解除外務部門之煩累而使其任務易於圓滿達成。

如以軍事組織為例，即旅館「外務部門」適如前方作戰之戰鬥部隊，而「內務部門」則如後勤部隊之行政支援，兩者職責不同，但目的則一，應在分工合作，萬衆一心的原則下，適時適切妥為接待旅客，使之感覺賓至如歸。

總而言之，不論旅館規模的大小如何，其組織部門概略相似，其重要區分不外「客房」、「房務」、「餐飲」、「人事」、「會計」、「工務」、「銷售」等部門。小型旅館組織簡單，分工較粗，一人可能兼任數職，一個部門可能主管數事。大型旅館則規模愈大，組織愈複雜，分工愈精細，其所需分工合作之程度愈高（如表3-2、表3-3）。

表3-2　廣東省東莞市蓮城大酒店組織表（150間客房）

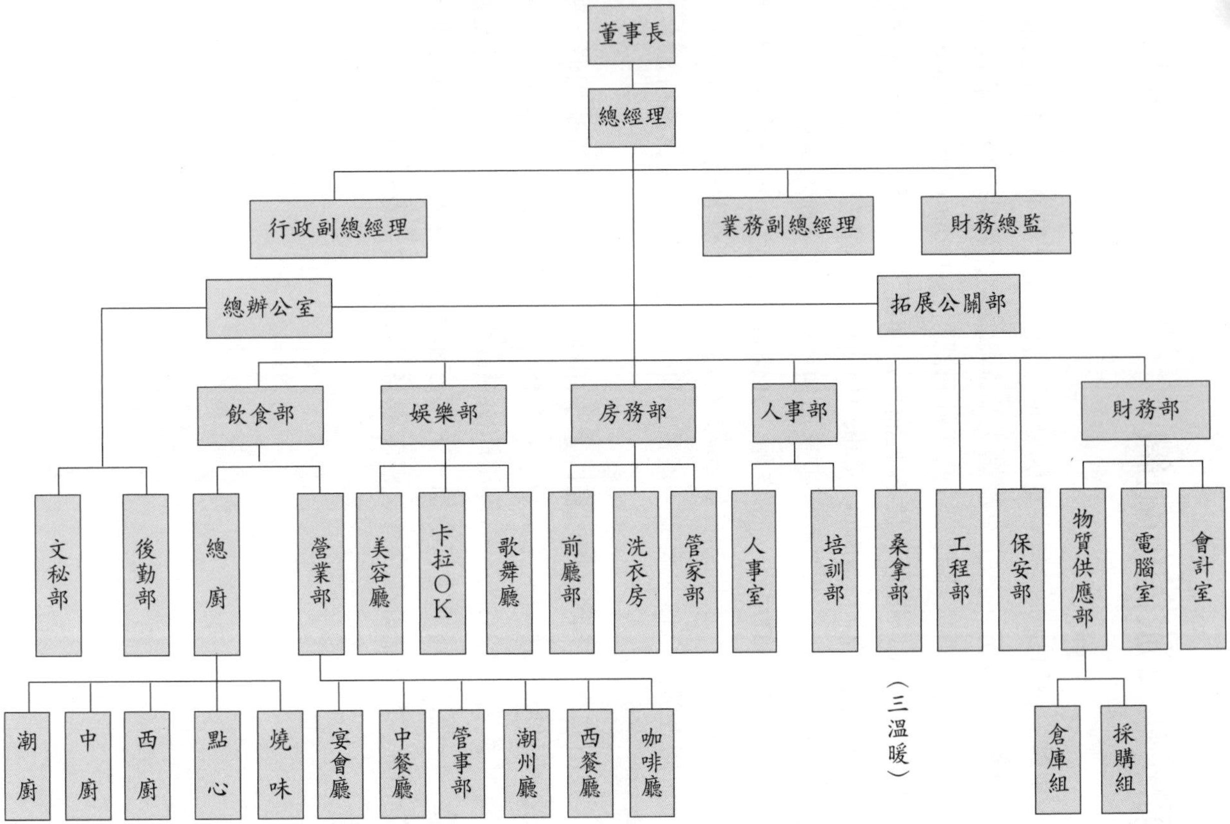

資料來源：楊長輝著，《旅館經營管理實務》（台北：揚智文化，2003年）。

表3-3　台北凱悅大飯店組織系統表

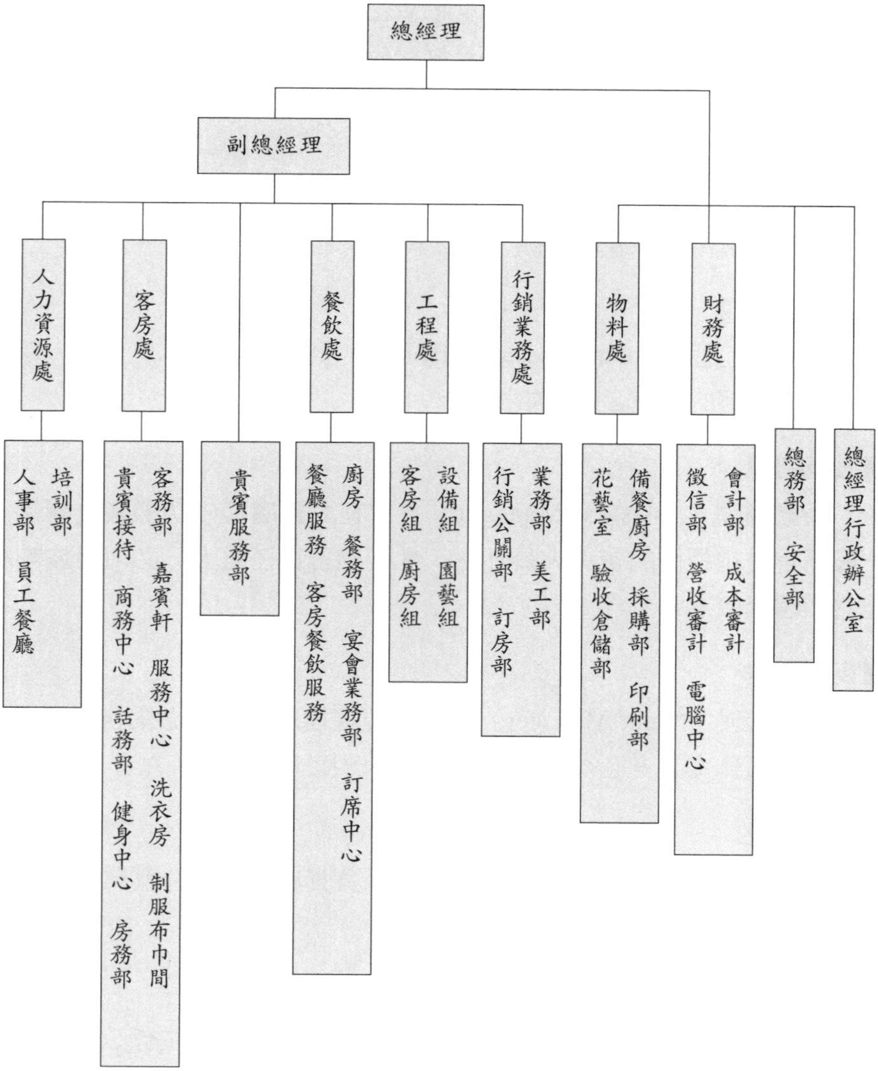

* 台北凱悅大飯店於2003年9月21日正式更名爲台北君悅大飯店。

一、客房部

客房部是旅館重要營業收入來源，客房除了要有舒適的設備，更需要服務人員的熱忱招待，使旅客有賓至如歸的溫馨感覺，如此生意才會欣榮。

(一) 客房部職員的工作要點

茲將客房部組織及各相關人員之職掌敘述如下（如表3-4）：

■客房部經理

客房部經理（Room Division Manager）負責全旅館客房部的一切業務，對客房部的問題必須瞭如指掌。

■大廳副理

大廳副理（Assistant Manager）負責在大廳處理一切顧客之疑難，一般而言是由櫃檯的資深人員升任，此一職務責任重大，必須對旅館的全盤問題瞭如指掌。

■夜間經理

夜間經理（Night Manager）代表經理處理一切夜間之業務，是夜間經營之最高負責人，必須經驗豐富，反應敏捷，並具判斷力者。

■櫃檯主任

櫃檯主任（Front Office Supervisor）負責處理櫃檯全盤業務，並負責訓練及監督櫃檯人員工作。

■櫃檯副主任

櫃檯副主任（Assistant Front Office Supervisor）是主任公休、告假時之職務代理人。

表3-4 客房部的組織

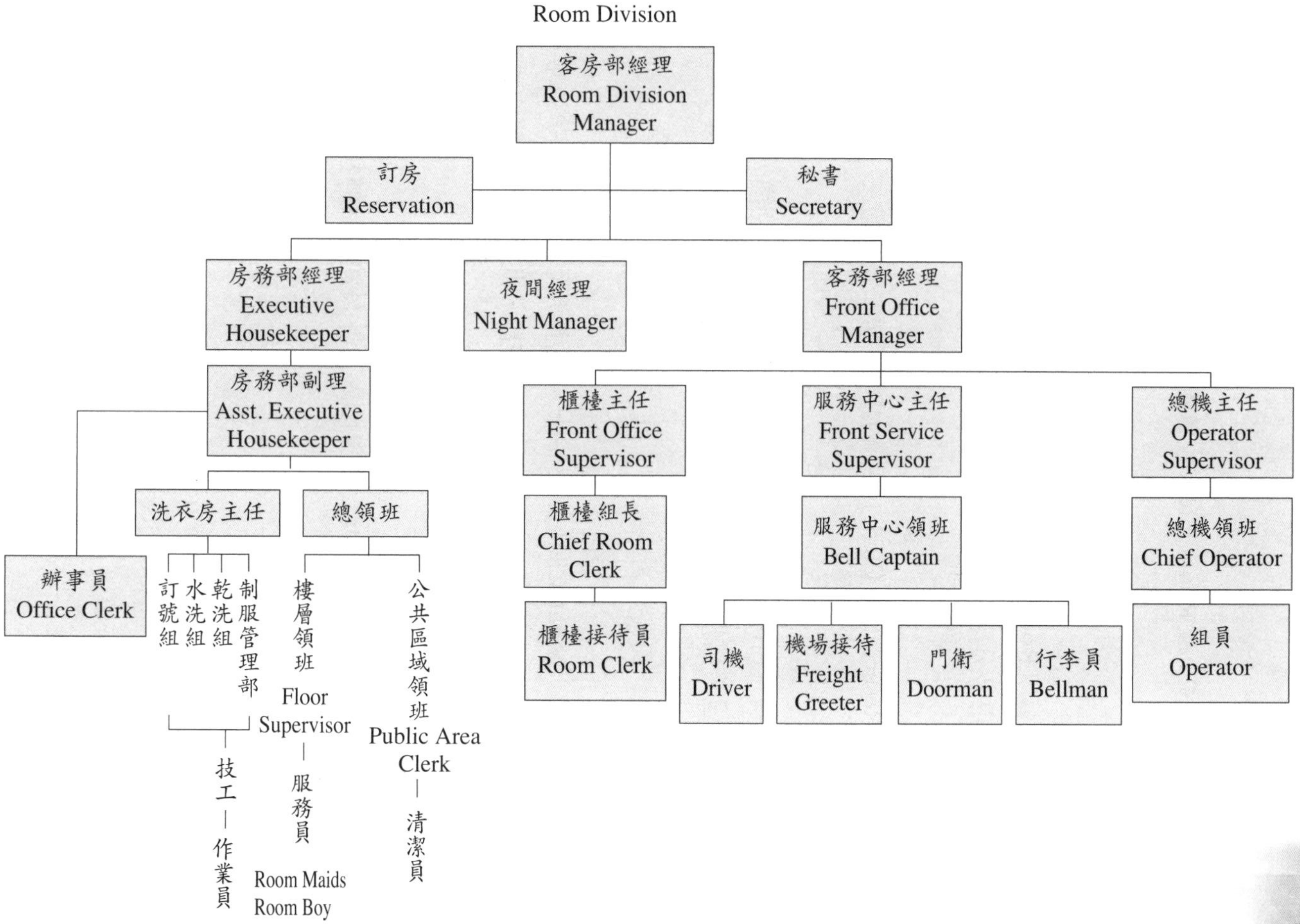

資料來源：楊長輝著，《旅館經營管理實務》（台北：揚智文化，1996年）。

■櫃檯組長

櫃檯組長（Chief Room Clerk）負責率領各櫃檯員，並參與接待服務事項。

■櫃檯接待員

櫃檯接待員（Room Clerk或Receptionist）負責接待旅客的登記事宜，並銷售客房及分配房間。

■訂房員

訂房員（Reservation Clerk）負責處理訂房一切事宜。

■櫃檯出納員

櫃檯出納員（Front Cashier）負責住客之收款、兌換外幣等工作，如係簽帳必須呈請信用經理核准。係屬財務部，惟同於櫃檯處理業務，特於此提醒。

■夜間接待員

夜間接待員（Night Clerk）下午十一時上班至第二天八時下班，負責製作客房出售日報（House Count）統計資料，此外仍須繼續完成日間櫃檯接待員的作業。

■總機

總機（Telephone Operator）負責國內、外長途電話轉接及音響器材操作保管。

■服務中心主任

服務中心主任（Front Service Supervisor或Concierge適用於歐洲地區Manager）是Uniform Service的主管，監督Bell Captain、Bellman、Door Man及Supervisor等人員之工作。

■服務中心領班

服務中心領班（Bell Captain）負責指揮、監督並分派Bellman的工作。

■行李員

行李員（Bellman）負責搬運行李並引導住客至房間。

■行李服務員

行李服務員（Porter and Package Room Clerks）在大型飯店才有此一編制，負責團體行李搬運或行李包裝業務。同時與Bellman共同分擔店內嚮導、傳達、找人及其他零瑣差使。

■門衛

門衛（Doorman）負責代客泊車、叫車、搬卸行李，以及解答顧客有關觀光路線之疑難。

■司機

司機（Driver）負責機場巴士的駕駛。

■機場接待

機場接待（Freight Greeter）負責代表旅館歡迎旅客的到來與出境的服務。

■房務部經理

房務部經理（Executive Housekeeper）爲客房管理最高主管，負責管理房務備品及人員。

■樓層領班

樓層領班（Floor Supervisor或Floor Captain）通常一個人管理30間客房，負責客房之管理，分配工作給Room Maid，並訓練新進員工，必須經常注重住客之行動與安全。

■客房女服務員

客房女服務員（Room Maid又稱Chamber Maid），負責客房之清掃以及補給房客用品。

■房務部辦事員

房務部辦事員（Office Clerk）負責客房內冰箱飲料帳單登錄到銷售日報表，並保管處理顧客之遺失物品。

■公共區域清潔員

公共區域清潔員（Public Area Cleaner）負責清掃公共場所，如大廳、洗手間、員工餐廳、員工更衣室等場所。

■布巾管理員

布巾管理員（Linen Staff）負責管理住客洗衣、員工制服、客房用床單、床巾、枕頭套、臉巾等布巾及餐廳用桌布巾等。

■縫補員

縫補員（Seamstress）爲客衣及員工制服作一般簡單修補工作。

■嬰孩監護員

嬰孩監護員（Baby Sitter）負責看顧住客之小孩（度假旅館的特殊編制）。

（二）客房部和其他單位的關係

旅館的經營是一天二十四小時，一年三百六十五天不斷的營運。除了有形的設施使顧客感到舒適便利外，最重要的就是服務。旅館的服務工作是整體性的，並非某一部分、某一部門或某一個人做好就可以。

例如有30人的團體住進了旅館，首先，訂房組應把訂房卡在前一天晚上整理交給櫃檯，早班的櫃檯人員要控制好當天有多少空房來安排這個團體，他就需要和房務部人員聯絡房間狀況，然後先做好團體名單

(配好房間)。當團體到達時，行李員要負責將行李搬運到大廳，清點數量，結掛行李牌，依名單寫上房號立即分派到各房間。房間服務員開始爲客人服務：茶、水、洗衣、擦鞋、用餐……。此時櫃檯人員要與導遊或領隊聯絡團體用餐的種類、方式、時間，以及叫醒時間、下行李時間等事項。至於個人的旅客所需要的服務亦相同。

所以客房部與其他單位的關係乃是密不可分的。以下我們就來說明客房部和其他單位的關係。

■餐飲部

餐飲部對房客餐飲之服務項目有：

1.客房餐飲服務。
2.住客的餐飲簽單。
3.餐券的使用及用餐時間的協調。
4.招待飲料券（complimentary drink或welcome drink）。
5.蜜月套房（wedding room）即提供婚宴新人當晚免費住宿的客房。
6.餐飲的布巾類取用、汰舊。
7.協助酒席賓客停放車輛。

■工務部

工務部負責客房及公共設施之修護與保養，如：

1.客房各項設備、機件的修護與保養。
2.備品損壞時，能迅速通知與迅速修護。
3.修理時，通知正確時段並避免打擾客人。

■財務部

財務部負責房客帳單的審核及財務報表之製作。

1.製作與核定帳單。
2.收取帳款。
3.核對庫存品。
4.支付薪金。

■採購單位

採購單位負責採購客房所需各項備品。

1.建議採購品之特性、成本。
2.及時供應各項備品並建立供貨的週期。
3.備品瑕疵時，能立即要求供應商做完整的售後服務。

■安全單位

安全單位負責館內人、事、物的防護工作。

1.可疑人、事、物的通報與防止。
2.大宗財物、金錢的保全。
3.意外事件的防止。
4.處理竊盜事件。
5.安全系統之建立。

二、房務管理部

(一)房務管理部的組織

房務管理的主要任務是要經常保持房間的清潔、舒適，使它可以隨時出售。房務管理部的組織中房務部主任為房務主管，其下設房務部副主任、領班、男、女服務員、被巾管理員及清潔工等。有關房務管理部的組織請參考表3-5。

表3-5　房務管理部組織表

Chart For Housekeeping Department of A Hotel

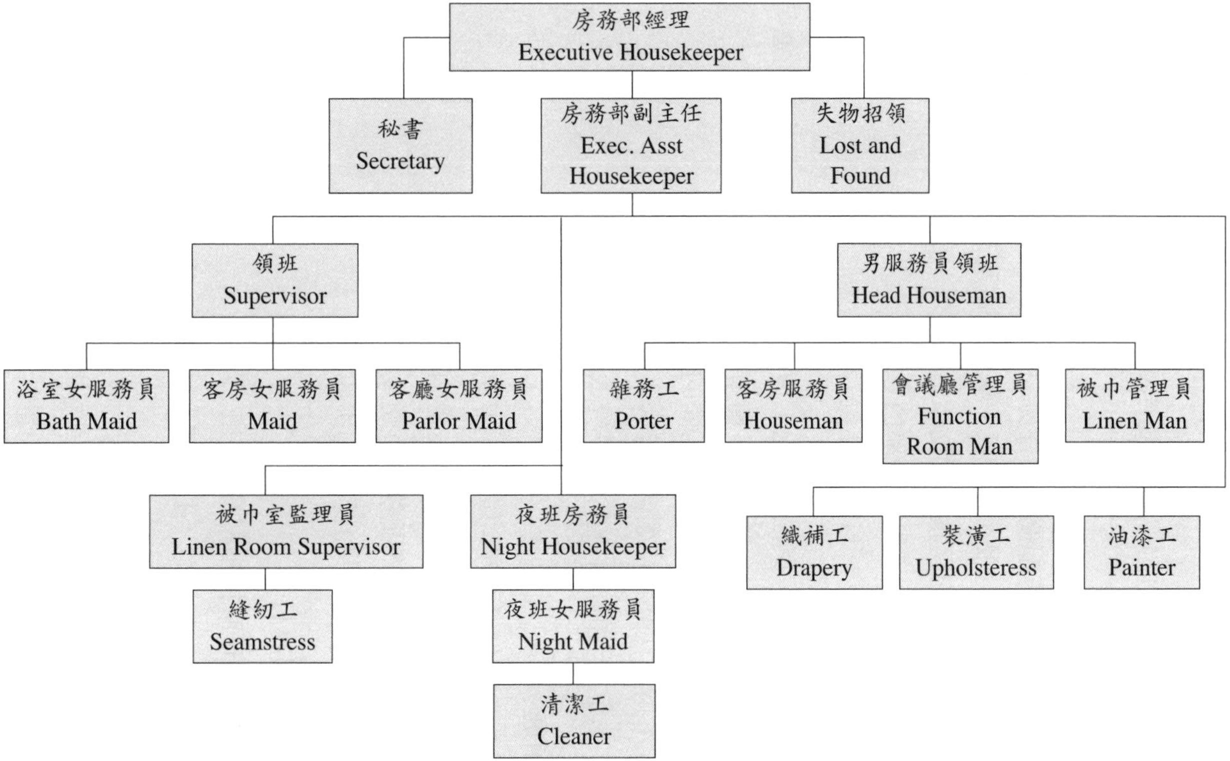

資料來源：詹益政著，《現代旅館實務》（作者自行出版，1994年）。

（二）房務管理部工作人員之主要職責

茲將房務部工作人員的職責說明如下：

■房務部經理

1.監督及指導部屬、檢查房間及公共場所的保養及清潔。
2.編製部屬的服務日程表、保養計畫及工作報告。
3.接受顧客的建議事項及部屬的報告，作適當的判斷與處理。
4.訓練新進員工及召集部內會議。

■房務部副主任

1.輔助經理，與經理分配工作時間，使每日工作能順利進行。
2.調查及請領工作上必需備用品及消耗品。
3.與有關部門聯絡維修房間的設備。
4.指導在緊急時如何教導客人疏散。
5.定期召開檢討會以便研究改善問題。

■領班

1.檢查打掃完畢的房間，不完善的地方應予糾正。
2.將房間檢查報告塡好後送到櫃檯。
3.每月月底負責記錄布巾類及備用品的清單。
4.負責辦理房間消耗品的出庫。

■男、女服務員

1.受領班直接指揮清潔的工作。
2.清掃的時間以不打擾客人為原則，利用客人用餐、商務或其他事情外出時間最好。

■被巾管理員

1.管理員必須瞭解布巾的質料和數量，及旅館最低限度儲藏量。

2.布巾的儲藏，要乾燥、有光線，應分別存放與隨時補充供應。

三、餐飲部

餐飲部是旅館最重要的部門之一，由觀光局的統計資料中，餐飲收入占國際觀光旅館總營業收入之43%以上，可見其重要性。

(一) 餐飲部組織

餐飲部與客房部是旅館主要營業收入來源，餐飲部的工作人員包括餐飲部經理、副理、主任、領班，以及男、女服務員等。有關中型旅館餐飲部組織系統表請參閱表3-6。

(二) 餐飲部工作人員之主要職責與條件

■餐飲部經理

1.推展餐飲業務之計畫與決策。
2.制定工作目標與標準程序。
3.建立良好的公共關係。
4.協調有關部門，共同發展業務。
5.訓練員工。
6.檢討員工工作表現。
7.激勵員工工作精神。

■餐飲部副理、主任

1.協助經理管理餐廳營運。
2.督導各部門領班。
3.解決客人不滿及要求。
4.督導訂席作業。

表3-6　中型旅館餐飲部組織系統表（美國）

Organization Chart Catering Department（F&B Dept.）

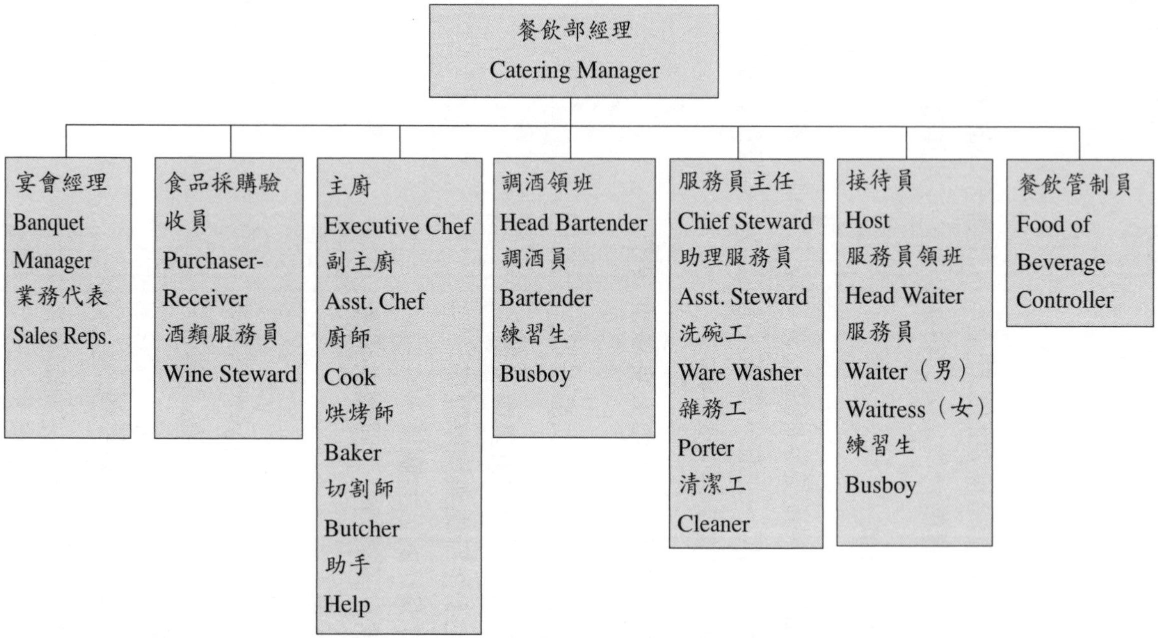

資料來源：楊長輝著，《旅館經營管理實務》（台北：揚智文化，1996年）。

5.服務人員之安排。

■領班的要件

1.有判斷力。

2.有組織領導力。

3.有豐富的專業知識。

4.負責任。

5.謙虛。

6.沈著。

7.忍耐。

8.樂觀。

■男女服務員的要件

1.誠實：不陽奉陰違，虛僞造假。

2.機警：頭腦靈活、反應靈敏、眼觀四面，耳聽八方。

3.勤儉：做事認眞，力求上進，生活樸實。

5.技能：熟練技能，隨時增進新智識。

第四節　旅館的連鎖經營

旅館連鎖經營係由美國所創設的，美國爲最大且最多的連鎖旅館國家，其次爲歐洲。所謂旅館連鎖經營是以一個總公司在不同的地區或國家推展其相同的商標及風格。

連鎖旅館的經營方式，主要分爲：（1）委託經營方式（management contract）；（2）掛名加盟連鎖方式（franchise）。

一、委託經營方式

委託經營方式係飯店事業體沒有營業的技術，委託第三者經營的型態（如表3-7）。國內以希爾頓及凱悅為代表。

由於委託經營合約期限少者十年，多者長達二十五年，而國內業主對自己所擁有的資產，卻無權百分之百自主的煩惱，是委託經營方式無法發展的主因，加以管理公司在簽訂合約之初，往往先提出對其自身較有利的條件，使業主在未充分瞭解內容，卻因對方具有國際性知名度的安全感驅使之下，簽訂長達二十年的契約，造成業主與旅館經營者在日

表3-7　委託經營方式

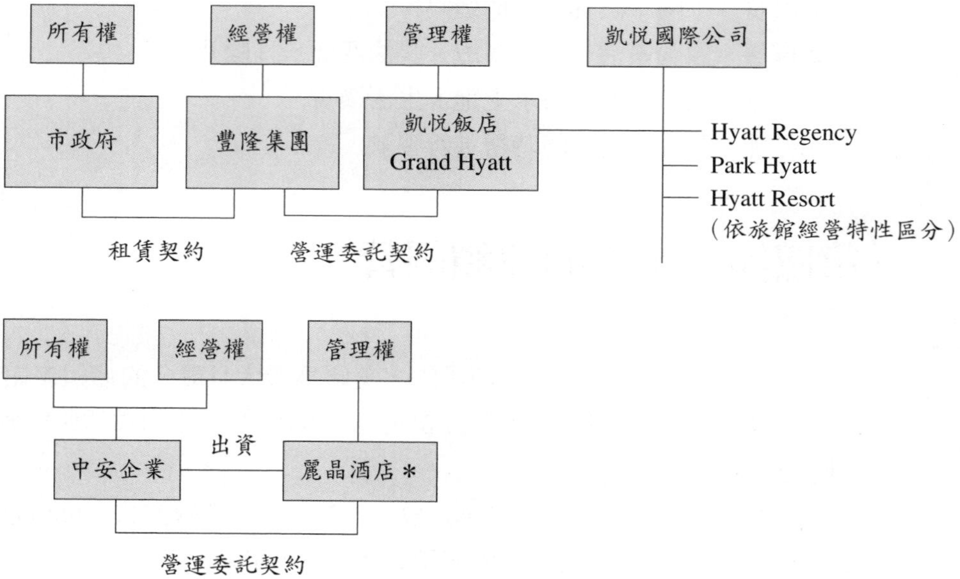

註：本合作案已於1993年改為晶華酒店集團（Formosa）
資料來源：楊長輝著，《旅館經營管理實務》（台北：揚智文化，1996年）。

後漫長的歲月中成爲一對怨偶。

近年來，愈來愈多的台灣旅館管理公司將經營觸角伸向大陸，管理合約的訂定，成爲雙方執行業務的依據。茲就委託經營之收費內容分述如下：

1.技術服務費（technical service）：旅館籌建期間，管理公司提供經營管理政策評估、市場調查及各營業場所空間規劃之建議而收取的費用，通常由雙方議定一個固定金額，業主分期支付。
2.基本管理費（management fee）：雙方議定每月（或每季）收取基本管理費，一般收取營業收入的2%～4%的費用。
3.利潤分配金（incentive fee）：從營業毛利中抽取5%～10%利潤獎金。因折舊不含於減項之中，因此較一般財務會計之營業毛利金額爲高。這些管理會計與財務會計間不同的理念，如果業主沒有充分瞭解，最容易形成雙方合作不愉快的導火線。

營業收入－營業費用（不含固定資產折舊）＝營業毛利

受委託經營者，並不能向業主保證一定賺錢，即經營者不必對是否賺錢負擔責任，這也是許多投資者不願意簽訂這種合約的原因之一。相對的，經營者要能夠有許多成功的事例，才能成爲受委託者，目前全世界最有名的除了凱悅、希爾頓等系統之外，其他如假日旅館（Holiday Inn）、喜來登等，採用管理合約與加盟連鎖雙重並行方式，由業主擇一合作之。

二、掛名加盟連鎖方式

由總部提供加盟店、技術上策略、經營、營運及從業人員教育訓練等，並給予當地地區連鎖名稱的權利代理，由連鎖系統公司收取權利金（royalty fee）（如表3-8、表3-9）。

表3-8　掛名加盟連鎖方式

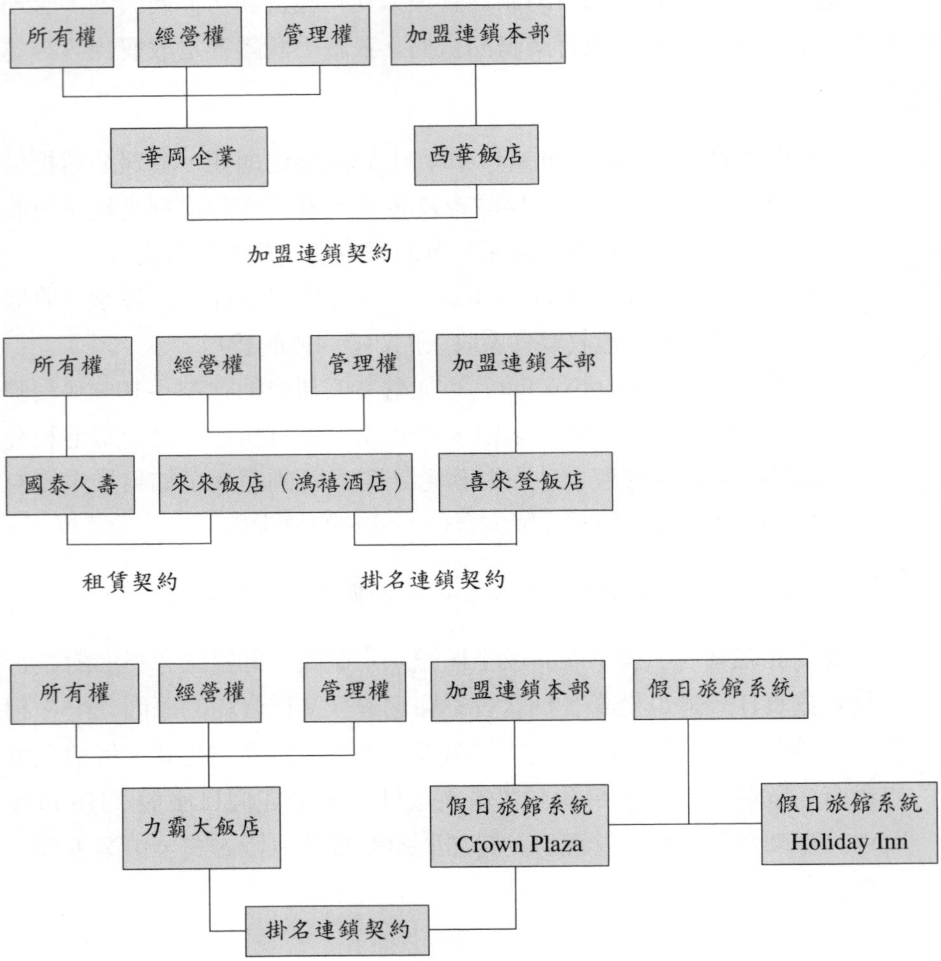

資料來源：楊長輝著，《旅館經營管理實務》（台北：揚智文化，1996年）。

表3-9　掛名加盟連鎖飯店權利金的費用計算案例

權利金的費用		A店連鎖店	B店連鎖店	C店連鎖店
加盟時費用		60間以下爲100萬元 60間以上每間5,000元	100間以下爲100萬元 100間以上每間2,000元	100間以下爲100萬元 100間以上每間2,000元
綜合企劃監修費		約建物結構體×1.5% 若設計監理契約另計則約上項×1/2	總建設費（餐廳、店鋪不含）×1.5% 餐廳店鋪（含廚房）約面積×5,000元／坪	總工程費（含土地 備品等） 1億元爲1.5% 1億元以上爲1%
經營指導費	住宿收入	住宿收入×3%	客房收入 （稅金不含）×2%	住宿收入×3%
	餐飲收入	各餐飲（含宴會廳）×1%	餐飲收入 （稅金不含）×2%	餐飲收入×1%
販賣促進負擔費		住宿收入×2%	客房收入 （稅金不含）×2%	委託廣告宣傳費約住宿收入×1%
其他		教育訓練費－實計 mark logo－免費	保證金60萬元	
備註		專業策劃製作80萬元以上	專業策劃製作	

註：1.上述之百分比及金額均爲參考值，其中約有10%～15%的彈性係數，地理條件（location）較佳的業主而言，宜儘量經過談判爭取有利之立場，以減少支付各項費用比例。
2.本表之目的，係讓讀者瞭解參加掛名加盟連鎖經營所需支付的各項費用。

資料來源：楊長輝著，《旅館經營管理實務》（台北：揚智文化，1996年）。

加入連鎖旅館的優點與缺點：

（一）優點

1.利用知名度高的商標，可吸引眾多的旅客，提高住房率。
2.統一宣傳作業，經濟且效力較大。
3.統一採購，降低成本。
4.提供旅館經營策略及良好的員工訓練。

（二）缺點

1.須繳納相當大的費用，尤其是委託經營負擔頗重。
2.委託經營方式，旅館內部受到連鎖公司的干涉，尤其是財務與人事，造成公司的困擾，且爲達到連鎖公司的水準，旅館的維護更新，增加花費與負擔。

第五節　我國國際觀光旅館發展沿革

旅館是以供應餐宿提供服務爲目的，而得到合理利潤的一種公共設施。台灣光復前之旅館以台北的鐵路飯店爲首家。自1956年故總統　蔣公指示省府：「歐美與日本均注重旅館觀光事業，以應國際人士來往之需要，兼以吸收外資，我國實有仿效之必要。」近年來，政府與民間的合作，興建旅館，使旅館業大展鴻圖。

一、發展概況

我國觀光事業從1956年開始發展，觀光旅館業也是在這一年開始興起。當時台灣省觀光事業委員會、省（市）衛生處、警察局共同訂定，客房數在20間以上就可稱爲「觀光旅館」。在1956年政府開始積極推展觀光事務之前，台灣可接待外賓的旅館只有圓山、中國之友社、自由之家及台灣鐵路飯店四家，客房一共只有154間。

民國1968年7月政府訂定「台灣地區觀光旅館輔導管理辦法」，將原來觀光旅館的房間數提高爲40間，並規定國際觀光旅館的房間要在80間以上。

1964年統一大飯店、國賓大飯店、中泰賓館相繼開幕，台灣出現了大型旅館。到了1973年台北市希爾頓大飯店開幕，更使我國觀光旅館業進入國際性連鎖經營的時代。

1974年至1976年間，由於能源危機，以及政府頒布禁建令，大幅提高稅率、電費，這三年間沒有增加新的觀光旅館，造成1977年嚴重的「旅館荒」，同時也出現許多「地下旅館」，以及各種社會問題。

1976年旅館局鑑於觀光旅館接待國際觀光旅客之地位日趨重要，透過交通部與內政、經濟兩部協調，在原商業團體分業標準內另成立「觀光旅館商業」之行業，同時爲加強觀光旅館業之輔導與管理，經協調有關機關研訂「觀光旅館業管理規則草案」，於1977年7月2日由交通、內政兩部會銜發布施行，明定觀光旅館建築設備及標準，同時將觀光旅館業劃出特定營業之管理範圍。

1977年我政府鑑於觀光旅館嚴重不足，特別訂頒「興建國際觀光旅館申請貸款要點」，除了貸款新台幣二十八億元外，並有條件准許在住宅區內興建國際觀光旅館，在這些辦法鼓勵下，台北市兄弟、來來、亞都、美麗華、環亞、福華、老爺等國際觀光旅館如雨後春筍般興起。從1978年至1981年，台灣地區客房的成長率超過旅客的成長率，而以1978年成長48.8%爲最高峰，1981年的成長率爲23.5%。

1983年，交通部觀光局及省（市）觀光主管機關爲激發觀光旅館業之榮譽感，提升其經營管理水準，使觀光客容易選擇自己喜愛等級之觀光旅館，自1983年起對觀光旅館實施等級區分評鑑，評鑑標準分爲二、

三、四、五朵梅花等級，評鑑項目包括建築、設備、經營、管理及服務品質，促使業者對觀光旅館之硬體與軟體均予重視。此舉對督促觀光旅館更新設備、提升服務品質著有成效。

台北市觀光旅館的國際化可從1973年國際希爾頓集團在台北設立希爾頓飯店開始，目前在台的國際連鎖系統已有：喜來登（Sheraton）大飯店，於1982年與喜來登集團簽訂世界性連鎖業務及技術合作契約；日航（Nikko）、老爺酒店，於1984年成立；凱悅（Hyatt）與麗晶（Regent，1993年初更名爲晶華酒店）於1991年成立。台北亞都大飯店於1983年成爲「世界傑出旅館」（Leading Hotels of the World）訂房系統的一員，1992年開幕的台北西華大飯店也成爲Preferred Hotels訂房系統的一員，這些訂房系統旗下所擁有的旅館在世界均有很高的知名度，尤其「世界傑出旅館」更是舉世聞名。另外，凱撒大飯店亦於9月成爲威斯汀連鎖旅館（Westin Hotels and Resorts）之一員。華國大飯店於1996年與洲際大飯店（Inter-Continental）簽訂顧問契約，正式成爲洲際管理系統之一員；寰鼎大溪別館及1999年營運之六福皇宮亦加入威斯汀連鎖旅館系統；華泰飯店於2001年加入王子大飯店（Prince）連鎖系統。這些國際連鎖的旅館，由於引進歐美旅館的管理技術與人才，因此除了爲台灣的旅館經營朝國際化的方向邁進，也造福了本地的消費者。

二、規模與分布

台灣地區的國際觀光旅館至2001年12月止，共計60家，以其客房數的多寡區分，可分爲八種規模（如表3-10）；以其地區分布區分，可分爲七個地區（如表3-11），茲分述如下：

表3-10　2001年國際觀光旅館規模別

規模別	家數	客房數（間）	比率（%）
700間以上	3	2,314	12.54
601～700間	1	606	3.28
501～600間	3	1,691	9.16
401～500間	6	2,556	13.85
301～400間	12	4,027	21.82
201～300間	25	5,908	32.02
101～200間	8	1,204	6.53
100間以上	2	147	0.80
合計	60	18,453	100.00
註：家數、客房數含台北、高雄圓山大飯店資料			

資料來源：交通部觀光局，〈台灣地區國際觀光旅館營運分析報告〉。

表3-11　2001年國際觀光旅館分布區域表

地區別	家數	客房數（間）	比率（%）
台北地區	25	9,343	50.63
高雄地區	8	2,832	15.35
台中地區	6	1,468	7.96
花蓮地區	4	1,021	5.53
風景地區	9	1,782	9.66
桃竹苗地區	5	1,327	7.19
其他地區	3	680	3.68
合計	60	18,453	100.00
註：家數、客房數含台北、高雄圓山大飯店資料			

資料來源：交通部觀光局，〈台灣地區國際觀光旅館營運分析報告〉。

（一）以客房數區分之八種規模

■規模一

客房數700間以上者，包括凱悅、喜來登及環亞等3家，客房數共計2,314間，占國際觀光旅館客房總數的12.54%。

■規模二

客房數601間～700間者，僅有福華1家，客房數共計606間，所占比率爲3.28%。

■規模三

客房數501間～600間者，共有台北圓山大飯店、台北晶華酒店及高雄晶華酒店等3家，客房數共有1,691間，所占比率爲9.16%。

■規模四

客房數401間～500間者，包括遠東國際、台北國賓、高雄漢來、高雄國賓、全國及墾丁福華等6家，客房數共計2,556間，所占比率爲13.85%。

■規模五

客房數301間～400間者，包括希爾頓、中泰、華國、亞太、三德、富都、華王、霖園、長榮桂冠酒店、美侖、西華及桃園假日飯店等12家，客房數共計4,027間，所占比率爲21.82%。

■規模六

客房數201間～300間者，包括華泰、豪景、康華、兄弟、亞都麗緻、國聯、台北老爺、力霸皇冠、六福皇宮、華園、皇統、高雄福華、通豪、台中晶華、統帥、中信花蓮、凱撒、南華、溪頭米堤、天祥晶華、寰鼎大溪別館、新竹國賓、曾文渡假大酒店、娜路彎大酒店及大億麗緻大酒店等25家所占比率爲32.02%。

■規模七

客房數101間～200間者，包括新竹老爺、敬業、台中福華、花蓮亞都、中信日月潭、台南大飯店、高雄圓山及知本老爺大酒店等8家，所占比率爲6.53%。

■規模八

客房數100間以下者，包括國王及陽明山中國麗緻等2家，所占比率爲0.8%。

(二) 以地區分布區分爲七個地區

若以地區分布而言，可分爲七個地區，即台北地區、高雄地區、台中地區、花蓮地區、風景地區、桃竹苗地區及其他地區。

■台北地區

包括台北圓山、國賓、中泰賓館、華國、華王、國王、豪景、希爾頓、康華、亞太、兄弟、三德、亞都、國聯、喜來登、富都、環亞、台北老爺、福華、力霸、凱悅、晶華、西華、遠東國際及六福皇宮等25家，客房數共計9,343間，占國際觀光旅館客房總數50.63%。

■高雄地區

包括華王、華國、皇統、高雄國賓、霖園、漢來、高雄福華及高雄晶華等8家，客房數共計2,832間，所占比率爲15.35%。

■台中地區

包括敬華、全國、通豪、長榮桂冠、台中福華及台中晶華等6家，客房數共計1,468間，所占比率爲7.96%。

■花蓮地區

包括亞士都、統帥、中信及美侖等4家，客房數共計1,021間，所占比率爲5.53%。

■風景地區

風景區包括：陽明山中國麗緻、中信日月潭、高雄圓山、溪頭米堤、知本老爺、凱撒、天祥晶華、墾丁福華、曾文渡假酒店等9家，客房數共計1,782間，所占比率爲9.66%。

■桃竹苗地區

包括桃園假日、南華、寰鼎大溪別館、新竹老爺及新竹國賓等5家，客房數共計1,327間，所占比率爲7.19%。

■其他地區

包括台南、娜路彎大酒店及大億麗緻酒店等3家，客房數共計680間，所占比率爲3.68%。

三、客房數成長分析

觀光旅館客房數的多寡，除顯示出旅館業本身的興衰外，更是反映觀光事業的成長與衰退的重要指標。表3-12爲歷年來國際觀光旅館與一般觀光旅館客房數的變化情形。台灣區觀光旅館（含國際與一般）之客房數於近年來略呈負成長，而2001年爲正成長，顯示業者投資意願提高，值得慶幸。

2001年台灣地區觀光旅館共計83家，其中國際觀光旅館爲58家，一般觀光旅館25家。亞太大飯店已更名爲神旺大飯店，來來飯店更名爲喜來登大飯店，希爾頓飯店更名爲台北凱撒飯店，此三家經營權已轉讓。新的飯店娜路彎大酒店及大億麗緻酒店分別於2001年6月及12月開始正式營業。2001年觀光旅館數及客房數成長率爲4.3%正成長，惟因2003年3月中爆發SARS上呼吸道系統傳染病，台灣的旅行業及飯店業正面臨空前的大危機，飯店業的住房率已由八成滑落至三成，情況嚴重，俟SARS疫情減緩，觀光業才能再度恢復榮景。

表3-12　台灣歷年觀光旅館家數、客房數成長分析表

單位：間

年度	國際觀光旅館			一般觀光旅館			合計		
	家數	客房數	成長率	家數	客房數	成長率	家數	客房數	成長率
1965年	NA	880	—	NA	1,834	—	NA	2,714	—
1966年	NA	1,069	21.5	NA	2,044	11.5	NA	3,113	14.7
1967年	NA	1,069	0	NA	2,155	5.4	NA	3,224	3.6
1968年	NA	1,569	46.7	NA	3,661	69.9	NA	5,230	62.2
1969年	NA	1,445	-7.9	NA	4,241	15.8	NA	5,686	8.7
1970年	14	2,163	49.7	72	4,701	10.8	86	6,864	20.7
1971年	15	2,542	17.5	79	6,132	30.4	94	8,674	26.4
1972年	17	3,143	23.6	80	6,713	9.5	97	9,856	13.6
1973年	20	4,613	46.8	81	6,963	3.7	101	11,576	17.5
1974年	20	4,598	-0.3	82	7,013	0.7	102	11,611	0.3
1975年	20	4,439	-3.5	79	6,915	-1.4	99	11,354	-2.2
1976年	21	4,868	9.7	75	6,728	-2.7	96	11,596	2.1
1977年	23	5,174	6.3	83	7,118	5.8	106	12,292	6.0
1978年	30	7,699	48.8	88	7,984	12.2	118	15,683	27.6
1979年	34	9,160	19.0	92	8,887	11.3	126	18,047	15.1
1980年	36	9,673	5.6	97	9,654	8.6	133	19,327	7.1
1981年	42	11,945	23.5	96	9,786	1.4	138	21,731	12.4
1982年	41	12,335	3.3	94	9,535	-2.6	135	21,870	0.6
1983年	44	12,982	5.2	90	9,279	-2.7	134	22,261	1.8
1984年	44	13,503	4.0	85	8,939	-3.7	129	22,442	0.8
1985年	44	13,468	-0.3	79	8,334	-6.8	123	21,802	-2.9
1986年	43	13,268	-1.5	73	7,987	-4.2	116	21,255	-2.5
1987年	43	13,223	-0.3	64	6,999	-12.4	107	20,222	-4.9
1988年	43	13,124	-0.7	56	6,121	-12.5	99	19,245	-4.8
1989年	43	12,965	-1.2	54	5,824	-4.9	97	18,789	-2.4
1990年	46	14,538	12.1	51	5,518	-5.3	97	20,056	6.7
1991年	46	14,538	0	48	5,248	-4.9	94	19,786	-1.3
1992年	47	15,018	3.3	42	4,706	-10.3	89	19,724	-0.3
1993年	50	15,953	6.2	30	3,614	-23.2	80	19,567	-0.8
1994年	51	16,391	2.7	27	3,135	-13.3	78	19,526	-0.2
1995年	53	16,714	2.0	27	3,131	-0.1	80	19,845	1.6
1996年	53	16,964	1.5	24	2,775	-11.4	77	19,739	-0.5
1997年	54	16,845	-0.7	22	2,557	-7.9	76	19,402	-1.7
1998年	53	16,558	-1.7	23	2,653	3.8	76	19,211	-1.0
1999年	56	17,403	5.1	24	2,871	8.2	80	20,274	5.5
2000年	56	17,057	-2.0	24	2,871	0	80	19,928	-1.7
2001年	58	17,815	4.4	25	2,974	3.6	83	20,789	4.3

資料來源：交通部觀光局。

假日旅館系統的經營之道

凱蒙·威爾遜（Kemmons Wilson），1913年生於美國阿肯色州的奧斯塞拉城。他於1952年建立了第一家假日旅館，到1989年底，他已使假日公司擁有、經營或簽有特許經營合同的旅館共達1,606家，客房總數320,599間，分布在全球52個國家。這個數字幾乎相當於緊排在它後面的3個世界大旅館集團——喜來登、華美達與希爾頓旅館公司客房數的總和。假日公司的雇員數已經超過了20萬。上海銀星假日賓館及台北力霸皇冠假日旅館是它的成員之一。

凱蒙·威爾遜先生在三十多年的時間裡，不但使一個僅有幾家路邊汽車旅館的假日公司發展成為世界上最大的旅館集團，把當時聲譽低下、設施簡陋的汽車旅館變成了一個受一般大衆喜愛的家外之家，而且也使他的名字在1969年倫敦《星期日泰晤士報》開列的20世紀世界名人錄上，與邱吉爾和羅斯福齊名。

威爾遜先生的成功經驗主要有以下四點。

第一是出售特許經營權（franchise）。1952年威爾遜先生從銀行借了30萬美元，建了第一家假日旅館。1953年，就開始銷售假日旅館的特許經營權。當時有4個人買下了假日旅館的特許經營權。每份特許經營權的轉讓渡費是500美元，在開業後再付專利費與廣告費，分別按每出租一間客房每夜5美分與2美分計算。

出售特許經營權，是指某一旅館公司與另一企業或個人簽訂合同，同意該企業或個人使用這一旅館公司的名字和管理標準來經營管理他們自己的飯店。而旅館公司對已獲得特許經營權的企業在其旅館選址、開業、人員培訓及促銷和經營等方面提供諮詢。為了獲得這一特許經營的權利，獲得者要先付一筆費用，然後再根據經營收入按期交納一定比例的專利權。一般情況下，特許經營權的出售者不負責籌集旅館建造的資金。同時，特別在國外，特許經營方式不會因東道主國家政策的突然變化而蒙受嚴重的損失。

在60年代，由於假日公司經營成功，許多人申請購買它的特許經營權。這時，假日旅館公司為特許經營的購買者提供除土地外幾乎所有其他旅館開業所必須的服務。假日旅館公司首先提出幾種可供選擇的設計方案。然後按選定的方案建造旅館，生產並運輸所需的家具。開業後，假日旅館公司的中央採購網還供應香皂、毛巾、紙品以及加工的食品，標準統一，價格低廉。當然最重要的是提供系統的經營方法和管理制度。

到70年代初，假日旅館公司每年要接到一萬多份特許經營權的申請書，但只有兩百多份獲得批准，其中大部分申請者又是已經經營假日旅館並證明是經營成功的企業家。土地費與旅館建造費完全由特許經營購買人籌集，他們一般自籌總資本的四分之一到三分之一，而其餘部分向銀行、保險公司或抵押貸款公司借款。獲得特許經營權的旅館主要比獨立的旅館擁有者容易借貸，因為他們有假日公司做後盾，聲譽好，風險少。假日旅館公司的特許經營權的售價也越來越高。我們知道，1953年它的第一批客戶，僅付給它500美元，而到1957年漲到了1,000美元。70年代以後，又猛漲到15,000萬美元。另外，每一百間客房要再增加100美元，還需支付2,500美元的假日旅館標誌費，每月每個房間交3美元的客房預訂系統使用費，按每間客房出租一夜次收入的1%交納培訓費，1%交納廣告費，1%交納推銷事處費和其他費用。上述特許經營權費用總計大致相當於這一旅館客房收入的6%，在這時，假日旅館公司自己擁有的旅館數僅占全公司旅館總數的15%，而剩下的85%都是特許經營的旅館。可見，特許經營權的出售獲利甚豐。

第二是不斷完善自己的電腦預訂與訊息系統。最初，每一假日旅館為住在自己飯店的客人代打電話預訂下一站的假日旅館，長途電話費由客人自己支付。1965年假日旅館系統建立了自己獨立的電腦預訂系統Holidex I，到70年代它又被更加先進的Holidex II系統所取代。透過Holidex II系統，在每一個假日旅館裡，都可以隨時預訂任何一個地方的假日旅館，並且在幾秒鐘之內得到確認，而且這一切都是免費的。

第三是標準化管理與嚴格的檢查控制制度。假日公司要保持它在全球的每一家假日旅館的服務標準的統一，這是十分不容易的。假日公司為此編印了《假日旅館標準手冊》，每一旅館持有一本，每一本都有編號，嚴格保密。《手冊》對假日旅館的建造、室內設備和服務規程都做了詳細的規定，任何規定非經總部批准不得更改。如假日旅館的客房，必須有一張書桌，一張雙人床，兩把安樂椅，床頭上有兩只100瓦的燈，要有一台電視機和一本《聖經》。《手冊》甚至對香皂的重量和火柴的規格都有具體的要求。

為了保證《手冊》中的各項規定確實被很好地實施，假日公司還有嚴格的檢查控制制度。自70年代初始，假日公司就有一支由40人組成的專職調查隊。每年對所屬各旅館進行四次抽查。抽查的項目有五百多項，滿分為1,000分。如果檢查結果不到850分者，予以警告，並限定在三個月內進行改正。第二次檢查時對上次指出的但仍未改正的毛病，加倍罰分，同時再給一定時間改正。如果仍不能在規定時間內達到標準，對公司所擁有的旅館就解僱經理，對特許經營的旅館，就將情況報告給公司特許經營持有者的機構，即國際假日旅館協會（International Association of Holiday Inns），由它發布收回假日旅館標誌和從假日旅館系統除名的決定。每年被開除或解除特許經營合約的旅館大約有三十多家。

第四是千方百計地降低成本。假日公司供應部為各旅館進行集體採購，自然要比由每一旅館單獨採購便宜很多。為了減少燙熨費，假日公司購買了不起皺的床單。地毯不用昂貴的，但三、四年一換，保證乾淨完好。它又要求服務員把小香皂收集起來磨碎，製成清洗地板的清潔劑。假日公司還採用節能鑰匙節約能源，客人進客房只有把節能鑰匙插入門側小槽中，客房電源才會接通。離房時，將鑰匙從小槽中拔出，除有專用線的電冰箱外，其他電源都會自動切斷。這樣做不僅降低了耗電，而且還延長了燈泡、燈管及電視和空調等電器的使用壽命。

威爾遜先生的著名格言是：當你想到一個主意的時候，你應該努力去尋找實現它的理由，而不應該去尋找不去實現它的藉口。威爾遜先生作為一名國際著名企業家，從爆玉米花到成為住宅建造商，到以後成為假日公司的創始人，一生充滿了開拓與創新精神。

資料來源：楊長輝著，《旅館經營管理實務》（台北：揚智文化，1996年）。

第四章

觀光旅館會計制度

- 旅館會計功能及特性
- 美國觀光旅館會計制度
- 我國觀光旅館會計制度
- 中國大陸會計制度

1920年美國經濟蓬勃，企業家投資興建旅館，其後旅館產業規模日漸擴大，投資者對旅館業本身要求正確的業績報告，因此，紐約旅館協會在1925年召集各界專家成立「旅館會計準則制定委員會」制定一定的旅館會計準則，作爲處理會計事務的原則與方法。1928年康乃爾大學德斯教授及荷華士會計師共同出版了《旅館會計》一書，此書可謂旅館會計的聖經。著名的L.K.荷華士爲餐旅專業的會計師，與哈里斯及卡福斯塔公司爲處理旅館會計事務的專家。

此書的第一、二章乃介紹最簡單的商業會計，使讀者對會計有粗淺的認識，則對旅館會計才不會產生恐懼的心理而加以排斥。目前台灣各旅館所採用的會計制度，是將一般商業會計制度加以修改應用的。

會計的目的在報告一定期間的財務狀況，作爲經營者的決策方針。旅館業者與其他企業投資者一樣，當處理會計事務時，須遵守會計的基本原則，根據明確的會計報告，作出正確的分析與預測。

第一節　旅館會計功能及特性

旅館會計的目的在報告一定期間之財務狀況，並加以分析經營得失，提供投資者與經營者作企業改善之參考。

一、旅館會計的功能

旅館會計的功能包括下列三項：

(一) 報告的功能

旅館均會設計不同性質的財務、會計等相關報表，經營者由各部門塡寫的各式報表的數據中，可知企業的經營狀況。

（二）管理的功能

經營者應該將旅館經營活動的數字加以研究分析，旅館的營業收益與同業相比較作爲預算與收入的目標，良好的財務、成本管理、控制費用方能使企業增加利潤，不致虧損。

（三）保全的功能

旅館的經營爲使一切交易皆能正確無誤，必須有健全的會計審核與稽核制度，進而能防止營業上的弊端及避免財務的損失，會計的功能即將營業活動完整記錄，可供隨時加以核查。

二、旅館會計的特性

旅館各部門業務的收入與支出處理方式不同，對於客房、餐飲收入的查核及應收帳款的催繳，必須作適當的處理。茲將旅館會計的特性分述於下：

（一）旅館交易複雜性

旅館營業交易繁多，包括各種不同的房租與收入，且付款的方式不一，必須用最迅速的方法加以處理。

（二）旅館帳目內容種類多

旅客消費內容包括房租、餐飲、打電話、洗衣、代購車票、停車事項等，須逐筆登錄。

（三）核查準確

旅館各部門的交易，須詳細記錄，供稽核人員查核，且旅客的帳目總數必須與各單位帳目總收入相符。

（四）交易連貫性

旅客住進旅館即先被安置在客房，其後在旅館內的消費，包括房內用餐、洗燙衣物、餐廳用餐、酒吧飲酒、兌換外幣、買香菸、打電話、寄郵件等一連串的交易，在旅客住宿期間發生。旅館櫃檯人員須登記旅客姓名資料並設立帳戶，旅客住宿期間所消費的金額，詳加記錄並輸入電腦，以方便遷出結帳作業。

（五）折舊的處理必須慎重

旅館的設備項目數量多，折舊年限應估計恰當，須逐項列出使用年限，與一般財產的處理方法不同。旅館固定資產折舊分爲基本折舊和大修理折舊兩個部分。

（六）應收帳款每天持續發生

住客的房租、館內一切消費，旅館會計部門須每日結算，旅客如仍續住，則該筆消費於翌日就成爲應收帳款。若平均收款期越短，則應收帳款回收工作效率高。

（七）旅館固定資產與固定費用高

投資總額約80%以上投資在土地、建築物及各種設備。

旅館會計乃是旅館管理的一項重要工具，一家旅館經營管理之優劣，完全取決於其會計工作之質量。一般而言，旅館會計管理爲一專業的學問。通常一家經營完善的旅館，其經營者必定懂得如何控制成本，而擬定一套合適的財務管理制度，以掌握整體財務動態。

第二節　美國觀光旅館會計制度

1926年紐約市觀光旅館協會編印《旅館統一會計制度》（*Uniform System of Accounts for Hotel*）一書，美國旅館業會計制度以此書爲藍本。書的內容爲提供旅館會計科目的分類及計算盈餘或虧損的標準方式，以確立旅館利益計畫爲出發點，賦予各部門應達成的利益目標，此一制度的重點乃在加強各部門的利益管理。

首先必須根據旅館的設備投資、償還借款等資料來設定旅館的利益目標，由各部門主管負責達成，爲實現所預期的利益目標，各部門主管必須有銷售與成本的基本概念，由於採用統一會計科目，同業間經營效率的比較促使以更客觀的立場加強經營能力。

利益管理的內容如下：

1.應收帳款的管理：根據每一顧客應收帳款的資料，製作應收帳款日報表，在月底製作請款單及應收帳款餘額表，以防止壞帳的發生。

2.應付帳款的管理：旅館所採購的材料如食物、生鮮物品、瓶罐類及布巾類、旅館備品等，種類繁多，根據採購日報表，製作應付帳款餘額表，益於建立付款及資金週轉計畫。

3.庫存品的管理：根據倉庫發出的材料資料，作爲各單位部門製作損益計算的資料。

4.銷售分析管理：根據銷售資料，製作各部門及各項目的銷售分析報表，由此報表可洞悉各部門的日計、累計銷售額及占總收入的百分比率，可考核各部門的業績，採取好的對策，作業務的推廣。

5.財務管理：根據收支傳票及轉帳傳票，來製作損益表、現金流量表、餘額試算表等財務報表，以明瞭旅館的財務狀況。

美國旅館統一會計制度，可按各旅館之規模與組織的不同，修改為適用於任何一家旅館，且善用旅館管理系統（Hotel Computer System），加強管理，提高服務品質，以達到旅館的現代化管理。

美國旅館業的收入與支出結構如表4-1、表4-2。

表4-1　美國旅館業收入結構

項目＼比率（%）＼年份	2000年	2001年
客房出租		
食品銷售		
飲料銷售		
租金和其他經營收入		

資料來源：何建民著，《現代賓館管理原理與實務》（上海：外語教育出版社，1994年）。

表4-2　美國旅館業的支出結構

項目＼比率（%）＼年份	2000年	2001年
工資和有關費用		
部門費用		
食品成本		
飲料成本		
財產稅和保險費		
利息支出		
折舊		
能源成本		
行政管理費		
管銷費用		
財產管理維修費		

資料來源：何建民著，《現代賓館管理原理與實務》（上海：外語教育出版社，1994年）。

第三節　我國觀光旅館會計制度

旅館會計它與任何其他企業在處理會計事務時一樣，應遵守會計的基本原則去處理企業及其商業行為。每一家旅館所要求的重點，必須能夠適應於各種不同利害關係者的需要，才能稱為完整的會計制度。

一、會計科目及編號

1979年台北市觀光旅館同業公會，邀請15家觀光旅館的會計主管，成立中華民國觀光旅館統一會計制度研究委員會，參考商業會計法、各行業統一會計制度、稅務法規及美國觀光旅館統一會計制度，於1984年5月編輯完成中華民國觀光旅館統一會計制度會計科目草案，茲將會計科目及編號介紹如表4-3：

表4-3　會計科目及編號表

會計科目及編號			
1	資產	2	負債
11	流動資產	21	流動負債
1101	庫存現金	2101	銀行透支
1102	銀行存款	2102	短期借款
1103	週轉金	2103	應付票據
1104	有價證券	2104	應付帳款
1105	應收票據	2105	應付費用
1105-1	備抵呆帳—應收票據	2106	應付股利
		2107	預收款項
1106	應收帳款	22	長期負債
1106-1	備抵呆帳—應收帳款	2201	長期借款
		23	其他負債

1107	應收收益	2301	存入保證金
1108	其他應收款	2302	應付保證票據
1109	存貨	2303	代收款
1110	預付款項	2304	暫收款項
12	企業投資	2305	銷項稅額
1201	企業投資	2306	應付稅額
13	固定資產	24	營業及負債準備
1301	土地	2401	員工退休金準備
1301-1	土地賦稅準備		
1302	建築物		
1302-1	累計折舊—建築物		
1303	機械及設備		
1303-1	累計折舊—機械及設備		
1304	客房設備		
1304-1	累計折舊—客房設備		
1305	餐飲設備		
1305-1	累計折舊—餐飲設備		
1306	運輸及通訊設備		
1306-1	累計折舊—運輸及通訊設備		
1307	租賃設備		
1307-1	累計折舊—租賃設備		
1308	未完工程		
1309	什項設備		
1309-1	累計折舊—什項設備		
14	遞延資產		
1401	開辦費		
1402	未攤銷費用		
15	其他資產		
1501	存出保證金		
1502	存出保證票據		
1503	商譽		
1504	暫付款項		
1505	進項稅額	3	淨值
1506	未分攤進項稅額	31	資本
1507	累積留抵稅額	3101	股本
1508	應收退稅額	3101-1	減：未收股本

5	支出	32	公積及盈虧
51	營業成本	3201	資本公積
5101	客房成本	3202	法定公積
5102	餐飲成本	3203	累積盈餘
5103	遊樂設施成本	3204	前期損益
5104	洗衣成本	3205	本期損益
5105	其他營業成本		
52	營業費用	4	收入
5201	員工薪津	41	營業收入
5202	租金支出	4101	客房收入
5203	文具印刷費	4102	餐飲收入
5204	旅運費	4103	遊樂設施收入
5205	郵電費	4104	洗衣收入
5206	修繕費	4105	其他營業收入
5207	廣告費	42	營業外收入
5208	水電費	4201	利息收入
5209	保險費	4202	投資收益
5210	交際費	4203	出售資產利益
5211	捐贈	4204	盤存盈餘
5212	稅捐	4205	其他營業外收入
5213	呆帳損失		
5214	折舊及耗竭		
5215	各項攤提		
5216	職工福利		
5217	燃料費		
5218	服裝費		
5219	洗滌費		
5220	雜費		
53	營業外支出		
5301	利息支出		
5302	投資損失		
5303	出售資產損失		
5304	盤存虧損		
5305	其他營業外支出		

二、觀光旅館報表製作標準格式

茲將觀光旅館各式財務報表標準化，列表如表4-4～表4-9。

觀光旅館報表製作標準格式

交通部觀光局爲統一各觀光旅館報表格式，於2001年頒布本營運資料表格規範，使各式財務報表得以標準化，茲表列於後：

1.損益表
2.資產負債表
3.繳納稅捐總計及職工人數

觀光旅館業 ________________ 蓋章

負　責　人 ________________ 蓋章

填　表　人 ________________ 蓋章

資料來源：交通部觀光局

填表須知

一、填表前請詳閱本須知。
二、科目說明：
1.客房收入：指客房租金收入，但不包括服務費（service charge）。
2.餐飲收入：指餐廳、咖啡廳、宴會廳及夜總會等場所之餐食、點心、酒類、飲料之銷售收入，但不包括服務費。
3.洗衣收入：指洗燙旅客衣服之收入。
4.店舖租金收入：包括土產品店、手工藝商店、理髮、美容室、餐廳、航空公司櫃檯等營業場所之出租而獲得之租金收入。
5.附屬營業部門收入：包括（1）游泳池、球場、停車場之收入；（2）自營商店之書報、香菸、土產品、手工藝品等銷售收入；（3）自營理髮廳、美容室、三溫暖、保健室等。
6.服務費收入：指隨客房及餐飲銷售而收取之服務費收入，但不包括顧客犒賞之小費（tip）。如服務費收入以代收款科目處理者，仍將金額填列本科目。

7.其他營業收入：包括（1）電話費、電報費、傳眞費；（2）佣金及手續費收入，例如代售遊程（tour）而獲得之佣金、收兌外幣而獲得之手續費、郵政代辦或郵票代售之佣金收入。

8.營業外收入：包括利息收入、兌換盈餘、出售資產利得、理賠收入、投資收入、其他。

9.薪資及相關費用：包括職工薪資、獎金、退休金、伙食費、加班費、勞健保費、福利費等。凡將服務費收入分配與職工者，應將分配金額併入本科目內。

10.餐飲成本：指有關餐食、點心、酒類、飲料等直接原料及運雜費支出。

11.洗衣成本：凡供洗燙衣物所需之原料及藥品等支出。

12.其他營業成本：凡不屬於薪資、餐飲成本及洗衣成本之直接成本均可列入。

13.燃料費：包括鍋爐油料及瓦斯、煤氣等費用支出。

14.稅捐：包括營業稅（連同附徵之印花稅及教育經費）、房屋稅、地價稅、汽車牌照稅、進口稅捐等。

15.廣告宣傳：爲擴展業務，促進銷售的宣傳活動費、報刊廣告費、出版宣傳手冊等費用。

16.其他費用：郵票、香菸成本、電報、電話費、律師費、會審費、清潔消毒費、刷卡手續費。

17.營業外支出：利息支出、報廢損失、財產交易損失、兌換損失、佣金支出、短期未實現損失。

18.應收款項：應收帳款、應收票據、其他應收款。

19.預付款項：包括預付費用、用品盤存、預付貨款、其他預付款。

20.流動資產—其他：包括週轉金、暫付款、股東往來、同業往來、應收土地款、進項稅額、其他。

21.其他資產：包括定期存款、長期投資、預付設備款、租賃權益改良、存出保證金、開辦費、未攤銷費用、代付款項、遞延費用、退休成本、基金、其他。

22.短期借款：包括銀行透支、銀行借款、其他短期借款。

23.應付款項：包括應付票據、應付帳款、應付費用、應付稅捐、應付股利、應付員工年終獎金、應付員工績效獎金、其他應付款。

24.預收款項：包括預收貨款、其他預收款。

25.流動負債—其他：包括暫收款、股東往來、同業往來、代收稅款、銷項稅額、其他。

26.其他負債—其他：包括代收款、外幣債務兌換損失準備、內部往來、其他。

表4-4　損益表

自○○年1月1日起
至○○年12月31日止
單位：新台幣（元）

科目	小計		合計		%
1.營業收入（2.～9.合計）					
2.客房收入					
3.餐飲收入					
4.洗衣收入					
5.店舖租金收入					
6.附屬營業部門收入					
7.服務費收入					
8.夜總會收入					
9.其他營業收入					
10.營業支出（11.～25.合計）					
11.薪資及相關費用					
12.餐飲成本					
13.洗衣成本					
14.其他營業成本					
15.電費					
16.水電					
17.燃料費					
18.保險費					
19.折舊					
20.租金					
21.稅捐					
22.廣告宣傳					
23.修繕維護					
24.其他費用					
25.其他支出					
26.營業利益（1.減10.）					
27.營業外收入（28.～29.合計）					
28.利息收入					
29.其他收入（包括：　　　）					
30.營業外支出（31.～33.合計）					
31.利息支出					
32.其他損失（包括：財產交易損失）					
33.其他支出（包括：佣金支出）					
34.本期稅前盈虧（26.加27.減30.）					

獲利率：__________ %
稅後盈虧：__________

資料來源：交通部觀光局。

表4-5　資產負債表

○○年12月31日止

單位：新台幣（元）

資產	金額		%	負債及淨值	金額		%
流動資產				流動負債			
現金				短期借款			
銀行存款				應付款項			
有價證券				預收款項			
應收款項				其他			
存貨							
預付款項				長期負債			
其他				長期借款			
				其他			
固定資產				其他負債			
土地				土地增值稅準備			
房屋及設備				存入保證金			
減：折舊準備				其他			
器具及設備				負債總額			
減：折舊準備							
運輸及通訊設備							
減：折舊準備				資本			
雜項設備				公積及盈虧			
減：折舊準備				資本公積			
未完工程				法定公積			
				特別公積			
其他資產				累積盈餘			
				本期損益			
				增值準備			
				淨值總額			
資產總額				負債及淨值總額			

投資報酬率：＿＿＿＿＿＿＿＿＿＿ %

資料來源：交通部觀光局。

表4-6　○○年繳納稅捐總計表

單位：新台幣（元）

稅捐別	金額		備考
營業稅			
地價稅			
房屋稅			
汽車牌照稅			
進口稅捐			
其他稅捐			
小計			
營利事業所得稅			
代徵娛樂稅及教育捐			
總計			

中華民國○○年職工人數

客房部門平均員工人數 ________________ 人

餐飲部門平均員工人數 ________________ 人

夜總會部門平均員工人數 ________________ 人

管理部門平均員工人數 ________________ 人

其他部門平均員工人數 ________________ 人

合計平均員工人數 ________________ 人

資料來源：交通部觀光局。

表4-7　○○年客房部門損益表

自○○年1月1日起 至○○年12月31日止			
科目	金額		%
1.客房收入			
2.客房成本（3.～13.合計）			
3.薪資及相關成本			
4.洗衣用料費（床巾、床單等）			
5.客房消耗用品費			
6.電費			
7.水電			
8.折舊費			
9.稅捐			
10.保險費			
11.廣告宣傳費			
12.修繕維護			
13.其他費用			
14.盈虧（1.減2.）			

資料來源：交通部觀光局。

表4-8　○○年餐飲部門損益表

自○○年1月1日起 至○○年12月31日止			
科目	金額		%
1.餐飲收入			
2.餐飲成本（3.～13.合計）			
3.薪資及相關成本			
4.洗衣用料費（餐巾等）			
5.餐飲材料費（food cost、beverage cost）			
6.電費			
7.水電			
8.折舊費			
9.稅捐			
10.保險費			
11.廣告宣傳費			
12.修繕維護			
13.其他費用			
14.盈虧（1.減2.）			
餐飲部門總樓地板面積：________坪（不含廚房面積） 餐飲用餐人數：________人			

資料來源：交通部觀光局。

表4-9　○○年夜總會部門損益表

自○○年1月1日起 至○○年12月31日止			
科目	金額		%
1.夜總會收入			
2.夜總會成本（3.～14.合計）			
3.薪資及相關成本			
4.洗衣用料費（餐巾等）			
5.夜總會消耗用品費			
6.電費			
7.水電			
8.折舊費			
9.稅捐			
10.保險費			
11.廣告宣傳費			
12.修繕維護			
13.樂團樂師費			
14.其他費用			
15.盈虧（1.減2.）			

資料來源：交通部觀光局。

爲方便讀者對於資產負債表及損益表有更具體的瞭解，下列資產負債表如表4-10，係顯示上輝大飯店於○○年12月31日之財務狀況。而損益表如表4-11，係顯示上輝大飯店○○年度經營之結果。

表4-10　上輝大飯店資產負債表

上輝大飯店
資產負債表
○○年12月31日

資產		負債	
流動資產		流動資產	
現金及約當現金	271,331	應付票據	56,891
短期投資	-	應付帳款	24,382
應收票據	40,823	其他流動負債	103,840
應收帳款	103,727	流動負債小計	185,113
存貨	21,388	長期負債	
其他流動資產	147,743	擔保借款	3,512,000
流動資產小計	583,914	其他負債	
長期投資	500,000	存入保證金	600
固定資產		負債合計	3,697,713
土地	1,567,560	股東權益	
建築物	2,035,000	股本	2,400,000
建築物改良	120,000	累積盈虧	389,434
裝潢設備	1,951,490	股東權益合計	2,789,434
廚房設備	68,959	負債及股東權益總計	6,487,147
水電設備	469,979		
生財器具	200,000		
什項設備	63,654		
減：累積折舊	-1,083,409		
未完工程	-		
預付資產款	-		
固定資產淨額	5,393,233		
遞延資產			
開辦費	-		
其他資產			
存出保證金	10,000		
資產總計	6,487,147		

*資產＝負債＋股東權益
*本表單位爲仟元

資料來源：作者整理。

表4-11　上輝大飯店損益表

上輝大飯店
損益表
○○年1月1日至12月31日

客房收入	
客房數	415
住客率	73%
平均房價（元）	4,924
小計（仟元）	544,480
餐飲收入	
坪數	3,185
坪效（元）	411
小計（仟元）	1,307,493
電報電話收入	70,782
停車場收入	29,784
俱樂部收入	42,000
服務費收入	185,197
其他收入	27,224
營業收入合計	2,206,960
客房成本	
成本／收入	0.03
小計（仟元）	16,334
餐飲成本	
成本／收入	0.30
小計（仟元）	392,248
其他成本	
成本／收入	0.15
小計（仟元）	19,169
營業成本合計	427,751
營業毛利	1,779,209
人事費	276,789
稅捐	44,139
水電費	88,278

（續）表4-11　上輝大飯店損益表

上輝大飯店
損益表
○○年1月1日至12月31日

修繕費	22,070
廣告費	55,174
服務費	18,520
經營管理費	19,260
保險費	17,656
交際費	17,656
總管理費	44,139
折舊費用	205,534
開辦費攤提	14,882
信用卡佣金	22,070
雜項費用	33,104
營業費用合計	979,271
營業淨利	799,938
財務費用	341,977
營業外收支淨額	-
本期淨利	457,961
所得稅	114,490
稅後淨利	343,471

*營業收入－營業成本－營業費用－財務費用－本期淨利所得稅＝稅後淨利
*本表單位爲仟元

資料來源：作者整理。

第四節　中國大陸會計制度

1992年及1993年中國大陸先後頒布了「企業財務通則」及「企業會計準則—基本準則」和分行業的財務會計制度，簡稱爲「兩則兩制」。

兩則兩制實施以來，中國的經濟形勢發生了很大的變化，逐步形成了以公有制爲主體，多種經濟成分共存的格局，可以說兩則兩制是市場經濟發展的需要而產生的。

兩則兩制是應國家法律、行政法規的要求而制定的，爲了保證會計資料的眞實、完整，必須制定統一的會計核算制度，規範會計行爲。兩則兩制的實施，建立了六大會計要素，統一會計記帳方法，改資金平衡表爲資產負債表等。

兩則兩制是實現會計標準國際化的需要而產生的，由於加入世貿組織參與國際化的經濟，中國大陸的會計標準須與國際會計慣例一致。另外，中國大陸已加入國際會計師聯合會，作爲國際會計準則委員會的觀察員，因此需要與國際會計準則進一步的協調。

企業具體進行會計核算時，其基礎工作是遵循「中國人民共和國會計法」、「會計基礎規範」和「會計檔案管理辦法」的規定執行。

會計憑證包括原始憑證和記帳憑證，會計機構、會計人員應根據審核無誤的原始憑證塡製記帳憑證。

會計帳簿包括總帳、明細帳、日記帳和其他輔助性帳簿。

會計檔案，是指會計憑證、會計帳簿和財務報告等會計核算資料，是記錄和反映單位經濟業務的重要史料和證據。

會計主體是指會計訊息所反映的特定單位，它規定了會計核算的空間範圍，爲日常的會計處理提供了依據。

會計分期建立在持續經營的基礎之上。會計期間分年度、半年度、季度和月度。年度是自每年1月1日至12月31日止。

企業記帳方法有單式記帳法和複式記帳法兩種，企業會計制度規定：企業的會計記帳採用借貸記帳法，是以借、貸為記帳符號，記錄會計要素增減變動情況的一種複式記帳法。借貸記帳法的記帳規則為有借必有貸，借貸必相等。

企業在會計核算時，應當遵循下列基本原則：

1.衡量會計訊息質量的七大原則：客觀性、實質重於形式、相關性、一貫性、可比性、及時性及明晰性。
2.確認和計量的四大原則：權責發生制、配比原則、歷史成本原則、劃分收益性支出與資本性支出原則。
3.起修正作用的兩個原則：謹慎性原則與重要性原則。

一、中國大陸會計要素分類

中國大陸會計要素分為六大類：資產、負債、所有者權益、收入、費用和利潤，其中資產、負債、所有者權益是反映企業在某一點財務狀況的基本要素，收入、費用與利潤則是反映企業在某一時期經營成果的基本要素。

(一) 資產

資產，即由企業所擁有或者控制的資源，並能為企業帶來經濟利益。資產按流動性可分為流動資產和非流動資產。流動資產主要包括現金、銀行存款、短期投資、應收及預付款項、待攤費用、存貨等。非流動資產如長期投資、固定資產、無形資產等。

(二) 負債

負債指過去的交易事項形成的現時義務，為了履行該義務，導致經濟利益流出企業。負債按償還期限的長短，可分爲流動負債和長期負債。

(三) 所有者權益

所有者權益是指所有者在企業資產中享有的經濟利益，其金額爲資產減去負債後的餘額。

(四) 收入

收入是指企業在銷售商品、提供勞務等日常活動中所形成的經濟利益，按企業經營業務的主次，可分爲主營業務收入和其他業務收入。

(五) 費用

費用是企業爲銷售商品、提供勞務等日常活動所發生的經濟利益的流出。廣義的費用包括企業各種耗費和損失，狹義的費用則只包括爲獲得營業收入而發生的耗費。

(六) 利潤

利潤是指企業在一定會計期間的經營成果。包括營業利潤、投資淨收益和營業外收支淨額。

二、中國大陸會計科目名稱及編號

茲將中國大陸之會計科目名稱及編號，製表如表4-12：

表4-12　會計科目名稱及編號

會計科目名稱及編號

(一) 資產類

順序號	編號	名稱
1	1001	現金
2	1002	銀行存款
3	1009	其他貨幣資金
	100901	外埠存款
	100902	銀行本票
	100903	銀行匯票
	100904	信用卡
	100905	信用證保證金
	100906	存出投資款
4	1101	短期投資
	110101	股票
	110102	債券
	110103	基金
	110110	其他
5	1102	短期投資跌價準備
6	1111	應收票據
7	1121	應收股利
8	1122	應收利息
9	1131	應收帳款
10	1133	其他應收款
11	1141	壞帳準備
12	1151	預付帳款
13	1161	應收補貼款
14	1201	物資採購
15	1211	原材料
16	1221	包裝物
17	1231	低值易耗品
18	1232	材料成本差異

（續）表4-12　會計科目名稱及編號

會計科目名稱及編號		
順序號	編號	名稱
19	1241	自製半成品
20	1243	庫存商品
21	1244	商品進銷差價
22	1251	委託加工物資
23	1261	委託代銷商品
24	1271	受託代銷商品
25	1281	存貨跌價準備
26	1291	分期收款發出商品
27	1301	待攤商品
28	1401	長期股權投資
	140101	股票投資
	140102	其他股權投資
29	1402	長期債權投資
	140201	債券投資
	140202	其他債權投資
30	1421	長期投資減值準備
31	1431	委託貸款
	143101	本金
	143102	利息
	143103	減值準備
32	1501	固定資產
33	1502	累計折舊
34	1505	固定資產減值準備
35	1601	工程物資
	160101	專用材料
	160102	專用設備
	160103	預付大型設備款
	160104	生財設備
36	1603	在建工程

（續）表4-12　會計科目名稱及編號

會計科目名稱及編號

順序號	編號	名稱
37	1605	在建工程減值準備
38	1701	固定資產清理
39	1801	無形資產
40	1805	無形資產減值準備
41	1815	確認融資費用
42	1901	長期待攤費用
43	1911	待處理財產損益
	191101	待處理流動資產損益
	191102	待處理固定資產損益

（二）負債類

順序號	編號	名稱
44	2101	短期借款
45	2111	應付票據
46	2121	應付帳款
47	2131	預收帳款
48	2141	代銷商品款
49	2151	應付工資
50	2153	應付福利費
51	2161	應付股利
52	2171	應交稅金
	217101	應交增值稅
	21710101	進項稅額
	21710102	已交稅金
	21710103	轉出未交增值稅
	21710104	減免稅款
	21710105	銷項稅額
	21710106	出口退稅
	21710107	進項稅額轉出

（續）表4-12　會計科目名稱及編號

會計科目名稱及編號

順序號	編號	名稱
	21710108	出口抵減內銷產品應納稅額
	21710109	轉出多交增值稅
	21710110	未付增值稅
	217102	應付營業稅
	217103	應付消費稅
	217104	應付資源稅
	217105	應付所得稅
	217106	應付土地增值稅
	217107	應付城市維護建設稅
	217108	應付房產稅
	217109	應付土地使用稅
	217110	應付車船使用稅
	217111	應付個人所得稅
53	2176	其他應交款
54	2181	其他應付款
55	2191	預提費用
56	2201	待轉資產價值
57	2211	預計負債
58	2301	長期借款
59	2311	應付債券
	231101	債券面值
	231102	債券溢價
	231103	債券折價
	231104	應計利息
60	2321	長期應付款
61	2331	專項應付款
62	2341	遞延稅款

（續）表4-12　會計科目名稱及編號

會計科目名稱及編號		
（三）所有者權益類		
順序號	編號	名稱
63	3101	實收資本（或股本）
64	3103	已歸還投資
65	3111	資本公積
	311101	資本（或股本）溢價
	311102	接受捐贈非現金資產準備
	311103	接受現金捐贈
	311104	股權投資準備
	311105	撥款轉入
	311106	外幣資本折算差額
	311107	其他資本公積
66	3121	盈餘公積
	312101	法定盈餘公積
	312102	任意盈餘公積
	312103	法定公益金
	312104	儲備基金
	312105	企業發展基金
	312106	利潤歸還投資
67	3131	本年利潤
68	3141	利潤分配
	314101	其他轉入
	314102	提取法定盈餘公積
	314103	提取法定公益金
	314104	提取儲備基金
	314105	提取企業發展基金
	314106	提取職工獎勵及福利基金
	314107	利潤歸還投資（盈餘轉增資）
	314108	應付優先股股利
	314109	提取任意盈餘公積

（續）表4-12　會計科目名稱及編號

會計科目名稱及編號

順序號	編號	名稱
	314110	應付普通股股利
	314111	轉作資本（或股本）的普通股股利
	314115	未分配利潤

（四）成本類

順序號	編號	名稱
69	4101	生產成本
	410101	基本生產成本
	410102	輔助生產成本
70	4105	製造費用
71	4107	勞務成本

（五）損益類

順序號	編號	名稱
72	5101	主營業務收入
73	5102	其他業務收入
74	5201	投資收益
75	5203	補貼收入
76	5301	營業外收入
77	5401	主營業務成本
78	5402	主營業務稅金及附加
79	5405	其他業務支出
80	5501	營業費用
81	5502	管理費用
82	5503	財務費用
83	5601	營業外支出
84	5701	所得稅
85	5801	以前年度損益調整

資料來源：陳永鳳編著，《企業會計實務指南》（中國國際出版社，2002年）。

會計的目的乃是向投資者、債權人或報表使用者提供眞實且完整的會計訊息，以作正確的決策。稅法則是以課稅為目的，根據經濟合理、公平稅負的原則，確定一定時期內納稅人應交納的稅額。

企業向外提供的報表包括：（1）資產負債表；（2）利潤表；（3）現金流量表；（4）資產減值準備明細表；（5）利潤分配表；（6）股東權益增減變動表；（7）分部報表；（8）其他有關附表。這些報表中，資產負債表、利潤表和現金流量表是主表，其餘是附表，有的報表是年度報告需提供的，有的是中期報告需提供的。

三、中國大陸飯店利潤的分配

目前國營飯店的利潤總額分成稅前扣減利潤、所得稅和留歸企業利潤三部分，相互的關係為：

利潤總額－稅前扣減利潤＝計稅所得額
計稅所得額－所得稅＝留歸企業利潤

按照現行規定，中國大陸政府對大中型企業按55%的固定比例稅率計算繳納所得稅。飯店所得稅以全年應計稅所得額為計稅依據。

應納所得稅額＝計稅所得額×稅率

目前國營飯店按八級超額累進稅稅率計繳所得稅，不同級適用不同的稅率（如表4-13）。

應納所得稅額＝計稅所得額×適用稅率－速算扣除數

速算扣除數是按照全額累進稅率計算的稅額和按照超額累進稅率計算的稅額相減後的差額，可從稅率表中查得。

表4-13 八級超額累進稅稅率表

級次	應納稅所得額	稅率（%）	速算扣除數（元）
1	全年所得額1,000元以下的部分	10	0
2	全年所得額超過1,000元至3,500元的部分	20	100
3	全年所得額超過3,500元至10,000元的部分	28	380
4	全年所得額超過10,000元至25,000元的部分	35	1,080
5	全年所得額超過25,000元至50,000元的部分	42	2,830
6	全年所得額超過50,000元至100,000元的部分	48	5,830
7	全年所得額超過100,000元至200,000元的部分	53	10,830
8	全年所得額在200,000元以上的部分	55	14,830

資料來源：蔣丁新、張宏坤著，《飯店財務管理概編》（台北：百通圖書公司出版，1997年）。

四、中國大陸中外合營飯店利潤的分配

中國大陸利潤的分配在繳納所得稅後，進行儲備基金、企業發展基金、職工獎勵及福利基金等三項基金的提取以及股利的分配。

1.儲備基金：相當於企業的準備金、公積金，是從稅後利潤中提出後，一般只能增加不能減少，若企業發生虧損可以暫時墊補外，不可移作他用。儲備基金是保護企業資本不受損害的一道防線，企業若發生虧損，不能將儲備基金與虧損額相沖轉。

2.企業發展基金：可用作流動資金，亦可用於購買固定資產，擴大生產或經營的規模。

3.職工獎勵及福利基金：用於支付職工獎金及福利設施，是對職工的一種保障。

4.股利分配：合資企業中外雙方按各自所占的股份分配本年的利潤。

凱悅的歷史

1957——

凱悅（Hyatt）的創始人Mr. Jay Pritzker（俄裔美國人）在距離洛杉磯機場一英里外成立了第一家凱悅飯店。

1960——

為了配合當時的市場需求，Mr. Jay Pritzker於是在

*Seattle

*Burlingame

*San Jose

又建立了3家機場飯店。

1962——

凱悅飯店集團（Hyatt Hotel Corporation; HHC）在美國本土增至8間，並開始進攻「市區」性市場。

1963——

凱悅為拓展業務特別推出一項針對秘書小姐們的全新行銷理念，稱為專用熱線（Private Line），同時在這一年凱悅聘用了一位朝氣十足的櫃檯接待Pat Folly。Mr. Folly 在後來的十二年內晉升為凱悅總裁（Chairman of Hyatt），這正印證了凱悅所堅持的「內部晉升」的經營哲學。

1967——

美國青年建築師John Portman 為亞特蘭大州的凱悅所設計的中庭式（Atrium Design）大廳推出後大受歡迎。當年凱悅也因此在旅館界嶄露頭角，聲名大噪。此大廳設計理念為飯店大廳設計開創了新紀元。

1969——

凱悅飯店集團為將其優秀服務品質延伸至其他國家，於是選擇在香港成立第一家國際凱悅飯店。凱悅因此發展成了兩個組織：在美國本土上的凱悅飯店是屬於凱悅飯店集團），總部設在芝加哥（Chicago）；位於亞洲、歐洲及太平洋地區的凱悅飯店則是屬於國際凱悅集團（Hyatt International Corporation; HIC），總部設在香港。

1976——

凱悅飯店集團發展迅速，在美國19個州成立了45家飯店，而國際凱悅集團亦成立了10家飯店。

1983——

凱悅推出「凱悅金卡」（Hyatt Gold Passport）行銷企劃，並於1987年統一發行給全世界凱悅飯店的客人。

1985——

凱悅主力進攻觀光休閒飯店市場。

1989——

國際凱悅榮獲「最佳國際連鎖飯店」獎，使凱悅在國際間的名聲更為響亮。香港第二家凱悅飯店（Grand Hyatt Hong Kong）開幕。

1990——

台北凱悅大飯店（Grand Hyatt Taipei）開幕。

1994——

凱悅名下的飯店在31個國家增至168家，其中包括國際凱悅集團所成立的65家休閒及商務飯店，以及凱悅飯店集團所擁有的7間商務飯店及16間休閒觀光飯店，目前另有13家位於世界各地的飯店正在興建中。

凱悅飯店的類型

目前全世界有170餘家凱悅飯店，由兩大公司來管理，其一是凱悅飯店集團，其二是國際凱悅集團，這兩家是不同的飯店管理公司。

1957年，成立了凱悅飯店集團（HHC），管理所有在南美洲及北美洲的凱悅飯店，所以只要飯店所在地是在美國、加拿大或是南美，都是在凱悅飯店集團的管理之下。

國際凱悅集團（HIC）的總部於1969年在香港成立，除了南、北美洲之外的其他國家，其凱悅飯店均隸屬於國際凱悅集團。

這170家凱悅飯店分為三大類型：

1.Grand Hyatt Hotels and Resorts：是凱悅大飯店，大部分建於1990年代，外觀新潮，裝潢歐式古典，一定是蓋在每個國家的首都或最重要的城市，例如：台北凱悅大飯店。

2.Hyatt Regency Hotels and Resorts：大部分亦建於1990年代，比Grand Hyatt 要小一點，其他的裝潢建築都大同小異，多建於一個國家的第二重要城市或商業中心，例如：在台灣若要蓋個Hyatt Regency 就會選擇蓋在台中、台南這些地方。

3.Park Hyatt Hotels：是Hyatt Hotels中最小型的飯店，屬家居式的飯店，大部分的裝潢都是利用新鮮的花、草、樹木等等，走向於個人化的服務，和Grand Hyatt、Hyatt Regency的服務理念有點不同：Grand Hyatt大部分是做大型的，像大型的開會或大型的團體，而Park Hyatt則以一對一的服務較多。

這三種凱悅飯店中都有Resort，即度假中心，以其地點或大小來決定其為Grand Hyatt 級或是Hyatt Regency級。

目前，凱悅所有的飯店皆歸納於這三種類型中。

＊凱悅飯店於2003年9月21日正式更名為君悅大飯店。

資料來源：楊長輝著，《旅館經營管理實務》(台北：揚智文化，1996年)。

第五章

旅館客房會計

- 旅館業務推廣及訂房
- 旅客的遷入與遷出
- 消費與付款方式
- 觀光旅館住房率及財務分析

觀光事業為多目標之綜合性事業，係自然資源、文化資產、交通運輸、旅館住宿、餐飲、購物中心、休閒設施、遊樂場所、觀光宣傳推廣及其他工商企業等之整合性事業。觀光事業為無煙囪的工業，每年為國家帶來龐大的外匯收入，若兩岸能開放三通，則能帶來台灣觀光事業的一片繁榮景象。

台灣地區的旅館，可分為觀光旅館與普通旅館，而依照「觀光旅館業管理規則」之規定，觀光旅館又可區分為國際觀光旅館與一般觀光旅館。

神旺大飯店、娜路彎大酒店、大億麗緻酒店、日月潭大飯店及溪頭米堤大飯店因資料未齊全，故觀光局九十年度研析對象僅以其餘53家國際觀光旅館加上台北、高雄圓山大飯店，共計55家。

2001年國際觀光旅館總營業收入為新台幣312.7億元，較2000年減少35.2億元，負成長10.11%。主要的收入項目為客房收入與餐飲收入，各占總營業收入37.88%及44.95%。

外匯收入總額約為美金4.08億元，主要為信用卡部分占75.71%，國外匯款部分占22．96%。

第一節　旅館業務推廣及訂房

現在是一個企業形象定位與策略企劃的時代，2002年遭逢景氣低迷，失業率達5.35%的高漲時刻，旅館業亦受到嚴重的衝擊，經營者的行銷策略是決定生意盈虧的重要因素。行銷就是在創造市場的優勢與顧客的需要，而把業務推廣的產品成功地帶入目標市場，並全力開發動態的市場推廣活動。

旅館行銷最基本的策略乃是將最好的市場組合作為重點，以顧客的需求為產品開發及推廣的基礎，並且強化旅館的設備特色、服務項目、價格及員工的服務水準，方能在經濟不景氣中逆勢成長，立於不敗之地。

國際觀光旅館的經營較以往更加艱辛，爲此各家業者採取更靈活的行銷策略來因應，茲舉例如下：

1.華國大飯店提供顧客歲末聯歡、工商交誼、喜宴等多項服務。
2.富都大飯店對長期住房者，給予大幅優惠價，推出「長期住客優惠案」。
3.環亞大飯店針對商務住客，推出「高爾夫黃金假期優惠專案」。
4.台北老爺大酒店、福華大飯店12月推出「暖冬住宿優惠專案」。
5.墾丁凱撒大飯店爲吸引觀光客多住，打出「住宿一天，贈送一天」。
6.希爾頓大飯店推出喜宴蜜月特惠案。
7.台北環亞大飯店夏之宿饗特惠案。
8.針對各種社團及公司，各飯店推出多項優待措施，茲分述如下：
（1）北部觀光旅館業者，將目標鎖定各種社團及公司行號，爲增加南部商務客，派出高級主管南下開發新客源。鎖定南部各扶輪社、獅子會及青商會，晶華、凱悅等觀光飯店都派員南下開發客源，部分觀光飯店推出國人住房五折優待措施。西華飯店客房以六五折優待，另外推出「週末度假專案」。
（2）「九四凱悅大獻禮」每年年底至次年2月底止，亞太地區36家連鎖飯店共同推出凱悅住房六折優惠。該專案除房價特惠外，也可享有西北航空里程數優惠點數，並參加抽獎，免費入住凱悅在亞太區的度假村。
（3）環亞以一人一日住房費3,500元，並附贈中西自助餐、免費室內電話、兒童免費加床、購物、洗衣、國際電話優待價等諸多優惠。
（4）部分旅館一宿只收2,600元，附贈兩份早餐、精緻水果盤，並可享用聯誼會的十多項設備。藉由經濟型消費，吸引機關、學校、社團舉辦自強活動；另一方面，期招攬私人企業、飯店同業舉辦員工訓練，甚至全家福的親子遊憩等業務目標。

(5) 通豪大飯店住宿五折最引人注目；另「貴賓樓層」係對主管級的商務旅客提供特別的住宿樓層，在軟體、硬體設施及服務上「更上一層樓」。

(6) 福華的特惠促銷則分別以開發臨時訂房、來台看世貿工商展，以及中南部工業區北上洽商、香港遊客等客源，給予優惠價爲主。

9.各飯店針對會議業務所推出的會議優惠專案如下：

(1) 力霸飯店優惠案，消費者享用各式會議器材全部免費，會場租金與茶點八折。

(2) 西華會議專案則是包括國外客，因爲不少本地公司常會與國外總公司或分公司的職員開會，因此業者延伸優惠對象。西華訂房達到20間以上，房價給予優惠折扣。

(3) 凱悅飯店將以往小型的會議擴大爲180人左右的大型會議專案。

(4) 一般會議都以提供西式餐點爲主，福華則以中式風味取勝，期以中國茶與港式點心贏得消費者的認同。

(5) 墾丁凱撒大飯店開會、會前晨跑、會後游泳、會議假期兩人三天兩夜新台幣8,888元，免費提供會議室器材、咖啡等服務，並附贈豐富的面海自助早餐。

(6) 另有部分觀光旅館場租、設備、用餐、茶點單一價格全套包辦。

10.推出各種假期之優惠專案及服務，玆分述如下：

(1) 知本老爺大酒店，推出逍遙假期、親子假期、蜜月假期、商務健康假期和會議假期等五種優惠專案；以優惠價格、免費贈送服務和娛樂活動吸引避開擁擠人潮之度假旅客。

(2) 台中長榮桂冠酒店全家福假期，4,999元宿豪華雙人房，加床不另收費。免費使用健身俱樂部各項設施，享受可口的歐式自助早餐，房間供應迎賓水果籃及免費停車。

(3) 台中市部分觀光旅館爲了掌握散客市場，推出累積點數優惠促銷方案，對來往信用程度良好之住宿客發給貴賓卡、持貴賓卡住宿八折優待且可簽帳，並送水果、飲料券、三溫暖券等，除建立消費者忠誠度之外，亦可達到穩定長期住房率之目的。

(4) 某旅館爲日本旅客設計的日本客房，包括傳統日本浴袍、以日本茶具準備的烏龍茶、適合日本人睡眠習慣的較硬枕頭、牙刷、刮鬍刀及二十四小時的日語熱線，爲來台的日本旅客提供家的另一個感覺。

(5) 台北國賓在晶華、凱悅等新競爭者加入市場之壓力，已投入巨資進行全館改裝。

(6) 高雄國賓飯店推出國人憑身分證特惠，單人房收費2,700元；雙人房收費3,000元，服務費及稅金均由飯店吸收，同時推出工商界人士及觀光客的高爾夫之旅。

11.考季時期，業者針對不同種類的考試，推出了各式住宿休息的優惠措施，茲分述如下：

(1) 部分觀光飯店爲提升企業形象並培養潛在客戶，提供考生和家長住宿五折，溫習功課客房特惠價優待等方式促銷。

(2) 來來大飯店之考生專案係對持准考證之考生給予對折優惠房價，另有專爲考生設計之速食午餐、客房餐飲，餐畢另提供考生專用休息區。

(3) 部分觀光飯店認爲考季市場值得把握，但是也有業者持完全相反的看法，認爲促銷考季獲利不大，「考生專案」宣傳意義大於實質意義。

12. 台北凱悅大飯店爲因應SARS疫情，房價由8,600元降至3,500元，並附兩客早餐，盼能吸引顧客的光臨。

旅館業務推廣單位的組織，由業務推廣經理負責掌管的單位有接待組、宴會組、會議組、顧客資料組、廣告宣傳組、公共關係組、餐飲推銷組及館內推銷組等。業務推廣人員爲提高旅館的住宿率及營業額，公司有一定額的廣告費。廣告費的範圍包括：

1. 報章雜誌的廣告費用。
2. 廣告、傳單、海報或廣告品。
3. 廣播、電視、戲院廣告。
4. 以車輛巡迴宣傳的各項費用。
5. 贈送紀念品。
6. 招牌及電動廣告，其係租用場地裝置廣告者，依其約定期間分年攤提。

以上各項的廣告費用，應取得統一發票，或小規模營利事業收據，才可認列。茲舉例以說明會計處理的方式：

【例1】假設上輝飯店支付在報章上刊登廣告、印製宣傳海報等費用爲200,000元，其分錄爲：

廣告費用	200,000	
現金		200,000

又該飯店將宣傳海報全部郵寄發送，支付郵票費用8,000元，分錄爲：

郵電費	8,000	
現金		8,000

【例2】飯店爲拓展業務，派遣員工到國內外作宣傳或參加業務會議，該員工於出差前先向公司預支旅費30,000元，分錄爲：

預付款	30,000	
現金		30,000

該員工出差返回，列明旅費支出（包括進項稅額在內）爲25,000元，其中24,000元支出取得有進項稅額的進項憑證，則進項稅額爲1,000元，並將餘額5,000元繳還公司時，分錄爲：

現金	5,000	
旅費	24,000	
進項稅額	1,000	
預付款		30,000

若於年度結算時，有某員工仍出差在外，尚未返回公司，公司估計其旅費爲26,000元應作分錄爲：

旅費	26,000	
應付費用		26,000

一、旅館的訂房

在旅館營運中，訂房是一項重要業務，其積極性的功能乃在於如何招來旅客，且如何與老顧客經常保持聯繫，達成房間最佳的出售率。若業務無法推展，房間沒人住宿，對飯店而言將是一大損失，可知旅館訂房業務的重要，關係著旅館經營的成敗。

旅館訂房的方式分爲電話、書信、電報、國際網際網路及口頭訂房。至於訂房的來源以下列四種爲最多：

(一)國內外旅行社

旅行社原則上可向旅館請求一成佣金;此類訂房的房價享有折扣且不再加10%服務費的Net價格。

(二)交通運輸公司

航空(運)公司因訂房取消率很大,主要是旅客到達的日期常有所變更,訂房不太確定,因此不向旅館要求付予佣金。

(三)公司或機關團體

如公司舉辦員工自強活動與國內外旅遊,每年召開年會、說明會、研討會等,公司或機關團體訂房,由於人數較多,可享有折扣,而旅館通常會收取部分訂金。

(四)旅客本身或其親友

由旅客直接向旅館訂房,通常旅客會要求折扣,就折扣而言,旅館依公司政策而決定。此種訂房不涉及佣金問題。

旅館的訂房員在收到各類訂房的訂單後,應將訂房有關事項,分別詳細填入訂房日記簿內,且編製訂房資料卡,並填記事項如下:

1.旅客預定到達日期、時間及所搭乘的班機及離開的日期。
2.顧客姓名及預定住宿天數。
3.訂房的種類。
4.預定的人數。
5.訂房人的姓名及電話號碼。
6.付款方法。
7.訂房日期及訂單號碼。

訂房單位的主管,負責飯店佣金的處理,在每日訂房單上,註明那些訂房須付佣金，或標明只給折讓不付佣金等，則櫃檯出納作業才不致發生錯誤。訂房員於月底統計完整的資料，由旅館分別向旅行社寄上酬金。

二、旅館訂房的種類

旅館接受訂房時需要訂房人的姓名、公司名稱、聯絡電話、旅客遷入與遷出時間以及房間種類等。通常旅館僅保留訂房到下午六時，旅客若無法按時抵達旅館，應先通知旅館。訂房的種類可分下列六種：

（一）一般訂房

訂房組作業時間通常由上午七時到晚上十一時，如在辦公時間外有人訂房，則總機將電話轉由櫃檯人員代接訂房。

（二）保證訂房

此種訂房，顧客須預付第一天房租作為保證，不論客人來否，旅館應保留該房間，不得出售。旅館為預防No Show的損失，接受超過可出租房間以上的訂房，以致於無法給保證訂房的旅客住房時，旅館有義務安排客人到其他同等級以上的飯店住宿。該旅館的房租、接送車費等一切費用由旅館負擔。將旅客送往其他旅館住宿稱為Form Out，而付給別家旅館的房租及一切費用，分錄如下：

客房成本　XXX
進項稅額　XXX
　　　現金　XXX

（三）預付訂房預約金

旺季時，客房常供不應求，旅行社為確保客房，同時向幾家旅館訂房，旅館可向旅行社，要求先付預約金，以預防No Show的損失，旅行社也因付預約金而可確保訂房。預約金的金額由雙方互相約定金額即可，我國觀光旅館主管單位及業界無明文規定。預付訂金由訂房組收取（如表5-1）轉交財務部，於結帳時扣除。收到預約金時，分錄如下：

表5-1　房租預付款單

房租預付款單

Deposit Advance Payment Sheet

日期：

客户名稱 ________________________________

經 辦 人 ____________________ 團號 ______________

訂房數量：單人房______間，每間每晚NT$ __________（　　）

雙人房______間，每間每晚NT$ __________（　　）

套　房______間，每間每晚NT$ __________（　　）

住用期間：____年____月____日至____年____月____日止（____夜次）

預收訂金金額：新台幣____拾____萬____仟____佰____拾____元正

支票號碼：____________________帳號：______________

銀行名稱：________________________________

兌現日期：________年________月________日

備註：住用日期如有變更，請於________天前，通知本飯店訂房組，逾期訂金恕不退還。

客户經辦人簽名	本飯店訂房組經辦人	經理	副總經理

第一聯：客户存查

RD.OF-889

＊收到訂金填寫此單，第一聯交客户，第二聯訂房組，第三聯財務部。

資料來源：潘朝達著，《旅管管理基本作業》（著者自行發行，1979年）。

現金　XXX
　預收款項　XXX

收取訂金時，暫不開立統一發票，以臨時通知單即可，於「結算時」開立。根據營業稅法，「營業人開立銷售憑證時限表」，凡以房間或場所供應旅客住宿或休憩之營業，包括旅館、旅社、賓館、公寓、客棧、附設旅社之飯店、對外營業之招待所等業，開立憑證時限以結算時為限。

（四）核對訂房

通常在旅客未住進之前，訂房須經過三次的核對手續。第一次核對為旅客住進前一個月由訂房員向訂房人詢問是否能如期來住宿、旅客人數、房間種類、到達時間及班機是否有變化；第二次核對在旅客來店前一星期核對；第三次是在旅客來店前一天。對於團體旅客的訂房，應更加慎重，核對工作有時在三次以上。

（五）取消訂房及沒收違約金

旅館預收客人訂房預約金後，仍應隨時與顧客核對訂房情況，以確保訂房數的準確性，若顧客違約而取消訂房時，應取消該項登記並且調整訂房表。同時旅館可沒收其全額或一部分訂金，沒收的訂金稱為違約金。

沒收訂金的分錄如下：

1.訂金全額沒收時：

預收款項　10,000
　其他營業外收入　10,000
沒收中和旅行社違約金

2.沒收一部分違約金，餘額退還的分錄：

預收款項 10,000
　　現金　　　　　8,000
　　其他營業外收入 2,000
退還中和旅行社訂金8,000元

3.訂金全額退回時分錄爲：

預收款項　　　10,000
　　　現金　　　10,000
退還中和旅行社訂金

在旅館實務中，因景氣不佳，而有相對讓步，除了可通融房客日後進住之外，以部分沒收爲原則。

（六）Lexington電腦連線訂房系統

Lexington訂房系統透過航空公司的訂位系統，提供全世界大約425,000家旅行社，以電腦連線作業，爲旅客代訂世界各地的飯店，這些系統稱爲Global Distribution System （GDS）。

由於旅行業電腦化作業，不屬於國際連鎖的飯店，爲爭取客源亦須順應時代的潮流，將飯店的產品透過電腦連線，顯示在全球各地旅行社的終端機上，Lexington的訂房系統，正扮演此角色，它的重要性由此可見。

若客人取消訂房，則Lexington訂房系統不收取任何費用。（《觀光旅館雜誌》，第346期）

三、客房的分類及房租計算方式

旅館客房的分類如下：

（一）典型的客房基本分類法

典型的客房基本分類有下列六種：

1.單人房不附浴室（Single Room Without Bath; SW/OB）。
2.單人房附淋浴（Single Room With Shower; SW/Shower）。
3.單人房附浴室（Single Room With Bath; SW/B）。
4.雙人房不附浴室（Double Room Without Bath; DW/OB）。
5.雙人房附淋浴（Double Room With Shower; DW/Shower）。
6.雙人房附浴室（Double Room With Bath; DW/B）。

（二）旅館法規的分類法

觀光旅館設備標準中有詳細的規定：客房以淨面積（不包括浴廁）爲準，可分爲單人房（S）、雙人房（T）、套房（Su）三種。而專用浴廁淨面積不得小於3.5平方公尺，客房浴室須設有浴缸、淋浴頭、洗臉盆及坐式沖水馬桶。

	國際觀光旅館	一般觀光旅館
單人房（S）	13平方公尺	10平方公尺
隻人房（T）	19平方公尺	15平方公尺
套房（Su）	32平方公尺	25平方公尺

*客房以淨面積（不包括浴廁）爲準。

（三）其他分類法

■按床數及床型分

1.單人房附沙發（single and sofa）。
2.雙人房（twin bed room）。
3.沙發及床兩用房（studio room）。
4.三人房（triple room）。

■按房間的方向分

1.向內的房間（inside room）：為無窗戶的房間。
2.向外的房間（outside room）：客房窗戶面向大馬路、公園，可向外瞭望的房間。

■按房間與房間的關係位置分

1.連通房（connecting room）：兩個房間相連接，中間有門互通，適合家族旅客住用。
2.隔鄰房（adjoining room）：兩個房間相連接，但中間無門可互通。

■按特殊設備分

1.套房（suite）：房間除臥室之外，附有客廳、廚房、酒吧，甚至有會議廳等設備，房內面積大，裝潢氣派，如總統套房。
2.雙樓套房（duplex suite）：設備與套房相同，但臥室在較高一樓。

床的尺寸大致如下：

1.單人床：長195~200cm×寬90~100cm（約6.5台尺×3.5台尺）。
2.雙人床：長195~200cm×寬140cm（約6.5台尺×4.5台尺）。
3.queen wize bed：長200cm×寬150cm（約6.5台尺×5台尺）。
4.king size bed：長200cm×寬180cm（約6.5台尺×6台尺）。

單人房內如放Queen Size Bed則稱為高級單人房，英文為Queen Room；若放King Size Bed則稱為豪華單人房，英文為King Room。

四、房租計算方式

旅館的遷出時間，有的規定上午十時或下午六時、七時等。一般而論，都市旅館以中午為準，而休閒旅館則以下午二時為多。超過遷出時間離館時，應收取超時費。旅館房租計算方式可分下列四種，茲述於後：

(一) 依住宿時間計算房租

旅客遷入、遷出的時間，因旅館所在地而有不同，有的以中午十二時為基準，也有部分度假旅館為了方便旅客用完午餐再離開，因此遷出的時間為下午一時，而遷入的時間為下午三時。若旅客延遲遷出，一般旅館有下列的收費規定：

1.三個小時以內，加收一日房租的1/3。
2.六個小時以內，加收半天的房租。
3.六個小時以上，加收一日房租。

(二) 依是否包括餐食計價

可分為五種計價方式：

1.歐洲式計價（European Plan; E. P.），即房租內沒有包括餐費的計價方式，為目前我國觀光旅館主要計算原則。
2.美國式計價（American Plan; A. P.或稱Full Pension），即房租內包括三餐在內的計價方式。
3.修正美國式計價（Modified American Plan; MAP，在歐洲又稱為

Half Pension或Semi-Pension），亦即房租內包括兩餐在內的計價方式，早餐固定外，午餐或晚餐任選其一。

4.歐陸式計價（Continental Plan; C. P.），即房租內包括歐陸式早餐的計價方式。

5.百慕達式計價（Bermuda Plan）即房租內包括美式早餐。

（三）依淡、旺季分

1.淡季房租（off season room rate或稱low season room rate）。

2.旺季房租（in season room rate或稱high season room rate）。

度假旅館以此調整營收的平衡，至於如何收價，因地而異，由各旅館自訂。

（四）其他方式

■契約租（contract rate）

1.商業契約租（commercial rate）：與飯店簽約而享有特別折扣，如貿易公司、外商公司等，折扣多寡是以簽約公司一年中使用的房間數而定。

2.團體價（group rate）：對旅行社的旅行團訂有團體價，一般為牌價的六、七成左右，此一價格為已包含10%服務費的淨價。如某飯店單人房租為3,000元，則團體價為2,100元左右。

■特別租（special rate）

1.當VIP住進旅館時，以更好的房間（即upgrade）替代原來訂的房間，即收單人房價而住套房。

2.當房間全部客滿時，無法給客人預定的房間，而以更好的房間提供房客，但以原訂房間價收費。如原訂單人房，而住雙人房，但仍收單人房價。

■房租免費招待（complimentary）

房租和10%服務費免費招待，如在飯店舉辦婚宴的新人，飯店提供的Wedding Room即屬此類。

■館內人員住用（house use）

飯店的從業人員因公務須住用而不收費，如試住（try stay）。

事實上，旅館爲應付廣大客層，針對市場特性而有不同種類的房價，以提高住宿率，而增加旅館總營收。小型旅館，因客房數量有限，房租種類的單純化，是一種較有益的策略。

第二節　旅客的遷入與遷出

旅客辦理遷入時，旅館之各項服務，如門衛迎接、櫃檯接待、住宿登記、旅客相關資料的記錄，均爲櫃檯的業務範圍。當旅客欲遷出時，會前往櫃檯辦理遷出手續，旅客在住宿期間的一切消費，櫃檯人員應作詳細的結算。

一、櫃檯的重要性

櫃檯是營業部門的中樞及營業計畫、販賣的場所。有前檯對客人招呼接洽待及後檯行政業務處理辦公之區別。前檯等於櫃檯，是直接與住客接洽及資訊交易的場所，也是給住客第一印象的地方，具有重要的意義，所以對於櫃檯的配置、動線、設計裝修、材質、各種指示牌、照明都必須加以細心的處理。

到飯店來的訪客，從玄關入口處，就能一目了然的看到櫃檯是很好的配置。但是如果櫃檯是在玄關正對面位置上，從櫃檯內的從業人員，對出入的客人，正好是逆光視線內，反而難以分辨客人的面容。另一方面，住客在玄關出入時，好像也有被監視的感覺。所以在車輛到達位置的主要玄關之附近，或客人行走動線的平行線上，或面對玄關出入口的左右兩側，設置櫃檯是一般飯店的要求。

櫃檯是住客登記及其他郵訊、留言、兌幣、出納、保險箱等業務處理之場所。依照上項的作業程序，配置必要的人員及機器，才能決定櫃檯的長度及斷面，同時考慮與門僮、行李服務員、值勤經理等位置的併用。特別在住客手續辦妥後，到電梯間的動線、在住客離開時的動線、訪客的動線等不可混亂，並要留意從大廳的視覺來看，不要太過集中注視櫃檯。

如係商業大樓、辦公大樓、百貨公司、車站或複合建築的飯店，櫃檯儘可能設置在一樓是最理想的。若有困難時，依電梯、樓梯等連續空間處理。從玄關到櫃檯的動線位置要明確，提著行李上電梯到樓層的櫃檯，或客滿時婉謝來客投宿等，便可瞭解櫃檯的位置對飯店的立場是極為重要的。

觀光旅館的門廳（lobby）、會客室之淨面積標準可參考表5-2。

櫃檯業務中，預約訂房是在後檯行政處理。預約一般以書信、電報、電話、傳真機來申請，所以櫃檯常備空房表（當天到數月後的空房

表5-2　觀光旅館門廳及會客室之淨面積標準

區別／類別	客房間數	門廳、會客室等淨面積
觀光旅館	60間以下	客房間數×$1.0m^2$
	61～350間	客房間數×$0.7+18m^2$
	351～600間	客房間數×$0.6+53m^2$
	601間	客房間數×$0.4+173m^2$
國際觀光旅館	100間以下	客房間數×$1.2m^2$
	101～350間	客房間數×$1.0+20m^2$
	351～600間	客房間數×$0.7+125m^2$
	600間以上	客房間數×$0.5+245m^2$

表），以此爲基準受理預約。在預約卡上記載住客姓名、國籍、人數、年齡及客房類別等，或輸入電腦、或轉到鎖架櫃，以便住客光臨時使用。

空房即庫存的商品，而調整在庫的商品對產業極爲重要。飯店調整空房是訂房的業務，預約大多以電話來接洽。雖然看不見顏面，但與客人是第一步接觸點。語言對答要簡單、明確、流利，避免回答困難的問題，管理者需要經常注意，預約訂房中心設置在櫃檯辦公室附近的案例較多。一般小規模的飯店，夜間經理在櫃檯必須兼做電話聯絡及預約業務的工作，普通在辦公室內設置電話交換機。

櫃檯的另一種業務是會計，除了特別的情況下，大部分住客的房租、電話、餐飲、洗衣等費用，當客人尚未離開飯店時，通常都用簽字掛帳的，所以在辦理離開手續時，會計出納必須慎重處理計算帳目。

有關櫃檯設備大致分爲：

1.客房指示器（room indicator rack）：
（1）可用各種不同顏色卡片表示各種不同的客房狀況。
（2）與房務人員保持客房的現在狀況：空間、打掃中、離去未打掃。
2.名條索引旋轉架（information rack）：依英文字母順序將住客小名條放在架內，方便詢問、查詢。
3.客房鑰匙架（key boxes）：
（1）依樓、號順序存放客房鑰匙，最好設在客人看不到的位置。
（2）存放各種留言條。
4.郵件架（mail boxes）：依英文字母順序存放未到達旅客之郵件。
5.客房鑰匙投遞箱（key depository）：旅客離去時投入鑰匙，方便安全。
6.檔案櫃（filling cabinets）：存放必要的檔案，隨時可以查閱。
7.簡介架（brochure racks）：放置旅館各種美麗的簡介及宣傳品。

8.登帳機（cash register）：登帳旅客住在旅館期間的各項消費帳目，保持完整的資料，隨時可以結帳。

9.收銀專用櫃（cashier cabinets）：存放各種收銀資料或檔案。

10.帳單架（bill racks）：存放各種發票或其他帳目資料。

11.電話計數器（telephone meters）：市內電話直接計數，表示於收銀機櫃檯方便之位置。

12.保險箱（safe deposit boxes）：借給住在旅館的客人存放貴重物品，保障客人的財物安全。部分高級旅館則置於客房之中。

二、機場接待

目前來台的旅客，90%左右由中正機場入境，飯店的機場代表在組織上隸屬於接待組，在每班班機到達以前，應查明飯店的訂房單，以確定是否有接送的客人，機場代表接到旅客後，引導客人到旅館專送車輛，並將行李搬上車，其目的爲使旅客感覺旅館接待的親切與服務週到，且預防旅客被其他旅館接送到他處。

有關接待人員的差費、停車費、過路費、汽油費及其他費用，分錄如下：

旅運費　XXX
　　現金　XXX

三、旅客遷入作業

當旅客遷入時，旅館櫃檯工作人員如櫃檯接待員、訂房員、出納員、行李員等應該熱忱的爲客人服務，其業務範圍如下：

（一）登記（check in）

■個人旅客（Foreigner Individual Tourist; F. I. T.）

1. 櫃檯接待員須請問客人是否已訂房，且立即查看當日訂房單，並請客人填寫旅客登記卡，登記完後，與客人的護照查看所填的資料是否相符。（如表5-3）
2. 客人完成登記的手續後，才可給房間的鑰匙，並提醒將貴重物品寄於保險箱內。
3. 請問客人結帳方式，如用信用卡，可在check in時先將其卡片刷好，客人check out時簽字即可。
4. 登記手續辦妥後，由行李員提行李並引導客人到房間。

■團體遷入（如表5-4）

1. 櫃檯接待員依照訂房組的資料安排房間，其後將房間鑰匙準備妥當，由導遊分發鑰匙給旅客，並請導遊出示一份正確的團體名單，整理完後，分發到各相關部門。
2. 製作叫醒時間（morning call）、用餐種類及時間、遷出時間、下行李時間，分送各相關部門。

（二）製作報表

1. 製作旅客帳卡姓名、人數、房號、遷入與遷出日期、房價、是否有折扣、付款人等，將帳卡製妥連同登記卡繳交收銀員。填寫旅客名單（name slip），內填寫姓名、房號、人數、房租、遷入與遷出日期，該單作爲內部聯繫的依據。每晚十時送兩種表到治安機關，一爲本國旅客登記表，另一爲外籍旅客一覽表，此兩種表格由治安機關規定，有一定的格式。
2. 對於無行李的旅客必須先收當天的房租，並通知各部門，防止漏帳逃帳。在國外，對未訂房（walk-in）的旅客，遷入時要求預付

表5-3　旅客登記卡

旅客登記卡
GUEST REGISTRATION

GUEST SIGNATURE ______________

PLEASE IN BLOCK LETTERS

RESERVATION NUMBER			ARRIVAL DATE		DEPARTURE DATE	
DATE	ROOM NO.	RATE	FLIGHT NO.		ARRIVAL TIME	
			COUNTRY		DEPOSIT	
			NO. OF ROOM		NO. OF GUEST	
			AFFILIATION			

姓名
FULL NAME ______________ / ______________
LAST　FIRST　MIDDLE　CHINESE CHARACTER（中文）

護照號碼　國籍　性別
PASSPORT NO. ______________ NATIONALITY: ______________ SEX: ______

簽證種類　寄居事由
KIND OF VISA　□ENTRY　□TRANSIT　□TOURIST　□OFFICIAL　PURPOSE OF STAY　□BUSINESS　□OFFICIAL　□PLEASURE　□OTHERS

出生年月日
DATE OF BIRTH ______________
YEAR　MONTH　DATE

DATE OF ARRIVAL IN TAIWAN ______________ 何處來 FROM WHERE: ______________ TO WHERE: ______________

住址
HOME ADDRESS ______________

職業及公司名稱
PROFESSION&COMPANY ______________

MY ACCOUNT WILL BE SETTLED BY　CREDIT CARD ______________
TYEP　NUMBER

CASH ______________ VOUCHER ______________

CHARGED TO ______________

RECEPTIONIST ______________

*THE MANAGEMENT TAKES NO RESPONSIBILITY FOR VALUABLES LEFT IN GUEST ROOMS. SAFETY BOXES ARE PROVIDED FREE OF CHARGE AT FRONT OFFICE CASHIERS.

*10% SERVICE CHARGE WILL BE ADDED TO YOUR BILL.

*CHECK OUT TIME IS 12 NOON. PLEASE INFORM THE FRONT DESK IF YOU WOULD LIKE TO CHANGE YOUR REGISTERED CHECK OUT DATE/TIME.

*FOR SECURITY REASON. WHEN YOU ASK FOR YOUR KEY PLEASE SHOW YOUR KEY CARD TO THE RECEPTIONIST.

資料來源：《餐旅管理實務》（救總職訓所編印，1987年）。

表5-4　團體房客確認單

團體房客確認單

GROUP FOLIO

MASTER NO.:________ GROUP NAME:______________________________

IN DATE:____________ OUT DATE:____________ NATIONALITY__________

ROOM TYPE: SINGLE _______ TWIN _______ TRIPLE _____ SUITE _____

ROOM RATE:_______________ _______ _____ _____

TOTAL AMOUNT ___________ COMPLIMENTARY____ TAX ___________

TYPE	ROOM NUMBER									

REMARKS:

____

____

____

____

____

ASISTANT MANAGER ______________ TOUR GUIDE ______________

DATE: ______________

（續）表5-4　團體房客確認單

DATE: ____________

MASTER NO.	GROUP NAME	MORNING CALL	BAGGAGE DOWN	CHECK OUT	MEALS								TOUR GUIDE SIGNATURE
					TYPE	RATE	TAX	TIME	TYPE	RATE	TAX	TIME	

PREPARED BY ____________
ASSISTANT MANAGER

（1）FRONT OFFICE ____________
（2）F&B ____________
（3）OPERATOR ____________
（4）HOUSEKEEPING ____________
（5）F.O.CASHIER ____________
（6）BELL CAPTAIN ____________

資料來源：《餐旅管理實務》，（救總職訓所編印，1987年）。

二天的保證金，或要求預付一天至幾天份的房租，收款時開給旅客臨時收據，並在帳卡上蓋已收保證金的金額，作爲區別。預收保證金的分錄如下：

現金　XXX
　　預收款項　XXX

旅客遷出補收款時分錄爲：

現金　XXX
預收款項　XXX
　　客房收入　XXX
　　餐飲收入　XXX
　　銷項收入　XXX

依據營業稅法規定，遷入時先收一部分房租或保證金，與收訂房訂金一樣，先以預收款項科目列帳，旅館開立統一發票以遷出結帳時爲限之原則。

四、旅客遷出作業

當旅客至櫃檯辦理遷出手續時，櫃檯人員應結算旅客的住宿費、餐飲費、電話費、洗衣費及冰箱飲料費，由客人付款遷出。櫃檯的作業方式如下：

(一) 櫃檯出納員作業程序

1.核對房價：出納員接到送來的旅客登記卡、訂房單及住客帳單後，應立即核對房價，與房價折扣的價錢，然後在登記卡上簽名，並將資料分別放入帳單檔案中。

2.按傳票輸入客人帳單：接到各單位部門送來的房客簽單傳票，根據傳票的金額輸入客人帳單上，方便於房客明瞭須付款總額。

3.當旅客住宿期間結束時，將會到櫃檯辦理遷出手續，櫃檯人員將旅客的一切消費，包括餐飲費、住宿費、電話費、洗衣費、冰箱飲料費用，結算清楚。

（二）結帳作業

1.散客結帳作業：旅客付款後如仍需使用鑰匙，應於行李放行條上註明，並通知服務中心。旅客有預付訂金時，由消費總金額扣抵，並取回預付訂金收據。

2.貴賓結帳作業：結帳作業方式與散客相同，但應通知部門主管出來打招呼送行。

3.團體結帳：

（1）領隊應事先告訴出納離開旅館時間，便於提出帳單結帳。

（2）團體付帳方式有兩種，一為領隊當地付現款，另外是利用旅行社所開的服務憑證付帳（通常由旅館與旅行社簽訂月結方式收款）。

（3）應注意團員私帳的收取，不可遺漏。

（4）行李員於出發前二十分鐘將所有行李集中於樓下客廳，行李必須確認無誤，才可搬到車上。

（5）團員務必將房間鑰匙交還櫃檯，方可離店。

（三）旅客遷出後各部門的作業

1.櫃檯人員於旅客結帳後，將已遷出的訂房卡送回訂房員整理。訂房員接到訂房卡後在訂房控制表上蓋上遷出字樣，將遷出的訂房卡按英文字母排列歸檔。每月份整理一本訂房卡，以便日後查對之用。

2.旅客遷出後，有佣金的訂房卡與帳單上註明有佣金者，核對正確後，填寫佣金清單（如表5-5、表5-6），一式三聯，送交財務部，按月結清一次。我國稅法規定，佣金限在10%之內。支付佣金的分錄如下：

客房成本　XXX
進項稅額　XXX
　　現金　XXX

3.夜間接待員須負責房租收入的核算以及整理房間出租的統計資料，由旅客的遷出記錄資料，房租核對工作完成後，計算出的房租總收入金額應與出納員的房租收入總數相等。除了房租外，在日報表上統計旅客人數、國籍、性別以及各種有關的比例，作爲日後統計的參考（如表5-7～表5-9）。茲分析如下：

（1）統計客房租金收入：依當天的住用資料，塡入實售租金，再加上逾時收入及加床收入，其租金的總金額即爲當天的實售租金收入。例如：應售租金總收入是1,000,000元，而實售租金爲860,000元，則當天租金收入占總收入的86%，此項收入應與夜間審核員（Night Auditor）的收入完全相符。

（2）統計住用人數及國籍。

（3）統計客房住用率（room occupancy rate）：如客房總數660間，實際住用數是560間，其住用率爲84.8%。

當天的客房住用總房數÷旅館總客房數＝當天客房住用率

（4）統計團體住用房間與人數：依據當天資料即可算出。

（5）統計折扣、優待房間數，並將折扣百分比率及優待原因寫上。

（6）統計明日預定遷出的客房數量：

客房總數－明日續住客房數＝明日空房數

表5-5　佣金計算明細表

佣金計算明細表

旅行社（客户）名稱：________________

導遊或經辦人：________________ 團號：________________

第一聯　櫃檯接待員

住用日期			旅客姓名	房號	租金合計	佣金金額		備註
C/IN	C/OUT	夜				台幣	美金	

核准	經理	櫃檯主任	接待員	收銀員

*應付給旅行社10%的佣金，由訂房組逐日計算，每月月底統計後，通知財務部。第一聯櫃檯接待員，第二聯訂房組。

表5-6　佣金結付明細單

佣金結付明細單

客户名稱：			團號：			導遊／領隊：
旅客姓名	住用日期		夜次	房租	佣金	備註
	C/IN	C/OUT				
經理：		副理：		櫃檯主任：		訂房組：

第一聯　財務部

*每月月底由訂房組統計送交財務部，由財務部通知客户領取，或匯出。第一聯財務部，第二聯訂房組，第三聯通知客户。

表5-7　房租收入日報表

房租收入日報表

客房總數：450間，700人， NT$ 1,440,000

未售（含待修）__間 NT$____，____% 本日收入__間__%　NT$____，____%

個人折扣____間 NT$____，____%　　逾時加收　　　　NT$______

團體____間 NT$____，____%　　　　加床　　　　NT$________

小計 NT$______　本日住宿____人______%

本日客房總收入 NT$________

本月至本日累計 NT$________

董事長／總經理	副總經理	經理	副理	主任	收銀員	接待員

資料來源：作者整理。

表5-8　夜間接待員客房使用分析表

NIGHT CLERK'S SUMMARY

REPORT FOR DAY ______ DATE ______ 20 ____

ROOM STATISTICS											EARNINGS		
FLOORS	TOTAL ROOMS	VACANT	CCO.	SCG.	DBL.	COMP.	PERM.	OFF EMPLD.	RENTED	GUEST COUNT	POTENTIAL	ACTUAL	DIFFERENCE
5	34												
6	34												
7	34												
8	34												
9	34												
10	32												
11	32												
12	34												
13	34												
14	34												
15	34												
16	34												
17	34												
18	34												
19	23												
20	23												
TOTAL	518												
%	100%										100%	%	%

	REVENUE	AVERAGE
TOTAL PERMANENT	______	______

			SAME DAY LAST YEAR
DAY USE REVENUE			
GUEST AVGE.			
ROOM AVGE.			

TYPE	ROOMS	POTENTIAL	ACTUAL	DIFFERENCE
FAM PLAN				
BUSINESS SERVICE				
TRAVEL AGENT				
AIRLINES PERS.				
PERMANENT				
UPGRADE				
AIRLINE CREW				
CONFIRMED RATE				
SPECIAL DISC.				
SUB TOTAL				
GROUPS				
TOTAL				

SUMMARY
%OCC.
%DRL. OCC.
CANCEL No. | %
NO SHOW No. | %
ROOMS GUEST
ARRIVALS
DEPARTURES
COUNTED DEPARTURE DATE NUMBER
FOR
FOR
FOR
FORECAST FOR
STARTING RES.
EST. NO SHOW
NET RES.
EST. WALK-IN
EST. ARRIVAL
STARTING VAC.
EST. DEPARTURES
EST. VACANT
NEWS PAPERS ORDERED

FO-020 ______ Assistant Manager　　______ Night Room Clerk　　ROM-1

資料來源：詹益政著，《旅館管理》（著者自行發行，1996年）。

表5-9　客房收入日報表（由夜間櫃檯員製作）

D.H.- DEADHEAD
COMP.-COMPLIMENTARY
OOO-OUT OF ORDER
DON'T INCLUDE "PART DAYS"

NIGHT CLERKS DAILY REPORT OF ROOM EARNINGS

Floor
DATE ____________

ROOM NO. & TYPE		POTENTIAL SGL	POTENTIAL DBL	NO. OF GUEST	ACTUAL EARNING	COMMENT	DIFFERENCE	NATURE
1	S	912						
2	D	1,178	1,292					
3	D	1,178	1,292					
4	D	1,178	1,292					
5	D	1,178	1,292					
6	T	1,178	1,292					
7	T	1,178	1,292					
8	T	1,178	1,292					
9	T	1,178	1,292					
10	T	1,178	1,292					
11	T	1,178	1,292					
12	T	1,178	1,292					
13	SR	1,178	1,292					
14	T	1,178	1,292					
15	D	1,178	1,292					
16	D	1,178	1,292					
17	ST	2,850						
18	T	1,178	1,292					
19	T	1,178	1,292					
20	T	1,178	1,292					
21	T	1,178	1,292					
22	T	1,178	1,292					
23	ST	2,850						
24	S	1,178	1,292					
25	D	1,178	1,292					
26	D	1,178	1,292					
27	D	1,178	1,292					
28	D	1,178	1,292					
29	S	912						
30	T	1,178	1,292					
31	T	1,178	1,292					
32	T	1,178	1,292					
33	D	1,178	1,292					
34	D	1,178	1,292					
TOTAL EARNING							POTENTIAL DIFFERENCE	

Complimentary:
House Use:
Out Of Ordor:
Vacant:
Total:

Total Sgls:
Total Dbls:
Total Rented:
Permanent:

Paying
Guest Count.

Special Rates	Rooms	Earnings Potential	Earnings Actual	Difference	Special Rates	Rooms	Earnings Potenial	Earnings Actual	Difference
Groups					Bis.				
Upgrade					T/A				
C/Rate					A/L				
F/Plan					Sp.Disc.				

FO-025　　ROM-16

資料來源：詹益政著，《旅館管理》（著者自行發行，1996年）。

第三節　消費與付款方式

客房與餐飲是旅館營業收入最主要的來源，旅館的良好設備及服務員的貼心服務將爲旅館帶來大量的營收，因此收入審核室的職員更須謹愼審核各部門的收入，茲將其工作細節分述如下：

一、審核作業

旅館收入審核室的主要工作爲審核及統計前一天的收入及現金收入。各營業部門的收入記錄，連同各種報表送到審核室，所使用的報告書、帳單及傳票必須印有聯號，順序使用，收回後應核對號碼，確定是否有遺失、作廢或濫用的情形。

收入審核員（Income Auditor）的工作內容爲：

1.審核客房、餐食、飲料的收入。
2.審核其他部門的收入。
3.檢查現金收入與住客帳單核查試算表。
4.編製日計表。
5.收入的統計及分析，督查夜間審核員。

夜間審核員（Night Auditor）的工作內容爲：

1.確定各部門的收入報告書的帳款是否正確轉記在住客的帳單內。
2.傳票須與各部門收入報告書的帳目總額相符，或住客帳單與核查試算表符合。

（一）客房收入的審核

根據登記卡所製成的住客帳單的房租是否與客房收入報表（Room Count Sheet）（如表5-10）今天到達的房號及人數相符。更須查看前一天的遷出記錄，是否有stay over或未付款即離去的住客。其後將房務報告單與客房收入報表核對，統計住客使用的房間、使用床數、房租與人數。若發現有任何錯誤，應提出報告給營業單位主管作調查處理。

（二）餐飲收入的審核

餐廳會計收入報告表、服務員簽名簿、訂菜帳單及訂菜帳單作廢記錄簿等，爲餐飲收入所依據的資料。審核員先將所交回的帳單，按各餐廳及服務員號碼，分類整理，並將訂菜帳單與今日收入報告表核對，再將各餐廳及宴會的總計與餐廳會計的收銀機收入核對。

（三）現金收入、試算表及應收帳款的審核

根據各單位出納的收入報告書及現金實際收入報告書，作爲現金收入的審核。櫃檯出納現金收入須與試算表的現金收入相符合。對於應收帳款有關的傳票總計與今日記帳的應收帳款總金額相符合。折扣傳票須與試算表上面的折扣金額相等，且須有主管的核准。

審核工作完畢後，收入審核室應將各種收入的金額及統計數值，彙計於收入日報表，日報表所報告每日的統計數值，對於經營者而言是很寶貴的資料，據此確定營業方針及政策。因此，收入審核室除審核日常的現金收入之外，更須分析收入統計的數值，提供經營的參考資料。

二、電子服務

國際觀光旅館，尤其是商業旅館，其電話與傳眞爲顧客利用最多，在歐美國家的觀光旅館，電話、傳眞的收入占營業總收入的3%～5%，

表5-10　客房部營業收入日報表

姓名	房號	昨日餘額	房租	服務費	洗衣費	冰箱飲料	餐飲	電話費傳真	代支	收現	信用卡	今日結額
合計												

董事長 ______ 總經理 ______ 副總經理 ______ 經理 ______ 主任 ______ 審核 ______ 製表 ____

資料來源：作者整理。

比例不可忽視。電話包括市內電話、國內長途電話、國際電話、交換電報、國際電報與傳眞等。會計科目設有電話電報收入與電話成本。

目前國內五星級國際觀光旅館採用的電話系統爲最新科技ISDN全數位式電子交換機，使用用途區分爲業務用內線及客房用內線，使相互之間不受干擾，並且提供相對功能的服務電話，達到交叉輔助及服務的功能。各房間門號與分機號碼相互配合，方便旅客記憶。此電話系統不但提供客房國際電話、電報及傳眞服務，更有個人電腦使用全高速數據線路服務。

提供各種特殊服務功能電話，採SINGLE DIGIT SYSTEM撥號方式，達到服務及詢問的功能，如：

CONCIERGE “1”
FRONT DESK “2”
ROOM SERVICE “3”
HOUSEKEEPING “4”
BUSINESS CENTER “5”
VOICE MESSAGE “6”
WAKE UP CALL “7”
INTER-ROOM DIALING “8”
(ROOM TO ROOM)
OUTSIDE LINE “9”
OPERATOR “0”

各分機有不同服務等級，分爲內部通話、市外服務、長途及國際直撥等，節省電話費用。

電話機採用最新型式按鈕式電話機，搭配電子交換機使用。客戶另設連線掛壁機於浴廁內，方便接聽。

採用電子交換機，將使SWITCHING 時間縮短，並同時能作起床呼叫系統及留言訊號系統。設置電報交換機，以提供旅客訂房及使用。

電腦網路系統：經由電腦網路與電話網路結合，將各櫃檯帳單、訂房與退房傳送管理部門及財務部門，客房並利用電話電腦網路，與外界達成資訊往來。

旅館的電話成本，包括市內及長途電話的總成本。旅館業將電話成本設立市內、國內長途、國際直撥電話、傳眞等不同的科目。

旅館向住客收取電話費時，會計分錄如下：

住客遷出付帳時

現金　XXX

　　客房收入　XXX

　　其他營業收入

　　一電話費　XXX

旅館付給電信局電話費時，其中一部分係旅館內部營業所需之費用，因此以營業費用列帳，而房客使用部分以其他營業成本列帳，並得以向房客另收電話費。爲使讀者充分瞭解，特以數字表示，如旅館總電話費爲100,000元，內部營業所需爲40,000元，房客使用爲60,000元，其中房客使用部分可收到其他營業收入80,000（見上分錄）。因此，房客使用部分之60,000元成爲其他營業成本，分錄如下：

營業費用

一郵電費　　40,000

其他營業成本　60,000

　　　　現金　　100,000

歐美國家觀光旅館會計部門每天將電話有關收入作成的分錄爲：

現金　XXX

　　電話收入　XXX

每個月繳交電信局電話費時分錄為：

電話成本　XXX
　　現金　XXX

觀光旅館的電話收入及其他各項服務收入，在國內則視為其他營業收入科目，費用為其他營業成本。

每天電話收入總額，分錄為：

現金　XXX
　　其他營業收入 XXX

支付電信局電話費，分錄為：

其他營業成本　XXX
　　現金　XXX

三、洗衣部門：洗衣設備及用量評估

雖然在國外有關布巾類或從業人員的制服，一般以租賃的方式較普遍。除了對客人衣物處理外，由布巾供應專門公司來提供及委託負責清洗。而國內飯店的布巾備品及從業人員的制服是飯店購置，由飯店附屬的洗衣設備部門來處理。總之，任何方法均須依飯店的經營意願來決定，自擁設備處理的困難點及其理由如下：

1.大規模的洗濯設備資金投入是否合算，由專門的布巾供應公司收集飯店的物品，加以處理較具經濟效益。
2.洗衣部門的人事費用，雖可依公會業界的慣例，抑制至合理的費用，但由飯店直接經營時，是否影響整體人事費用。
3.排水處理等附屬設備的資金亦大。
4.在飯店的經營上，因鉅額的布巾類之投入而資金停滯。

因此，如果要委託館外的專門公司，平時要保持一定數量的備品，確保布巾儲室及其出入動線。而自擁設備處理的情況時，便須同洗衣業界正規的計畫。一般飯店大致分爲布巾類及制服類兩種，布巾類設立靠洗衣房附近，而制服類設立在員工更衣室附近較方便，腹地大時可考慮統一管理，以節省儲存空間及人力。

(一) 各項布巾制服之分類

有關飯店各部門使用布巾制服類如下：

1.住宿部門：

(1) 客房床單、枕套、床襯墊、床罩、睡衣、睡袍。

(2) 浴室：浴巾、面巾、小巾、浴墊巾。

2.餐飲部門：

(1) 客用：桌巾、檯巾、口布、其他。

(2) 廚房：廚房制服、廚帽、圍巾、擦盤巾、檯布巾等。

3.從業人員：制服、領帶、頭飾帶、特別制服（和服等）。

4.備品部分：窗帘、窗紗、活動地毯、腳墊布。

5.住客部分：分爲乾洗、水洗、加溫壓燙等，有關各部門使用量分述如下：

(1) 飯店客房部門：其布巾儲存量爲：

床鋪數量×80%×6≑床鋪數量×5套

(2) 餐飲部門：所需布巾存量爲：

· 布巾類／檯桌布：桌數×3倍

· 口布：桌數×4×3倍

· 其他用布：桌數×2×3倍

· 廚房用雜項：依餐飲、宴會場所的規模而定，約實際使用數的2倍

· 廚師制服：二天一次，廚師人數×3套

· 圍巾：每天一次，廚師人數×3套
· 服務員制服：每週二次，人員×2套～3套
· 圍巾：每天一次，人員×2套～3套

(3) 洗衣設備面積：理論上依飯店規模、人力、服務等級而定，可參照下列指數表。就實務而言，各觀光旅館洗衣設備面積及房間數之指數比較如表5-11。
· 客房1,000間×0.40～0.45坪／間約450坪
· 客房700間×0.35～0.40坪／間約280坪
· 客房500間×0.30～0.35坪／間約175坪

(二) 洗衣機器種類

各飯店現有布巾類之洗衣機器，多數採用進口設備。因廠牌繁多，選擇規格及種類時，務必考量將來機器更換的空間及零件等問題。機器

表5-11　觀光飯店洗衣房面積及房間數量指數比較表

洗衣房／店別	設備區（坪）	其他區（坪）	全面積（坪）	房間數（間）	比率（%）
來來大飯店	167	73	240	705	0.34
福華大飯店	145	50	195	606	0.32
國賓大飯店	105	45	150	477	0.31
希爾頓大飯店	100	30	130	500	0.26
西華大飯店	102	73	175	349	0.50
凱悅大飯店	249	171	420	873	0.48
麗晶酒店	140	40	180	577	0.31
凱撒大飯店	50	20	70	250	0.28
註：其他區含制服室、辦公室、布巾室、其他。					

資料來源：阮仲仁著，《觀光飯店計畫》(台北：旺文社，1991年)。

的名稱有下列幾種：全自動洗衣脫水機、全自動烘乾機、全自動平燙機、全自動縱合折疊機、領口（袖）平燙機、衣袖整形機、肩部壓板機、機身壓板機、襯衫折疊機、人體整形機、號碼機、褲管壓板機、褲頭壓板機、箱型綜合整形機及其他。

（三）洗衣設備作業說明

在觀光旅館企業中，洗衣作業問題的解決，通常有兩種方式：一是旅館內部自設洗衣坊；二是將所有需要洗滌的衣物送出去讓外面的洗衣公司處理。

1.作業種類：

（1）洗滌（laundry），亦稱爲水洗。

（2）乾洗（dry cleaning）。

（3）整燙（pressing）。

（4）縫補（sewing）。

2.作業程序：

（1）旅客衣物－接受→檢查→分類→訂號→開單→送洗→檢查→縫補→整燙→整理→核對→發出。

（2）旅館公物－接受→分類→開單→送洗→整燙→檢查→縫補→整理→核對→發出。

3.注意事項：

（1）受洗時一定要檢查有無破損、數量是否正確。如有破損及數量不符時，應予退回，徵求客人之同意後才洗，以免發生糾紛。

（2）檢查質料是否會褪色，有無特殊污點。

（3）將何種爲水洗、乾洗分出來。整燙者，應另放一清潔處，以免弄髒。

（4）送洗時應將毛織品、化學品、綢緞品分開。整燙時亦應注意其質料不同，溫度也不同。

(5) 如不能用機器洗滌時，應用手洗。

(6) 客人衣物，每件均應打上號碼。

(7) 洗衣單應註明送洗時間。

(8) 發票應立即送交櫃檯收銀員入帳。

(9) 用高溫洗法時以棉織物為主，並以攝氏八十度左右洗滌，其洗劑有肥皂蘇打、漂白劑、高溫劑；低溫則用肥皂、肥皂粉。

(10) 用高溫洗滌時，先將溫度升高，邊洗邊降低，如果突然放低溫度，原來除去的污點會因水的關係又附著於衣物上。

(11) 多少衣服應放多少水量及洗劑也要注意，不可浪費。三磅高溫肥皂要加入一磅的蘇打；一磅的漿糊，配三加侖的水；濃縮漂白劑要加倍稀釋。

(12) 脫水時間普通綿布類需三十分鐘；巾類約三十至三十五分鐘，可脫去水份約80%；毛織類則需三至五分鐘左右，太長會損壞纖維。

(13) 乾燥機不可放太多的衣服同時乾燥。

(14) 床單、檯布、枕套、餐巾等不必放入乾燥機中乾燥，用燙滾筒整燙後即乾燥，其蒸氣壓力應在五公斤到八公斤之間為宜。

(15) 整燙滾筒之運轉速度應控制並儘量不使它空轉，放慢時乾燥效果較佳。

(16) 拉整燙滾筒之布巾類時，同時要注意是否洗乾淨，如發現不乾淨或破損時應另外處理，以免發出使用，影響服務及聲譽。

(17) 看似毛織品，但實際上加有化學品時，應特別小心，以免變形。

(18) 化學質料之纖維品一律不可加熱，否則會縮束變型。
(19) 有些衣料不可用蒸氣壓燙時，應用手整燙。
(20) 衣物發出前，必須再核對一次房號、姓名、件數，並集中放置，以待發出。
(21) 洗衣房應設立各種登記表冊及帳務處理報表。

旅館的洗衣作業若是交給外間的洗衣坊處理，則應將店內需要使用的布類用品預作估計，因爲此等布類用品通常是採取租用的方式，而非由本店特別購置。這種方式並不意味著旅館的布巾類用品在品質上不很講究，相反的，洗衣業者總是依照旅館所需求的品質而購置出租的布巾類用品。這種情形對於旅館來說，可以減少一筆資金的開支。但如租用的布巾類用品在式樣上或種類上非常特殊而需要訂製時，洗衣業者會向旅館方面要求一筆押金以作保證。

布巾類用品由旅館內部的洗衣坊自行洗滌，其使用壽命較之於交由外間的洗衣坊洗滌要長得多。由旅館自行洗滌的布巾類用品，耐洗的次數平均值約爲：床單類400次～800次，枕布類450次，毛巾類300次。但是這個數字會受到很多的因素影響，並不是單純的洗滌問題。

餐飲部門使用的布巾類用品有棉製的也有蔴製的，餐巾約可耐洗132次，桌布大約是500次。以桌布而言，稍有破損時可用織補機織補以延長其使用壽命。旅館由自備的洗衣坊對一切布巾類用品進行汰舊換新工作，較之於交由外面的洗衣坊處理，可能會減少浪費15%左右，但是這種情形也不能一概而論，因爲其中還有各種因素值得考慮。這裡需要指出的是，住旅館的客人大都喜歡帶走旅館的洗臉毛巾作爲紀念品，所以旅館方面應當注意這類毛巾的品質與式樣的設計。

當旅客結帳遷出時，房租與洗衣費的分錄如下：

現金　XXX
　　客房收入　XXX
　　洗衣收入　XXX
　　銷項稅額　XXX

洗衣成本：凡供洗燙衣物所需之原料及清潔劑（如洗衣精、漂白劑等）等支出。其分錄如下：

洗衣成本　XXX
進項稅額　XXX
　　現金　XXX

向倉庫提領的洗衣精、肥皂粉、肥皂等，分錄爲：

洗衣成本　XXX
　　存貨　XXX

月底盤點洗衣用的原料及清潔劑，分錄爲：

存貨　XXX
　　洗衣成本　XXX

次月1日轉入帳內：

洗衣成本　XXX
　　存貨　XXX

洗衣所支出的費用及人工成本轉入旅館營業成本帳內。

（四）布巾類用品洗滌合約

大型或中等規模的旅館，布巾類用品包給外間洗衣坊洗滌時，其耐洗的次數大致是：床單250次～300次，枕頭布150次，毛巾類150次。這和上面的數字比較，顯然看出耐洗的壽命減低了一半。餐飲部門的布巾類用品也是如此，餐巾僅能耐洗75次，桌布是100次～150次。（以上次數均爲平均值）

旅館的布巾類用品包給外面的洗衣坊洗滌，還需要若干額外的費用，諸如分類、特殊式樣的折疊、特別送貨服務等等。旅館方面如果考慮將其布巾類用品包給外面的洗衣坊洗滌，經理部門在與承包的洗衣坊簽訂合同時，應將合約交給這方面的管理人員過目，或者事先和他們商訂合約的內容。而且在可能的時候，簽約之前應先經過一次招標比價的手續，比價的家數通常是三家。

簽訂布巾類用品包洗合約時，應當考慮下列事項：

1.交貨服務：交貨的天數、每天交貨的數量、每天交貨的時間。
2.洗衣坊如何處理客人的衣物。
3.洗衣坊的修補工作能做到什麼樣的程度，他們是否負責滌除衣物的特別污漬，或者必須由旅館處理員規定除污的方式。
4.洗衣坊使用的一切補給品是否爲最佳品質。
5.毛巾及被單的折疊規格。
6.洗好的制服須附有掛鉤。
7.如果洗衣坊有保險，應弄清楚他們投保保險的內容，諸如機械損害賠償、物品短缺索賠等等。
8.付帳的方式，是每週或每月結付一次；週末或例假日的臨時緊急服務。
9.布巾類用品進出洗衣坊時，應有一個確切的計數方式，以免發生任何差錯。
10.洗衣坊的收貨及交貨的設備如何。

建立洗衣坊制度的重要條件之一是能適時的滿足需要，也就是說無論什麼時候，客房裡需要任何布巾類用品時，都能立即提供。這情形不僅表示客房服務的周全，且也說明了洗衣坊的工作效率。要做到這種程度並不困難，只要編製一份完整的存貨清單，而且要使櫥櫃內貯存充分而齊全的存貨（布巾類用品）就行了。

旅館的一切布巾類用品如果是由外面的洗衣坊承包洗滌，則應嚴格規定交貨的日期與時間，俾能適應滿足需要。

(五) 案例：洗衣房設備用量評估

1.條件：（套房每間有兩個衛浴間、總統套房有兩個衛浴間）

（1）房間數124間、評估雙人房58間、單人房59間、高級套房3間，每一套房備有單、雙人房各一間、總統套房1間雙人房。

（2）餐桌數38桌，評估400人（每桌10人）。

（3）員工人數評估600人計。

2.衣物處理量概估：

衣物處理量概估可參見表5-12。

3.計算每小時之處理量：

（1）以每天工作十小時計，1,813÷10＝181.3（公斤）。

（2）水洗時間每次約四十五分鐘，181.3×45÷60≒135（公斤）。

（3）結論：

- 每日酒店總水洗量爲1,813公斤，住客衣物送洗量預估爲10%，即181.3公斤。
- 每小時水洗量約135公斤。
- 因設備型號及規格，選擇以每小時130公斤計。

四、付款方式及水單的認識

客人付款方式包括用現金支付、旅行支票、簽帳及信用卡等，茲分述如下：

表5-12　衣物處理量概估表

單位：公斤

品名 / 單位重量		雙人房	單人房	套房	總統房	餐桌	員工	總處理量
床單	1.2	58×2A* / 14	59/14	(3×2)+(3×1) / 14	1×2 / 14			16
床單	0.5	58×2	59	(3×2)+(3×1)	1×2			93
被單	0.5	58×4	59×2	(3×4)+(3×2)	1×4			186
枕套	0.15	58×8	59×4	(3×8)+(3×4)	1×8			111.6
浴巾	0.55	58×2	59×2	12×2	1×6條			145.2
中巾	0.3	58×2	59×2	12×2	1×6條			79.2
面巾	0.2	58×4	59×4	12×4	1×8條			104.80
地巾	0.175	58×1	59×1	12×1	1×2條			23
毛巾	0.1					2000條		200
大檯布	2					34×4B*		304
中檯布	0.8							
小檯布	0.56					25×5C*		70
圍巾	0.3					400條		120
制服	1.2						600/2D*	360
								1,813

註：A*假設床單每十四天換洗一次，因此見每日處理量為床單數量的1/14，每一間雙人房有兩張床，所以床單數要×2。
B*檯布數量以每日早、午、晚、宵夜四餐計算。
C*小檯布容易弄髒，故以乘以5為係數。
D*600位員工制服，以兩天洗一次為原則。
*2001年國際觀光旅館營業支出中，洗衣成本占總支出的0.48%，金額為149,626,598元。

資料來源：交通部觀光局。

（一）客人的付款方式（payment）

1.現金支付：包括台幣及外幣，外幣須換成台幣。

2.旅行支票：須先換成台幣。

3.南下帳（holding check）：此爲台灣特有的付款方式，客人於住宿時間，中途有事到南部，帳單轉入南下帳號，當返回旅館時，作重新遷入，再由南下帳轉入新房帳內，遷出時一起結帳。

4.住客甲代乙住客付帳：數人一起旅行，由一人付帳，或者某乙的帳由某甲先付，而某乙先行離去，常會發生漏收，有此種旅客，應詳細記在交代簿上，並附上紙條在甲、乙的帳卡上，結帳時，就不會出錯。另一種方法爲：如某甲替某乙付帳，可將乙的帳頁，全部轉入甲帳上，乙帳則變成零。

5.外客簽帳：如旅行社簽帳，凡與飯店簽有契約的旅行社，於結帳時，直接簽帳，再由財務部派人前往收款。否則要求遷出前付現金。

6.信用卡：爲了方便旅客遷出及節省時間，旅客遷入時先將信用卡刷好，結帳時客人再簽名即可。

（二）會計員開立傳票入帳

會計員於住客遷出當天，開立傳票入帳，依照客人付款的方式分成現金、賒帳及信用卡等。當收現金時，開立傳票如下：

現金　XXX

　　客房收入　XXX

　　餐飲收入　XXX

　　　⋮

　　銷項稅額　XXX

客人賒帳，開立傳票為：

應收帳款　XXX
　　客房收入　XXX
　　餐飲收入　XXX
　　　⋮
　　銷項稅額　XXX

收信用卡時：

應收帳款（○○銀行）　XXX
　　　　　　客房收入　XXX
　　　　　　餐飲收入　XXX
　　　　　　　⋮
　　　　　　銷項稅額　XXX

（三）水單的認識

表5-13為台灣銀行外匯水單，提供讀者參閱。

1.台灣取消外匯管制後，除銀行可以買賣外幣，其他收兌處仍只買外幣，不賣外幣，而且須填寫水單。水單一式三聯，第一聯：交予客人，客人離台前，於機場將剩餘的台幣換回，匯率以離台當天為主；第二聯：同外幣向台銀換回等值的台幣；第三聯：留存公司備查。

2.外幣兌換手續：

（1）填寫一式三聯水單。

（2）詢問客人房號、姓名、護照號碼，並請客人簽字。

表5-13　銀行外匯水單

收兌外幣專用

銀行　　外匯水單（1）　EMN　　No 02246805

FOREIGN EXCHANGE MEMO

Date ____________

賣主SELLER

BOUGHT FROM 購　　自	
姓名 Name	
身分證號碼 Identification Paper No.	

支票或現鈔號碼 Bill No.	外幣數目 Foreign Currency Amount	匯率 Rate	新台幣數目 N.T.$ Equivalent
	應扣費用 Charges		
	實付金額 Net Amount Payable		

本行兌換　台端外國票據，如因寄送國外付款銀行收帳時遺失，仍請協同本行作必要之處理，如發生退票，請於接獲本行通知後，即將票款照數退還本行。

賣主簽章 Seller's Signature ____________

電話號碼 Telephone Number ____________

地址 Address ____________

收兌處簽章 Authorized Agent

一式三聯第一聯交客戶第二聯送本行第三聯留存備查

資料來源：《餐旅管理實務》，（救總職訓所編印，1987年）。

（3）撕下第一聯收據及等值台幣交給客人，並當面點清。

（4）外幣及第二、三聯水單訂在一起，於隔天和總出納換回等值台幣。

3.外幣匯率：每日外幣交易中心，會統計出當日美金匯率，而飯店出納人員於當日下午四時之後得知美金中心匯率而自行調整，但仍在政府規定的上下限內。台北各大飯店匯率皆爲統一，美金現金爲中心匯率減四角，支票爲中心匯率減五分。所有外幣晚班出納應作妥所有兌換外幣，以便隔日向總出納換取等值的台幣。

4.塡寫水單注意事項：

（1）水單是否連號使用，飯店的水單兌換章是否有蓋章。

（2）不同幣值兌換時，水單需分開。如美金現金、旅行支票同時要兌換，須開二張水單。

（3）如有作廢，需三聯一併交回，且不可撕毀或遺失。

5.外幣兌換注意事項：凡兌換金額較大時，須影印客人護照，再與水單一併交回。美金可用機器測試眞僞。

第四節　觀光旅館住房率及財務分析

在觀光旅館投資規劃案中，吾人必須對現有觀光旅館營運狀況有所瞭解，俾便作爲預估日後經營管理效率根據。觀光局歷年以來將各觀光旅館營運狀況逐項分析，本書就其中與經營管理相關項目列述之。

目前國際觀光旅館營運狀況分析大多以客房之住用率及平均實收房價作爲評比的重要指標，略述如下：

1.客房住用率 （occupancy rate）：客房住用率爲反映旅館營運狀況的重要指標，2001年平均住用率爲62.37%。

2.平均實收房價 （average room charge）：房租收入爲國際觀光旅館的營業收入來源之一，觀察每單位客房之平均收入，有助於瞭解旅館營運狀況。2001年平均房價爲3,084元，比2000年減少25元。

至於財務分析的項目如下：

1.營業收入暨平均營業收入分析。

2.營業收入結構分析。

3.營業支出暨平均營業支出分析。

4.營業支出結構分析。

5.客房與餐飲收入比率分析。

6.餐飲收入與餐飲成本比率分析。

7.客房部、餐飲部、夜總會部門獲利率分析。

8.稅前營業獲利率、稅前獲利率、稅前投資報酬率分析。

9.餐飲部坪效分析。

爲了使分析數據更具有客觀性與參考價值，將1996年～2001年共計六年間各項資料加以綜合分述。

一、國際觀光旅館住房狀況分析

客房銷售爲國際觀光旅館主要業務之一，因此客房住用率與平均實收房價之間的互動關係，成爲瞭解觀光旅館市場的重要指標。尤其在觀光淡季期間，爲了提高住用率，各旅館各顯神通，紛紛推出促銷專案。

就其要者予以列示，以資參酌（如表5-14、表5-15）

此外，個別國際觀光旅館住用率前十名，依序分別爲：台北晶華酒店（80.29%）、台北福華（76.75%）、遠東國際（76.05%）、來來（76.02%）、墾丁福華（75.37%）、兄弟（75.36%）、知本老爺（74.71%）、台北希爾頓（74.12%）、台北老爺（73.72%）及台北華國洲際（73.52%）。

各國際觀光旅館常因其設備及經營方式不同而吸引不同國籍之旅客，根據年報資料之分析，可歸類如下：

1.以日本籍旅客爲主之旅館：統一、華泰、國王、康華、三德、老爺、華國。

2.以本國旅客爲主之旅館：皇統、敬華、花蓮亞士都、陽明山中國、凱撒、高山青、桃園。

3.以本國及華僑旅客爲主之旅館：京王。

4.以本國及日本旅客爲主之旅館：名人、高雄國賓、通豪、統帥、

表5-14　1996年～2001年國際觀光旅館住用率及平均房價

1996年～2001年國際觀光旅館住用率分析表（依月份別區分）　單位：%

住用率 月份 年	1月	2月	3月	4月	5月	6月	7月	8月	9月	10月	11月	12月
1996	60.25	58.06	65.14	61.23	59.50	65.94	59.70	66.77	61.84	69.62	75.93	63.07
1997	61.94	59.97	69.73	67.60	63.17	65.55	62.29	58.34	60.08	66.92	69.23	59.76
1998	54.33	65.15	66.13	64.92	61.01	62.30	61.26	61.73	59.09	63.66	70.93	59.97
1999	57.39	57.98	69.68	67.05	63.92	67.67	64.23	65.80	58.00	50.34	57.79	55.63
2000	54.75	58.24	65.34	65.19	63.29	67.69	66.24	64.29	66.42	70.04	72.24	64.71
2001	53.57	69.65	68.56	66.48	62.50	64.27	64.09	63.04	55.38	58.09	61.40	57.91

1996年～2001年國際觀光旅館平均房價分析表（依月份別區分）　單位：新台幣（元）

平均房價 月份 年	1月	2月	3月	4月	5月	6月	7月	8月	9月	10月	11月	12月
1996	2,688	2,702	2,810	2,896	2,894	2,927	2,855	2,787	2,902	2,938	2,971	2,733
1997	2,873	2,811	2,871	3,096	2,997	3,041	2,925	2,960	3,009	3,115	3,010	2,821
1998	2,925	3,022	3,080	3,159	3,156	3,200	3,077	2,994	2,946	3,144	3,008	2,825
1999	2,911	2,930	3,014	3,143	3,111	3,115	3,016	2,946	3,006	3,150	3,092	2,858
2000	2,957	3,051	3,043	3,133	2,983	3,215	3,046	3,030	3,117	3,207	3,107	2,920
2001	3,035	3,051	3,117	3,219	3,180	3,292	3,003	3,018	3,042	3,051	2,990	2,820

註：每年住房旺季（On season）爲3月、10月、11月（來台商務旅客及歸國華僑多）。
每年住房淡季（Off Season）爲7月、8月、12月（因暑假關係反爲國人出國旅遊之旺季，對風景地區及花蓮地區也是旺季）。

資料來源：交通部觀光局1996年～2001年國際觀光旅館營運統計月報表。

中信花蓮、中信日月潭、高雄圓山、南華、嘉南、台南。

5. 以日本及亞洲旅客爲主之旅館：中泰、豪景、環亞。
6. 以日本及其他旅客爲主之旅館：台北國賓、華國。
7. 以北美及歐洲旅客爲主之旅館：亞都。
8. 以日本、北美及亞洲旅客爲主之旅館：凱悅。
9. 以日本、北美及歐洲旅客爲主之旅館：台北圓山、希爾頓、來來、福華、力霸、麗晶、西華、華王、長榮桂冠酒店。
10. 以日本、亞洲及歐洲旅客爲主之旅館：國聯。

表5-15　2000年及2001年國際觀光旅館住用率及平均房價

2001年國際觀光旅館住用率分析表（依地區別區分）　　單位：%

地區	台北地區	高雄地區	台中地區	花蓮地區	風景地區	桃竹苗地區	其他地區	合計
2001年住用率	69.54	56.39	53.57	47.75	60.53	49.32	61.20	62.37
2000年住用率	73.10	57.77	56.12	41.09	58.73	56.68	68.92	65.06
增減率	-3.56	-1.38	-2.55	6.66	1.79	-7.36	-7.72	-2.69

2001年國際觀光旅館平均房價分析表（依地區別區分）　　單位：新台幣（元）／%

地區	台北地區	高雄地區	台中地區	花蓮地區	風景地區	桃竹苗地區	其他地區	合計
2001年平均房價	3,571	2,052	2,407	2,054	3,215	2,361	2,546	3,084
2000年平均房價	3,511	2,127	2,507	2,212	3,513	2,104	2,547	3,109
增減數	60	-75	-100	-158	-298	257	-1	-25
增減率	1.71%	-3.53%	-3.99%	-7.14%	-8.48%	12.21%	-0.04%	-0.80%

資料來源：交通部觀光局。

11.以本國、日本及北美旅客爲主之旅館：兄弟、全國。

12.以本國、日本及亞洲旅客爲主之旅館：亞太。

13.以華僑、亞洲、歐洲及其他旅客爲主之旅館：富都。

二、營業收入結構分析

旅館營業收入主要來源可分爲客房收入、餐飲收入、洗衣收入、店鋪租金收入、附屬營業部門收入、服務費收入及其他營業收入等。

本資料所統計之各項收入科目定義如下：

1.客房收入：指客房租金收入，但不包括服務費。

2.餐飲收入：指餐廳、咖啡廳、宴會廳及夜總會等場所之餐食、點心、酒類、飲料之銷售收入，但不包括服務費。

3.洗衣收入：指洗燙旅客衣服之收入。

4.店鋪租金收入：包括土產品、手工藝商店、理髮、美容室、餐廳、航空公司櫃檯等營業場所之出租而獲得之租金收入。

5.附屬營業部門收入：包括游泳池、球場、停車場之收入，自營商店之書報、香菸、土產品、手工藝品等銷售收入，自營理髮廳、美容室、三溫暖、保健室等。

6.服務費收入：指隨客房及餐飲銷售而收取之服務費收入，但不包括顧客犒賞之小費。如服務費收入以代收款科目處理者，仍將全年之金額塡列本科目。

7.其他營業收入：包括電話費收入、佣金及手續費收入，例如代售遊程而獲得之佣金、收兌外幣而獲得之手續費、郵政代辦或郵票代售之佣金收入。

8.營業外收入：包括利息收入、兌換盈餘、出售資產利得、理賠收入、其他。

茲將1997年～2001年營業收入結構表加以統計如表5-16，由表可知各項收入的百分比及平均値。

三、營業支出結構分析

營業支出項目大致可區分爲薪資及相關費用、餐飲成本、洗衣成本、水電費、燃料費、折舊費、修繕維護費等（如表5-17）。

有關營業支出之各項科目定義如下：

1.薪資及相關費用：包括職工薪資、獎金、退休金、伙食費、加班費、勞保費、福利費等。凡將服務費收入分配予職工者，應將分

表5-16　1997年～2001年營業收入結構表

單位：百分比（%）

科目類別	平均值	2001	2000	1999	1998	1997
營業收入	100.00	100.00	100.00	100.00	100.00	100.00
1.客房收入	35.88	37.88	35.61	35.28	35.59	35.06
2.餐飲收入	46.55	44.95	47.37	47.24	45.80	47.38
3.洗衣收入	0.57	0.49	0.57	0.60	0.60	0.60
4.店鋪租金收入	2.61	3.25	2.50	2.50	2.42	2.36
5.附屬營業收入	3.12	2.29	3.06	3.38	3.99	2.90
6.服務費收入	6.29	5.71	6.31	6.23	6.55	6.64
7.夜總會收入	0.69	0.55	0.59	0.72	0.89	0.72
8.其他收入	4.29	4.88	3.99	4.07	4.17	4.34

＊概數：

國際觀光旅館營業收入：

1.客房收入約占36%。

2.餐飲收入約占47%。

3.服務費收入約占6%。

4.其他收入約占11%（含夜總會收入、洗衣收入、店鋪租金收入、附屬營業收入）。

資料來源：交通部觀光局，〈1997年～2001年台灣區國際觀光旅館營運分析報告〉。

配金額併入本科目內。

2.餐飲成本：指有關餐食、點心、酒類、飲料等直接原料及運雜費支出。

3.洗衣成本：凡供洗燙衣物所需之原料及藥品等支出。

4.其他營業成本：凡不屬於薪資、餐飲成本及洗衣成本之直接成本均可列入。

5.燃料費：包括鍋爐油料及瓦斯等費用支出。

6.稅捐：包括營業稅（連同附徵之印花稅及教育捐）、房屋稅、地價稅、汽車牌照稅、進口稅等。

7.廣告宣傳：爲擴展業務，促進銷售的宣傳活動費、報刊廣告費、

表5-17　1997年～2001年支出占總營業收入比例結構表

單位：百分比（%）

科目類別	平均值	2001	2000	1999	1998	1997
一、總營業收入	100.00	100.00	100.00	100.00	100.00	100.00
1.薪資相關費用	32.53	31.97	32.03	32.51	32.34	33.78
2.餐飲成本	17.14	17.05	17.29	17.28	16.54	17.55
3.洗衣成本	0.44	0.48	0.28	0.51	0.66	0.25
4.其他營業成本	3.12	2.41	2.20	3.29	2.81	4.90
5.電費	1.97	2.18	2.06	2.00	1.83	1.77
6.水電	0.36	0.40	0.35	0.36	0.38	0.30
7.燃料費	0.8	0.94	0.86	0.73	0.76	0.72
8.保險費	0.95	1.07	0.91	0.83	1.02	0.94
9.折舊	9.37	10.73	9.31	9.78	9.29	7.76
10.租金	5.35	6.07	5.95	5.36	5.41	3.98
11.稅捐	2.43	2.54	2.64	2.27	2.48	2.24
12.廣告宣傳	1.41	1.27	1.36	1.45	1.44	1.54
13.修繕維護	1.73	1.57	1.69	1.91	1.75	1.71
14.其他費用	12.71	14.04	12.60	12.06	12.59	12.26
15.各項攤提	0.24	0.15	0.25	0.52	0.26	0
16.營業外支出	6.7	6.49	7.56	7.30	7.95	4.19
二、營業利益	2.76	0.64	2.67	1.86	2.50	6.11

資料來源：交通部觀光局，〈1997年～2001年台灣區國際觀光旅館營運分析報告〉。

出版宣傳手冊等費用。

8.營業外支出：利息支出、報廢損失、財產交易損失、兌換損失。

9.其他費用：郵票、香菸成本、電報、電話費、律師費、會審費、清潔消毒費。

營業支出是旅館經營績效良窳的主要標竿，特別提供日本旅館協會資料，惟本表所列之百分比乃一統計參考數值，讀者應依您所在旅館特性，自行調整之（如表5-18、表5-19）。

表5-18　營業收支的項目——支出

項目		計算方法	摘要
材料費	客房部門	客房附帶收入70%	
	餐飲部門	餐飲宴會收入×30%～40%	‧飲料低約20%～30% ‧用餐高約30%～55%
	宴會部門	宴會附帶收×70%	
人事費	直接人事費	‧正式職工人數×年給 ‧臨時雇員人數×年給	‧薪資、獎金等（地域不同） ‧臨時雇員之計算以8小時／1人 ‧人員設定服務品質、客房間數、餐飲、宴會設施規模及內容不同互異，以客房間數約每間0.2～1.3計 ‧人事費的總額，約占營業額的30%
	間接人事費	直接人事費×10%	‧福利保險等費用
營業經費	客室部門支出	‧水費、光熱費＝客房收入×10%～15% ‧布巾費＝住宿人×單價 ‧清潔費＝使用間數×單價 ‧消耗品＝客房收入×3%	‧布巾費是床單罩等清洗費用 ‧清潔費是作床及清潔等費用
	餐飲、宴會部門支出	‧水費、光熱費＝餐飲、宴會收入×3%～5%。 ‧布巾費、清潔費＝餐飲宴會收入×2%～3%	‧水費、光熱費等近年來所占的比重略高，考慮節約能源的對策20%
	廣告宣傳費	飯店營業收入×2%～5%	‧加盟式經營的話，盟主有部分提供宣傳，可減低費用
	事務費其他	飯店營業收入×2%～5%	‧事務費、通信費、旅費、交通費、清理費、雜費等
修繕維持費		建築工程費×1%～2%	‧含火災保險費
經營指導費		同盟式＝總收入×2% 委託式＝總收入×3%	‧另詳Royalty計算表
雜項支出		資產自有＝固定資產稅 借地、租賃＝地價房租	‧停車場收費等與營業無直接關係之收入 ‧出租店鋪租金約占營業額的3%～10%

資料來源：日本旅館協會。

表5-19　營業收支的項目——收入

項目		計算方法	摘要
客房部門收入	客房收入	房間數×住宿費×住客率×365天	1.依下列幾點設定住宿費： ・市價（其他飯店住宿費的調查） ・免稅店（商業型飯店等） ・企業的出差費用（商業型飯店等） ・客房面積（每平方公尺的單價） 2.住客率70%以上，但初期二年內以70%以下計算
	服務費	住宿費×10%	・商業型飯店服務費不算
	附帶收入	住宿費×5%～10%	・冰箱、按摩、洗衣、電話等其他附屬收入
餐飲部門收入	各餐廳收入	席數×占席數×回轉率×單價×365天	・客滿亦以80%來計算 ・回轉率以食品的種類品質、外來客、營業時間等來決定 ・各餐廳以早餐、中餐、晚餐等分別計算（飲茶、點心及BAR等另計）
	早餐收入	住客數×使用率×單價×365天	・以住宿客室的30%～50%計算 ・以有營業之中餐或咖啡廳爲主 ・客房服務另計約5%～15%
	服務費	各餐廳收入×10%	・各餐廳及BAR約以10%計算
宴會部門收入	婚禮收入	年間婚禮組數×一組人數×單價	・一組婚禮的人數單價，依地區不同差別亦大 ・通常60～100人/組，200～300人/組計
	一般宴會	年間宴會組數×一組人數×單價	・依宴會廳收容率0.5～1次/天 ・一組人數15～50組計 ・酒會單價比婚宴低
	服務費	宴會收入×10%	
	附帶收入	年間出租數×一組人數×單價	・演講展示出租場地 ・依宴會廳收容率0.3～0.5計
租賃收入		出租面積×月租賃單價×12月	・店鋪租賃的收入
其他營業收入			・游泳、健身、三溫暖等其他收入
雜項收入			・停車場收費等營業無直接關係之收入

資料來源：日本旅館協會。

斯塔特勒先生的經營哲學

美國旅館家埃爾斯沃思．密爾頓．斯塔特勒（Ellsworth Milton Statler），1863年出生於美國賓州。斯塔特勒先生是把豪華貴族型飯店時代真正推進到現代產業階段的商業型飯店時代的鼻祖。他的經營方法與里茲先生迴然不同，他的成功經驗之一是：在一般民衆能夠負擔得起的價格內提供必要的舒適、服務與清潔的新型商業飯店，或者說，在合理成本價格限制下，儘可能為顧客提供更多的滿足。

斯塔特勒先生建造並經營的第一家正規飯店是舉世聞名的布法羅斯塔特勒飯店（Buffalo Statler Hotel）。該飯店1908年開業，擁有300間客房，它在美國首次推出了每間客房配備浴室的新款式。斯塔特勒先生的推銷口號是「有浴室的房間只要1.5美元」（a room and a bath for a dollar and a half）。這家飯店在開業第一年就獲利3萬美元。而且，斯塔特勒先生也迫使他的競爭對手們不得不仿效他的方式，來改革自己的旅館，以保住自己已有的市場占有率。

儘管飯店價格低廉，但卻能獲利。在當時，他的經營方法從許多意義上來說是創新的。現在世界上的飯店之所以能如此合理、簡潔，許多地方也可歸功於斯塔特勒先生的貢獻。他想到的「最好服務」是「方便的、舒適的、價格合理的服務」，並且以民衆力所能及的價格提供這一切。為了實現低價格，他在建築結構、客房與廚房設計、使用的器具設備、工作人員的組織結構和工作內容、成本管理以及其他經營管理體制方面，在提倡效率的前提下，都推行徹底的簡單化（單純化）、標準化（規格化）和科學性的計數管理。但是，這並不意味著他想放棄服務，而是他在想設法提高服務的同時，實現各方面的合理化。

事實上，直至現代，斯塔特勒先生的飯店在美國飯店業中仍是設施、設備和服務方面的典範。例如，門鎖與門把手合成一體，鑰匙就設在門把手中間，使客人在暗處也容易打開門鎖，還有客房電話、開門同時能自動照明的大型壁櫥、每間客房配備浴室、浴室內裝大鏡子、冰水專用龍頭、免費給各房間送報紙等等，諸如此類現代飯店所必備的設施及設備都是由斯塔特勒先生一手創立的。

為實現在客房內安裝浴室的計畫，斯塔特勒先生首創了用一組給排水管同時供給相鄰的兩個客房的用水形式，這在後來被稱為斯塔特勒式配管，得到了廣泛的運用。

另外，斯塔特勒先生大批訂購標準化的器具，利用大規模訂貨的長處，削減費用。為了進一步做好成本管制，他破例聘用大學的經營學教授。

斯塔特勒先生成功的經驗之二是，強調飯店位置（location），對任何旅館來說，取得成功的三個最重要的因素是地點、地點、地點。尋找適宜的地點來建造旅館是他一生的信條。但是，他說的地點選擇，不僅要看當時，而且要看到未來的發展，要把旅館設計在未來繁榮的街道上。如1916年，他看準了賓夕法尼亞鐵路公司在紐約建造新客運車站的機會，決心在那裡建起一棟大旅館。

該旅館地上十六層，地下三層，擁有2,200間全部有浴室的客房，總造價為1,200萬美元。這就是世界上最大的旅館——賓夕法尼亞旅館（Pennsylvania Hotel），人們稱為紐約斯塔特勒旅館。這棟旅館是由賓夕法尼亞鐵路公司出資建造，斯塔特勒租賃經營的。

賓夕法尼亞旅館於1919年1月25日正式開業。不久，戰後經濟危機席捲美國，旅館業最先受到打擊，不少旅館宣布破產。可是紐約斯塔特勒旅館由於位置好，從它開業那天起到十年後經濟危機最嚴重的時期，其客房出租率一直維持在90%以上，除交付鐵路公司100萬美元的租金外，每年還有純利潤200～300萬美元。

斯塔特勒先生的格言是：客人永遠是對的（The guest is always right.）。在斯塔特勒旅館員工人手一冊的《斯塔特勒服務守則》上，他寫道：一個好的旅館，它的職責就是要比世界上任何其他旅館更能使顧客滿意。旅館服務，指的是一位雇員對客人所表示的謙恭的、有效的關心程度。任何員工不得在任何問題上與客人爭執、他必須立即設法使客人滿意，或者請他的上司來做到這一點。

從現代飯店發展史來看，與豪華貴族型飯店不同的商業型飯店究竟具有什麼樣的特點呢？首先，它的市場寬廣，它的顧客是一般的民眾；第二是旅行者的目的主要是商務旅行，所以飯店主要被商務客人使用；第三是為了實現低價，實行成本控制型管理。在一定的費用範圍內，為商務客人提供高質量的設施和服務。這已經展現了薄利多銷的意圖，同時，聯營飯店的經營方式也得到了推廣。

斯塔特勒先生在1928年去世，享年六十五歲。當時他已建成了擁有7,250間客房的斯塔特勒飯店集團。在1929年經濟大蕭條時，美國85%的飯店面臨倒閉的困境，以斯塔特勒先生的遺孀為總裁的斯塔特勒飯店集團卻極盡興隆，在以後的二十六年間，斯塔特勒生生的遺孀穩坐總裁寶座，並使斯塔特勒飯店集團的規模有所擴展，發展到擁有客房10,400間。1954年，全部飯店以1.11億美元出售給希爾頓集團，富有光榮歷史的斯塔特勒飯店畫上了休止符號。

資料來源：楊長輝著，《旅館經營管理實務》（台北：揚智文化，1996年）。

第六章

餐飲會計

- 餐廳及餐飲的種類
- 餐飲場所配置
- 餐飲會計實務

餐廳（restaurant）一詞來自法國，西元1765年法國人Boulanger開了一家店，供應一道以羊腳煮成的湯，湯名爲Restaurant Soup，並以出售神秘營養餐食爲號召，吸引顧客。因爲此法國人未參加公會，同業提出抗議並且控告他，但他獲勝，以後就以他的湯名Restaurant作爲餐館的名稱，後來逐漸被人廣泛地採用。

1850年代法國巴黎的Grand Hotel爲現代餐廳的早期代表型態，到19世紀末，餐飲業著重內部裝潢布置、氣氛及服務品質，餐飲業已成爲觀光事業的骨幹。

清朝末年，北平開張了首家西式經營的餐廳，正式將西方現代化的經營理念引進中國。

鄭成功駐守台灣時，將福建菜帶進台灣。福建菜的特色是味鮮、不膩，尤其是對湯特別講究。

日本統治台灣，日本料理興盛，而西餐也同步引入台灣。

國民政府撤退來台後，大陸各地方的料理與台灣飲食相結合，台灣的餐飲業因而大爲改觀。如川菜、江浙菜、湖南菜、廣式飲茶、川揚點心、上海菜及蒙古烤肉都在台灣現身，而西餐也在台灣占有一席之地。

1971年，台灣經濟開始起飛，國民所得不斷提升，目前已超越12,000美元，餐飲業欣欣向榮，餐飲型態不斷翻新，如中餐西吃、酒廊、啤酒屋、鋼琴酒吧等。台灣的餐飲業目前已進入黃金時代，已由單純的供食場所，進步到具備休閒功能的餐飲服務業。

台灣現代的餐飲業包括純中式的餐館、台灣小吃、美式、日式、泰式、法式、義大利式等各國風味餐廳，此外，速食業亦在國內蓬勃發展。1955年美國麥當勞在台灣崛起，速食業主要目標鎖定兒童與青少年、上班族與年輕夫婦。年齡層由三、四歲到四十歲之間，但是目前的年齡層也再向後延伸至五、六十歲的消費者，可見，速食業在台灣是頗受歡迎的。速食業以麥當勞及肯德基經營最成功。

2002年台灣經濟跌至谷底，麥當勞亦受衝擊，於11月29日無預警在台關閉15家分店，共解僱390人，這也是麥當勞自1984年進入台灣市場以來，所進行的最大規模營運縮減。在台分店數從原本的362家降爲347家，但麥當勞仍穩居國內速食業龍頭寶座，第二名的肯德基，目前在台總店數約爲120家。

台灣也是全球近120個麥當勞國家中，迄至2001年，營業規模排名第八的市場，獲利表現也遠優於全球麥當勞的平均水準，2001年在台營業額約爲130億元，2002年在預估將維持與去年相當的營收數字。

這次關閉的15家分店，乃因當地商圈沒落，加上房租壓力過高，營運成本無法降低，而採取瘦身措施，關閉營運虧損的分店。

第一節　餐廳及餐飲的種類

餐廳是提供餐食與飲料的設備與服務之一種接待企業，依內容看，餐廳的必備條件是以營利爲目的的企業，成功的餐廳應該要提供佳餚美酒、合理的價格、清潔的環境加上熱心的服務。目前台灣各大旅館皆有提供中、西餐及日本料理等，尤以自助餐及下午茶吸引不少民衆前往品嘗。

一、餐廳的種類

餐廳可依服務的方式、餐食的內容及經營型態而加以分類，茲分述如下：

(一) 按服務的方式分

依照服務的方式可分爲：

1.餐桌服務型餐廳（table service restaurant）：此爲傳統的餐廳服務

方式，即按客人的訂單，所有餐具、食物與飲料全由服務員代爲準備與供應，向來餐廳皆以這種方式服務客人。

2.櫃檯服務型餐廳（counter service restaurant）：即在餐廳中設置開放廚房，以長條型、馬蹄形或其他形狀的櫃檯爲餐桌，客人座於櫃檯的外側，服務員於櫃檯內側面對客人服務。客人可以看到廚師烹調食物，鐵板燒即屬此例。

3.自助餐檯服務型餐廳（buffet service restaurant）：客人就座後，自行到自助餐檯取菜，客人不受限制的多次取菜，直到吃飽爲止。自助餐檯可以設計主題，利用冰雕、燈光等裝飾的美輪美奐，適合慶祝節慶的餐會。由於自助餐檯服務可以做得非常高級，也適用於高級餐廳。團體訂餐及流量大而人手不足的餐廳亦適合採用。目前國內各大飯店流行全天候的自助餐食，它是飯店生意最好的餐飲營業項目。

4.速簡餐廳（cafeteria service restaurant）：速簡餐廳由自助餐演變而來的，在自助餐出現數年之後，一位名爲John R. Tompson首先推出，由客人自選食物，再依食物的單價計價付款的餐館。Cafeteria在法文是指廚房的配膳場所，Tompson所推出的供餐方式，形同客人走到配膳場所去領取食物，所以被稱爲Cafeteria。國內於1977年，就有人引進，稱之爲「速簡餐廳」。

5.其他餐廳服務方式：如自動販賣機服務（vending machine service）——客人從自動販賣機挑選自己喜愛的食品或飲料，投入硬幣即可取出所需的食物，冷熱皆有，非常的方便。在美國，車站或出入人口多的地方都設有這種販賣機。有些員工餐廳僅設自動販賣機供應，由專業的連鎖店負責經營。

（二）按餐食的內容分

依照餐食的內容可分爲：

1.綜合餐廳：包括日本料理、中餐、西餐。
2.特種餐廳：如專賣羊肉或牛排等單一種類的餐廳。

（三）按經營形態分

按經營形態可分為：

1. 獨立經營的餐廳（independent restaurant）：指業者自行經營管理的餐廳。
2. 連鎖經營的餐廳（chain restaurant）：即有一家以上的營業點，相互共同經營。

二、餐飲的種類

茲就時間及餐食內容分類如下：

（一）按時間分類

1.早餐（breakfast）：美國人早餐多喜歡麵包、火腿、蛋、果汁及咖啡。歐洲人多喝牛奶或咖啡，再加上脆餅（croissant），塗抹許多奶油、果醬，是故歐洲旅館房租都把早餐計算在內。
2.午餐（lunch）：包括湯、麵包及魚排或牛排的特餐，外加咖啡或果汁。
3.下午茶（afternoon tea）：此為英國人傳統的下午茶時間，包括牛奶加上薄麵包。
4.晚餐（dinner）：晚餐菜餚較豐盛，應研究更多新口味吸引顧客，並多推銷酒類，增加營業收入。

（二）按餐食內容分類

1. Table d'nôte：即由餐廳設定完整的菜單，內容包括湯、魚、主菜、甜點及飲料等。

2. Ala Carte：依照顧客個人的喜好，分別點菜。今日特餐（today's special），亦是其中一種。

3.Buffet：即自助餐。

三、飲料的分類

飲料（beverage）可分爲含酒精飲料（liquor）與無酒精飲料（soft drink）兩大類。含酒精飲料又可分出釀造酒、蒸餾酒以及再製酒三種。將以上兩種或兩種以上加以混合即成另一種混合飲料，茲分述如下：

（一）釀造酒

以水果或穀物爲原料，加入酵母發酵、浸漬、過濾和貯存等過程而製成的酒。其酒精成分約在15%～20%之間，最具代表的釀造酒爲葡萄酒和啤酒。

（二）蒸餾酒

以水果或穀物釀造成酒後，再加以蒸餾所成的烈性酒，最具代表性的有威士忌（whiskey）、白蘭地（brandy）、伏特加（vodka）、琴酒（gin）和蘭姆酒（rum）等。

（三）再製酒

將蒸餾酒再加工製成的酒類，又稱「加味烈酒」，在餐廳常見者有力可酒（liqueur）、苦酒（bitter）。

（四）無酒精飲料

在餐廳中常見的無酒精飲料有茶、咖啡、可可亞、阿華田，各種新鮮或罐裝果汁、鮮奶、可樂、汽水及礦泉水等。

（五）混合飲料

選用上述四類飲料中的任何兩種或兩種以上爲材料而混合出來的飲料即混合飲料。含酒精的混合飲料被稱爲雞尾酒（cocktail），種類繁多，通常在酒廊及酒吧飲用。在美國雞尾酒是餐廳中飲料服務的主要項目，而在歐洲葡萄酒是飲料服務的主角。

第二節　餐飲場所配置

餐飲場所的室內設計、裝潢所產生的氣氛，直接影響客人的喜愛，而場所的設計面積必須依照觀光旅館業管理規則才合於規定。有關餐飲場所及廚房的配置分述於下：

一、餐飲環境設計

餐飲場所爲旅館重要規劃項目，本節以宴會場所之理念與餐飲內外場計畫爲論述重點。

（一）觀光旅館餐飲場所及廚房面積比率標準

觀光旅館之餐飲場所及廚房面積比率標準請參考如表6-1。此爲觀光旅館建築及設備標準，且國際觀光旅館，其供餐飲場所淨面積不得小於客房數乘1.5平方公尺。

（二）宴會廳、集會場——觀光旅館的新市場

提供展示演出、節目企劃、宴席開會等多功能的場所，在一般飯店

表6-1　觀光旅館餐飲場所及廚房面積比率標準　　單位：平方公尺（m^2）

區別／類別	餐飲場所（淨面積）	廚房含備餐室（淨面積）
觀光旅館	1500 m^2以下	至少為餐飲場所之30%
	1501～2000 m^2	至少為餐飲場所之25%+75 m^2
	2001 m^2以上	至少為餐飲場所之20%+175 m^2
國際觀光旅館	1500 m^2以下	至少為餐飲場所之33% m^2
	1501～2000 m^2	至少為餐飲場所之30%+75 m^2
	2001～2500 m^2	至少為餐飲場所之23%+175 m^2
	2501 m^2以上	至少為餐飲場所之21%+225 m^2

註：1.國際觀光旅館廚房的淨面積如表6-1，不得小於餐飲場所淨面積的21%～33%之間。
2.12人用圓桌直徑為160cm～180cm，一桌12席中餐宴會占面積約3坪，在飯店擺設寬闊平均占4坪，包括餐桌、座椅、各桌椅之間的走道及餐具櫥櫃。

資料來源：參照《觀光旅館業管理規則》附表一、附表二，觀光局，1989年12月。

通稱為宴會廳或集會場。雖然在都市生活的住民，有權利能夠自由參與各種盛會活動是主要的因素，但另一方面，依照表演、餐飲、音樂、展示所舉辦最新的設備時，設置大型演出空間及會場等設施，都是都市的魅力所在而被重視的。

■會議與旅館的關係

一般所謂convention可大致分為兩種：第一種為同業及性質相同之法人或個人為會員的協會所辦的會議；第二種為企業組織所主辦，而其對象為推銷人員或來往廠商的會議。前者為association convention，而後者稱為company meeting。

協會主辦的會議，70%為200人以下參加者為多，但公司所主辦的會議則80%為100人以下參加者較為普遍。由此觀之，這些會議不一定都要在大型的旅館舉行。所以有許多中型旅館也在爭取商務旅客的光臨，藉以吸引會議的生意。

旅館經營者正式重視招來各種會議在旅館內舉行，這不過是始自1950年代的事。這以前，旅館爲儘量避免由於會議的舉行以致打擾一般的住客，只有在淡季時，爲彌補收入之不足，才把爭取會議的生意視爲一種臨時措施。

但隨著現代社會活動的日漸蓬勃，各種會議及宴會場所也迅速激增，因此，許多旅館也開始注意爭取會議能夠在自己的旅館裡舉行，以便增加營業的收入。到了1960年代末期，在大規模的旅館裡舉行的會議，竟占該旅館營業收入之40%。今天，有些旅館的總收入之中，竟有90%來自會議及宴會的收入（如表6-2）。

在美國眞正以會議型的姿態出現的旅館爲1963年開幕之紐約希爾頓大飯店，今天在美國利用率高的旅館，大多屬於會議型的旅館。

由於會議的召開，無形中也增加了旅館內客房部門及餐飲部門的收入。因此，對於遊樂地之度假性旅館來講，利用淡季爭取會議的生意已成爲當然的事，而大型的旅館爲了增加利用率及提高收入，也設有專任的會議推銷人員，千方百計在努力爭取國際性的會議。

■將來的會議趨勢

在美國開會的風氣如此盛行的主要原因，係美國民族天性喜愛開會討論。由於人種衆多，爲便於統一各方面的意見，開會成爲他們彼此溝通意見的重要手段；其二爲參加開會者的費用大多由企業組織負擔，甚

表6-2　宴會場所的面積與每一人所占面積比較表

宴會場所規模	宴會餐飲（m^2／人）	招待開會（m^2／人）
50 m^2	2.0～3.0	1.0～1.3
100 m^2	1.6～2.0	0.75～1.0
200 m^2	1.4～1.6	0.65～0.75
500 m^2	1.2～1.4	0.6～0.65
1,000 m^2	1.0～1.2	0.5～0.6

至於連參加者太太的費用也可以招待；再者，航空公司或旅館對於參加者的眷屬都有特別優待的辦法。

據推測，將來公司所主辦的會議，將會比協會所主辦的增加率要高，而且公司主辦的會議型態也將由過去的大型演講會改變爲以參加者爲主體的研習會，同時所利用的場所亦以連鎖經營旅館爲多。

根據最近康乃爾大學所作調查，利用旅館的目的可分爲：

1.商用：52.3%。
2.開會：24.2%。
3.私用：4%。
4.享樂：17%。
5.其他：1.7%。

換言之，旅館的收入當中有四分之一是來自開會的收入。例如全美餐飲協會在舉行年會時，同時舉辦貿易商展藉以推銷展覽會場內的展覽鋪位，而將其收益作爲協會基金。

至於公司主辦的會議，其特色爲開會次數、時間以及地點等不固定性，因此會議推銷人員也就無法利用過去的推銷紀錄作參考。一般而言，用於推銷會議的基本利器是靠廣告、直接郵寄以及個別訪問，但對於公司主辦的會議，情形就不同。推銷員必須直接與負責企劃會議的市場推廣主管相接觸，同時推銷的要領是要讓對方瞭解旅館的立場是要協助他們舉辦一次成功的會議，而非在推銷房間與餐飲的生意。因爲負責籌劃開會的單位最關心的是旅館有沒有精通於籌辦開會的專責職員，以及社會一般人對該旅館的批評如何，更重要的是，旅館能否從頭到尾與負責開會的單位密切合作，使會議順利進行。

會議種類雖然是形形色色，但站在旅館的立場，毋庸諱言地，是希望能招來消費頗多的會議。例如消費額最多的首先應算是產業界的會議，因爲參加者的所得高，除了會議本身同時又要舉辦餘興節目、宴會、酒會、舞會等節目，自然會增加消費群；其次是醫生或律師等之專業會議；再次是扶輪社及其他敦睦性的會議，這種會議的特色是次數多，較有固定性；最後是大學教授等相關學術研究會議，其他尚有退伍軍人、勞工會或女性的會議、教育界等之會議，但這些消費額並不算高。

■如何辦好國際會議

主辦開會單位對於旅館的安排所不滿的事項綜合起來有：

1.萬一開會日期有所變更時，旅館無法配合以調整。
2.由於旅館本身之設備、服務等之說明資料缺乏翔實，事先不易作具體的計畫。
3.旅館對外部詢及有關會議時，無法給予迅速、滿意的回答。
4.推廣經理、會議服務經理與旅館其他部門的協調欠佳，尤其是櫃檯好像是個獨立的單位，有關開會的事，一問三不知。
5.旅館的請款手續繁雜而耽誤時間，且有時會計算錯誤。

如上述，旅館在推銷會議業務時應站在四個單位中間，從中與各方密切協調，儘量給予協助合作，即：（1）協會本身；（2）旅館；（3）展覽會場布置專家；（4）主辦展覽會之單位。此外，對於交通工具之安排、婦女活動節目的計畫、特別餐飲之提供、演講人員之選擇及協助招收會員等，應以主辦者立場給予大力支持與協助，俾能圓滿召開會議。

總之，要成為開會成功的旅館應具備下列條件：

1.旅館的建築必須具有會議型的外觀與規模。
2.大廳內要有較寬的空間足以接待大量的會議參加者。
3.要有專設的會議場所，不像以前將宴會廳或餐廳臨時充當會議之用。

4.除大型會議廳之外，應備有各種不同形式的小型會議廳。

5.客房內的設備應較一般旅館的要寬大，且備有沙發床，以便參加會議者隨時能夠在房內聚談小歇。

6.應考慮到參加會議者的眷屬，將化妝間稍微與床鋪隔離。

7.旅館應設有專人負責照顧會議的業務，如服務經理或會議協調人員等。

8.旅館除備有一般旅客用之宣傳摺頁外，更應齊備專爲舉辦會議之詳細目錄，外表美觀，內容豐富，圖文並茂，包括會議場所之照片、平面圖及詳細說明。

9.經常與爭取國際會議之最有力機構——國際會議局——取得密切聯繫，以便獲得開會的最新情報。

(三) 餐飲廚房計畫

在國內飯店的全部收入中，餐飲收入比率，較其他國家略高。依觀光局的資料顯示，國際觀光旅館之餐飲收入爲45%，都市型飯店約占有50%之數據。近年發展興起的商業型飯店，以住宿爲中心，合理的營運爲目標，在餐飲方面收入也接近25%，這表示住宿與餐飲有很深的淵源（如圖6-1）。

■旅館企劃單位的餐飲策略及內容

飯店的餐飲關係範圍廣泛，希望由企劃單位提供意見。主要餐飲有西洋料理、中國料理、日本料理、專門料理、地方料理等多種類。酒吧是規矩禮節講究排場，或是輕快舒暢營造氣氛的。依櫃檯式、餐桌式、個室式等配置，來確認餐飲設施是以何種方式來服務。關於餐飲方面的菜單內容、營業時間、客層、客數（位數×回轉率）、預定每客單價、服務方法（服務員、自助式、部分自助沙拉吧）、付款方式（簽帳式、現金式、訂金式）等營運方式，亦須由企劃單位提供資料。早餐在那一種餐廳，用什麼方式提供服務及人力配置，在時間上是採集中（或部分）

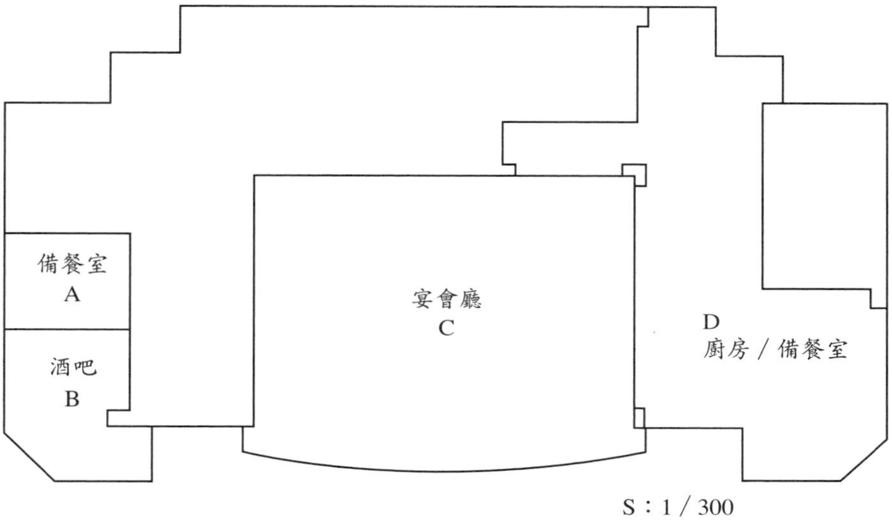

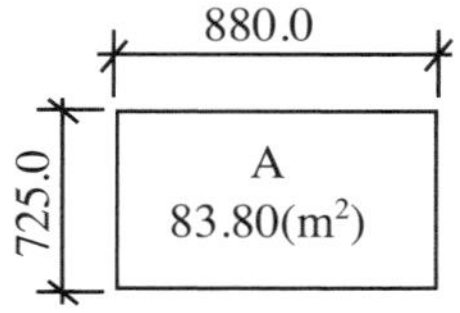

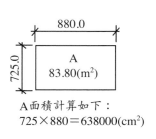

A面積計算如下：
725×880＝638000(cm²)

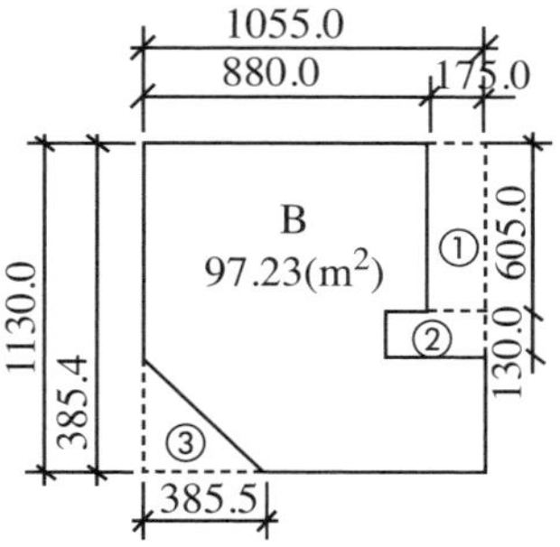

B面積計算如下：

① 175×605＝105875

② 305×130＝39650

③ $385.4 \times 385.5 \times \frac{1}{2}$ ＝74285.85

1130×1055－①－②－③

=972339.15（cm²）

≒97.23（m²）

圖6-1　餐飲場所設計

方式也是重要的課題。特別是商業型飯店，時間太集中時，用餐無法順暢，顧客容易流向周邊的餐飲店。客房服務（R/S）在計畫上有很大的意義存在，依飯店的營運決定由何者接受菜單，由那種廚房出菜，一般以營業時間較長久的咖啡廳廚房出菜較多。必要確保作業的空間及在接近服務電梯之區域，使用率約占住宿客數的5%～15%之間。因此正規的飯店在廚房內，有計畫的設立訂單處理室，緊鄰客房服務，常駐服務員備用。亦有由大廳櫃檯統一接受訂單，再傳達到廚房的方式。而服務檯，每檯以服務賓客25人～30人爲原則，從餐飲的內容及消費者的使用方式，可略知飯店的個性及水準。

■餐飲的營運方針及物料流通

所謂餐飲的組織，是指營運及物料的流動。食品材料由誰採購、由誰驗收、由誰搬運到倉庫；小件物料提貨時的手續又如何辦理、半成品那裡貯藏、那裡加工後成爲料理送達到客桌。這些食品材料的流動及質量沒有掌握的話，其他有關食品倉庫、冷藏室、冷凍庫的大小及位置就無法決定。

依照物料的不同，可分爲三個月、半年一次採購保管，也有適逢生產期大量購入一次處理冷凍保管的。另外也有買斷付清後，寄存在食品公司的倉庫之案例。因此，是否必要在飯店內保管，依其飯店方針來決定，所以廚房的計畫也就有變化。雖然從食品材料的採購到驗收，大多由飯店的調理主廚來擔任，但是亦有由訓練有素的食品管理（food-control）來負責。執行從購買寄存倉庫到各倉庫分類的管理，費用的計算及作業單據提貨等製作輸入電腦建檔。從廚師的採購單據收集物料後交付，或以配達方式直接送廚房。總之，任何情況均必須以傳票流動，廚師或廠商如果恣意進入大冷藏冷凍倉庫拿出物料，則庫存管理及食品材料費用就無法管制。將食品材料的進貨及某種程度的集中加工，設置在館內一個地方處理，通稱部分量產加工廚房（play palation kitchen）。這地方與餐廳前場的營業時間無關，可讓一定的人數做一定的工作，因製品可冷藏或冷凍，所以可預測生產、或在盛產期大量購入，應用人力可減低成本。在連鎖企業化的觀念，與飯店分開在地價較低的地區設立中央廚房（central kitchen），更可減輕成本的壓力。

■廚房的內容

依所供應的料理、服務方法、單價設定不同而互異。在基本設計階段時，要和經營者或飲料擔當者作充分的協調研討，特別是調理器具，如製冰機、冷凍、冷藏設備、洗碗機、搬運設備、殘菜處理設備等，均有顯著的進步，廚房內的作業動線，亦須配合新式機器設備爲中心來加以應用。

平面設計上的要點，是如何來合理的縮短空間的距離，從原材料的搬入、驗收、收藏、加工、配膳，到餐廳的服務、器皿的整理、殘菜的處理、食器的洗濯、收藏等作業流程。動線的縮短，除了節省人事費用外，搬運中的器皿破損、噪音的減少、服務、品質的提高等，均有相當的關聯。

館外資材的搬入，設計卸貨場以貨車台度爲要，同一樓層可設置食品庫、廚房、餐廳較爲理想。餐廳的位置，一般是配合住宿客、宴會客、外來客的動線，以及建築物各樓層規劃而設置，有分散式、集中式、立體式。廚房有主廚房、副廚房、配膳室等，大多與餐廳連結，主要是能有效的整體設計，儘可能考慮減少資材、料理、器皿類的移動量。搬運的效率，應利用推車確認送達處，採用人貨兩用一台的電梯，比數台送菜梯更爲有效。地坪有高低落差處，全部用斜坡處理，貼防滑地磚來區別其他地材顏色，加強警惕作用以防人物損傷。

■主廚房的位置及設計

宴會廳或主要餐廳經常性的調理，鄰接必要的服務場所才能發揮。擁有大宴會場所的飯店，須設立專用廚房或副廚房，因爲宴會廳或主要餐廳，料理的品質及準備時間各有不同，主要餐廳的料理是時價的，而宴會廳的料理是配合客人單價而準備的。

在國內的都市型飯店，宴會料理大多以中式料理爲主，所以主廚房以中式廚具設備爲主。一般西式酒會或料理時，須從其他廚房先處理後，再把成品搬運鄰近的配膳室或副廚房加工來供應。麵包蛋糕類稱爲西式點心房，一般中小型飯店，因不划算很少設置，但若附近無美味的麵包店，或想有獨特自製的產品，才會不計成本而設立。因此，事前從經營上的觀點要多加判斷。餐飲展示冰雕（ice carving）是一種現場的裝飾，對宴會而言是不可欠缺的，尤其在夏天，要注意高度及寬度，因爲會溶化，所以要在宴會開始前即做好布置。可以從廚房中選擇靈巧的師傅來雕刻，但也可聘請專業的人士。在飯店內雕刻時，與宴會場所同一樓層，有作業區域就很方便。但製作時破碎冰塊飛散四周又會溶化，最好選在冷凍庫前室，或有冷氣及排水設備的地方。從製冰工廠直接送達135公斤以上的冰塊，分別雕好後在宴會前組合時亦須有技巧，因受溫度激烈的變化也會破裂。

器皿種類繁多，收藏時食器庫必要注意到空間及重量，宴會用之器皿價格昂貴，比想像中的破損率還大，破損原因大多是在洗濯場所，洗碗機洗淨架格裡發生約占80%。因此自動洗濯的運作、食器的搬運、收藏器皿庫的柵架結構均須妥善處理。

廚房是用水量多的地方，其地板經常處於潮溼狀態，除了維持管理需要有較多的空間外，在廚具配置的同時，地板上如無排水溝或截油槽之設計時，殘渣廢物易流入排水管，造成不潔及堵塞。廚房的地材是用硬質刷毛器在地板上洗淨，所以須用耐磨、耐水、防滑之良質建材。一般是採用有凸型防滑的克硬化磚，也有因食器等掉落的關係，使用橡膠類之地材達到遮音效果。

壁面多採用磁磚，濕式工法造成磁磚的背面空隙，是蟑螂產卵的根源。一般施工多採用乾式，磚縫塡充物加強牢固，明亮的表面耐髒，容易清潔處理。壁面的陰角、陽角處及地板的接點，須用有轉角的即製品磁磚。

出入口採單行道方式，要明確區分出口及入口。因使用推車，要有充分的寬度及高度，自動門的感應器亦須測試後再安裝。後場周邊聯絡的通道上，地板、壁面因資材的搬入，推車的進出容易破損或沾污，轉角處用不銹鋼片加以保固，水泥牆壁上粉光後用油漆或噴磁磚處理，在進出頻繁的出入口門片上，腰高1公尺以橡塑類（護條）加以保護、防撞。

倉庫，特別是食品食庫，主要以貯藏生鮮食品爲主。必須遵守物質保存的條件，嚴格的檢討在庫量後，再決定倉庫、食品庫、冷凍庫、冷藏庫的面積及容積。因爲多餘的空間，除了建築及設備、能源費用的浪費，也是資金及商品的浪費。飯店的倉庫備存之在庫量，從使用客的設定及過去的資料分析中準備，許可的話與廠商以簽約方式，緊急時，只接收必要量之方法是最好的。

最後有關垃圾殘菜處理的設備，因爲對廚房有很大的影響，所以在規劃初期時，就須確保位置，普通集中在地下室或靠車道出入較方便的地方，分爲乾式區、濕式區。乾式區以空瓶、罐、紙箱類較多，濕式區是餐廳食品材料的廢棄物。要確認每日、隔日清理時間，因爲有濃厚的惡臭氣味，所以要有專用的冷藏、冷凍設備來處理。磚牆水泥粉刷油漆會吸收臭氣，最好表面處理用磁磚或不銹鋼材質。殘菜經過機器絞碎後，用水流集中一個地方然後脫水，類似眞空脫水系統方法亦可減輕保管空間。地下街有餐廳時，如是租賃關係，廚器設備通常由店主負擔，因廚房空間有限，設備方面就較不完善。

（四）餐廳、廚房、酒吧間與人體工學

■餐廳的室內空間與尺度

1.餐廳的處理要點：

（1）餐廳可單獨設置，也可設在起居室靠近廚房的一隅。

(2) 就餐區域尺寸應考慮人的來往、服務等活動。

(3) 正式的餐廳內應設有備餐台、小車及餐具貯藏櫃等設備。

2.餐廳常用人體尺寸：餐廳常用的人體尺寸如圖6-2所示。根據世界不同的人體工學資料，適應國人餐廳用膳之人體工學如圖6-3所示。(單位：mm)

■**廚房與人體工學**

根據小原二郎編著《建築與室內人間工學》的統計。

另根據1955年Farley資料的垂直動作研究區域(如圖6-4)。

■**酒吧間的室內空間與尺度**

空間處理的要點如下：

1.酒吧間為公眾性休閒娛樂場所，空間處理應儘量輕鬆隨意。

2.空間的布局一般分為吧檯席和座席兩大部分，也可適當設置站席。

3.酒吧間的性質，空間的處理宜把大空間分成多個小尺度的部分，使客人感到親切。

4.應根據面積決定席位數。一般每席$1.1m^2$～$1.7m^2$。服務通道為750mm。

5.酒吧間內應設有酒貯藏庫。

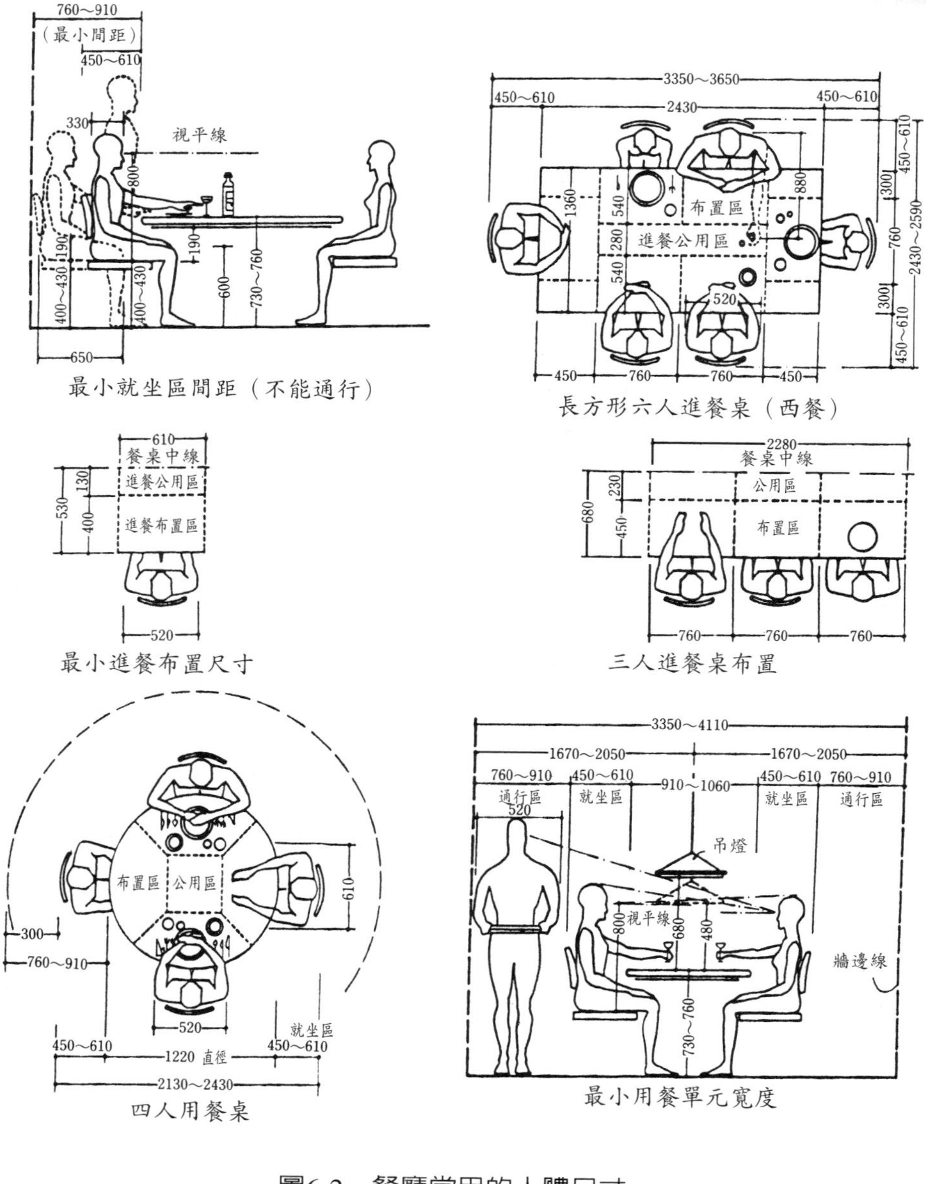

圖6-2　餐廳常用的人體尺寸

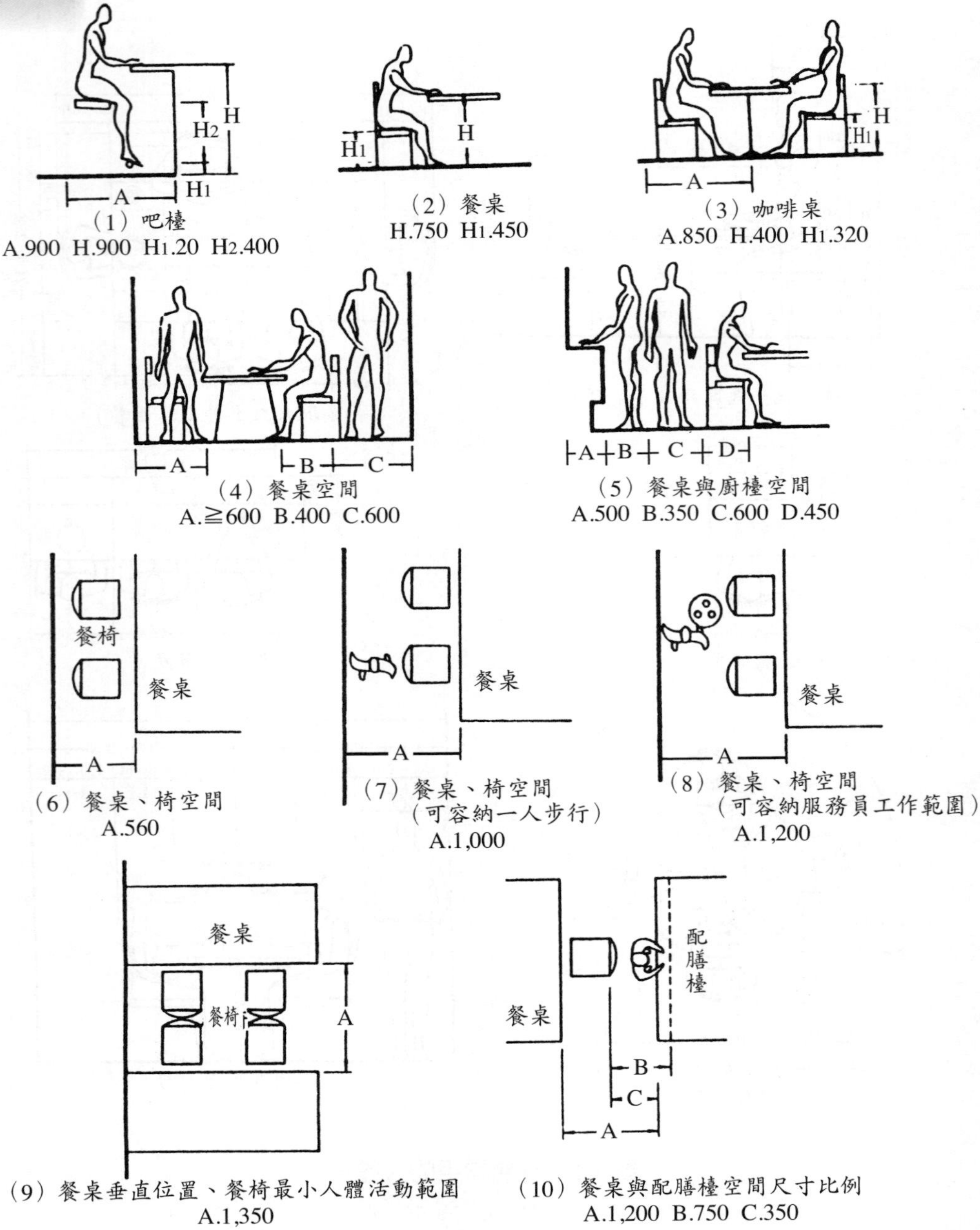
H
H2
H1
A
(1) 吧檯
A.900 H.900 H1.20 H2.400
H
H1
(2) 餐桌
H.750 H1.450
H
H1
A
(3) 咖啡桌
A.850 H.400 H1.320
A
B
C
(4) 餐桌空間
A.≧600 B.400 C.600
A B C D
(5) 餐桌與廚檯空間
A.500 B.350 C.600 D.450
餐椅
餐桌
A
(6) 餐桌、椅空間
A.560
餐桌
A
(7) 餐桌、椅空間
(可容納一人步行)
A.1,000
餐桌
A
(8) 餐桌、椅空間
(可容納服務員工作範圍)
A.1,200
餐桌
餐椅
A
(9) 餐桌垂直位置、餐椅最小人體活動範圍
A.1,350
配膳檯
餐桌
B
C
A
(10) 餐桌與配膳檯空間尺寸比例
A.1,200 B.750 C.350

圖6-3　適應國人餐廳用膳之人體工學(I)

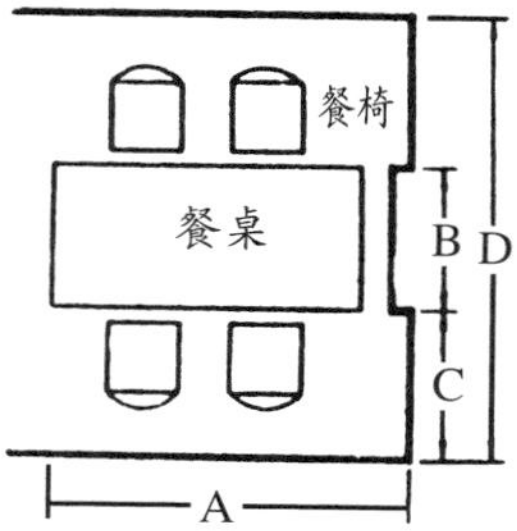

（11）矩形餐桌4人份
A.1,000 B.600 C.3,200

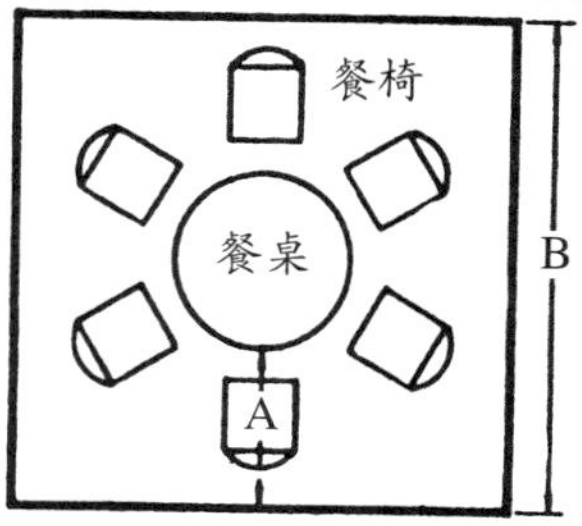

（12）圓形餐桌
A.1,100 B.3,450

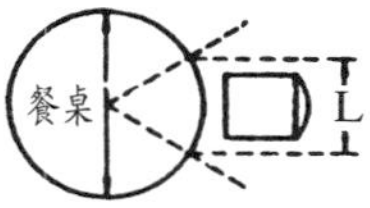

（13）圓形餐桌與座椅空間
3人以上用途
L.700

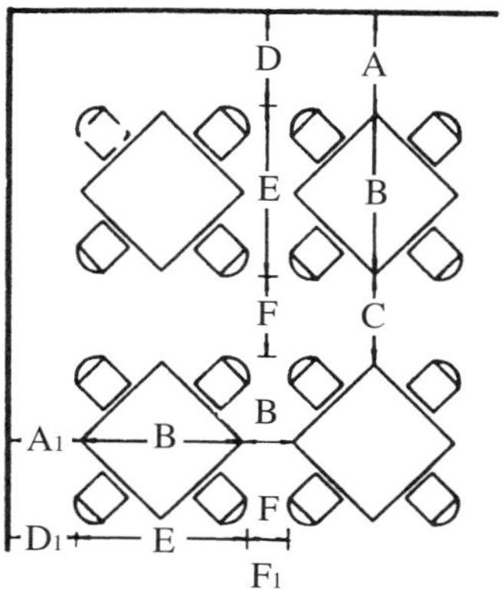

（14）正方形餐桌群
A.1,100 A_1.500 B.850
C.1,800 C_1.1,350 D.1,100 D_1.500
E.1,750 F.900 F_1.450

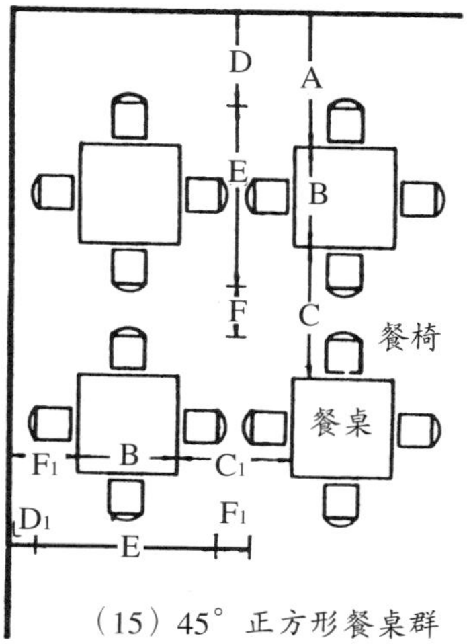

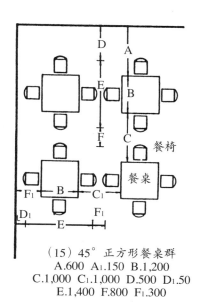

（15）45° 正方形餐桌群
A.600 A_1.150 B.1,200
C.1,000 C_1.1,000 D.500 D_1.50
E.1,400 F.800 F_1.300

（續）圖6-3　適應國人餐廳用膳之人體工學（II）

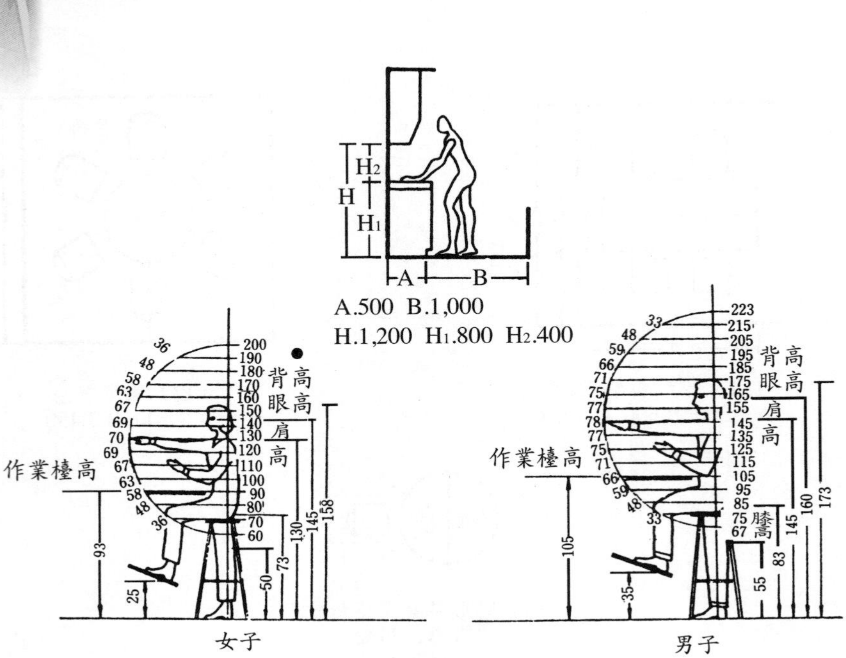

圖6-4　廚房與人體工學

二、廚房設計

廚房設計首重動線配置，其次在安全防災、衛生、廚餘處理方面均應有周延的考量。（如表6-3～表6-5）

■省力自動

1. 自動切洗蔬鮮系統：自切剁→清洗→瀝水之蔬鮮切洗流程自動一貫作業。
2. 自動烹飪系統：自動化翻炒傾倒、自動化連續式油炸、自動化連續式烘烤等烹飪作業。
3. 自動煮飯洗鍋配便當系統：自儲米→乾米計量→送米→浸漬→濕米計量配米→炊飯→燜飯→洗鍋→翻倒→配飯→洗鍋→輸送→配菜→包裝之作業全自動化。

表6-3　餐廳面積及席數、供食量、使用食器數量、廚房殘菜數量的計算

樓別	名稱	面積	面積/席位	席數	回轉數		食數/日	廚房及儲藏室面積	供食量		食器量		廚房殘菜數量		備註
					尖峰/平均	設備目標			g/人次	kg/日	個人/次	個/日	g/人次	kg/日	
10	牛排館	124	2.8	44	2.5/1.5	2.0	88	102	800	81	14	1,414	410	41	早餐
	V.I.P.R.A.								1,100	32	25	725	620	18	尖峰50
	SKY BAR	123	1.8	68	3.0/1.8	2.0	136	18	350	35	6	606	50	5	平時35
9	中式料理	280	2.1	133	2.5/1.5	2.0	266	119	800	150	10	1,870	350	65	
	V.I.P.R.A								900	113	12	1,512	400	50	
4	POOL SIDE SNAKE	23	3.0	60		1.5	75	29	600	14	14	336	100	2	
3	中宴會場所	110	1.8	61		1.0	61		1,100	67	25	1,525	620	38	
	中宴會場所	114	1.8	63		1.0	63	170	1,100	69	25	1,575	620	39	
	結婚場所	113	2	57		1.0	57		1,100	63	25	1,425	620	35	
2	大宴會場所	531	1.7	313		1.0	313	394	1,100	334	25	7,825	620	194	
	中宴會場所	183	1.8	100		1.0	100		1,100	110	25	2,500	620	62	
1	TEA LOUNGE	190	3.0	63	3.0/2.0	2.5	158	27	250	40	5	790	50	8	
B1	會議場所	165	1.8	92		1.0	92								
	V.I.P.R.M	48	1.8	27	2.0/0.4	1.5	40								
	日本餐廳	121	2.2	55	3.0/2.0	2.5	137								
	BAR	174	2.5	70	2.2/1.2	2.0	140								
	咖啡廳	200	2.0	100	4.0/2.0	4.0	400								
B2	員工餐廳	106(31)	1.2	87(29)		6.0	180	27	600	104	8	1,392	250	44	
	計	2,685					2,306	1,475		1,641		31,969		803	

資料來源：楊長輝著，《旅館經營管理實務》（台北：揚智文化，1996年）。

表6-4　貯藏倉庫面積計算

材料名稱	材料		推算貯藏量		食品庫棚			食品庫面積		備註	數據DATA
	使用比率（%）	使用量（kg/日）	貯藏日數（日）	量（%）	基準量（kg/ m²）	棚（m²）	棚（m²）	有效	壁心（m²）		
小麥粉	3	57	15	855	530	1.60	0.89	3.0			・使用比率＝全部材料100基準計算各種材料的比率 ・使用量＝供食量×1.15=164kg×1.15=1,900kg ・基準數量＝依衛生工業及基礎計算，含棚架空間，棚＝H:1.8M ・食品庫面積＝考量通路，棚以30%設定 ・壁心面積＝一般倉庫加10%冷藏冷加 20%
米	2	38	15	570	650	0.88	0.49	1.6	5		
肉類	22	418	5	2,090	450	2.58	8.6	10			
魚類	15	285	3	855	375	2.28	1.67	5.6	7	包含冷凍品	
蔬菜類	18	342	3	1,026	160	6.41	3.56	11.9	14	包含冷凍品	
乳製品、蛋	11	209	7	1,463	175	8.36	4.64	15.5	19	包含冷凍品	
冰淇琳	3	57	7	399	200	2.00	1.11	3.7	14		
飲料	24	456	15	6,840	195	35.08	19.49	65.0	72		
乾貨	2	38	60	2,280	250	9.12	5.07	16.9	19		
計	100	1,900	-	16,378	-				150		

資料來源：楊長輝著，《旅館經營管理實務》（台北：揚智文化，1996年）。

表6-5　廚房殘菜數量

廚房殘菜數量	830kg/日
儲藏數量	以2天計算，約1,600kg
容器數量	90L （63kg），約25個
殘菜處理室	0.28 m²/個7 m²
作業洗淨室	約10 m²

資料來源：楊長輝著，《旅館經營管理實務》（台北：揚智文化，1996年）。

4. 自動煮漿系統：自儲黃豆→計量→輸送→浸漬→磨漿→煮漿→脫渣之作業全自動化。
5. 自動餐具回收洗滌系統：自污餐具分軌回收→輸送→殘渣傾倒碎雜→餐具洗滌→消毒→烘乾→堆疊之作業全自動。
6. 省力卸貨平台：入貨或出便當平台，設置省力滾輪，節省人力縮短工時。全部自動化系統皆設置故障時之替代設備。

■安全防災

1. 排油煙罩、排煙風管、排煙管道間，適當位置皆設置專用滅火設備。
2. 防爆裝置：於瓦斯間裝置電源防爆燈、蒸汽設備附減壓閥安全設備，確保使用安全。
3. 警報系統：裝置瓦斯外洩警告系統、火警警報系統。
4. 安全測試：各項配管須作漏水、漏氣、測壓等安全測試，確保配管安全。
5. 人員安全：訓練操作人員正確使用方法及注意事項。

■衛生美觀

1. 高壓清洗：裝置強力高壓熱水清洗機，加注清潔消毒劑，定期去除設備所殘附之污垢。
2. 廚餘處理：規劃過濾沈澱系統及垃圾冷藏庫，分別處理有機廚餘與無機廚餘，避免病源滋生。
3. 油煙清洗：油煙清洗規劃兩道自動清洗設備，煙道內備自動清洗功能。
4. 排水處理：規劃自動沖洗式排水溝，末端裝設油脂截油槽。
5. 刀具清毒：消毒刀、瓢、匙、砧板等廚房器皿，確保用具衛生。

■消音處理

1. 疏導噪音源：鼓風機、冷凍主機、風車等噪音產生源，專設處理間疏導噪音源。

2.低噪音設備：冷卻水塔、鼓風機、風車等採用低噪音型產品。

3.降低排煙速度：配合排煙量製作風管，降低排煙風速，減少風阻。

■區域溫控

1.蔬菜魚肉清洗切剁作業區室溫20℃。

2.冷凍庫庫溫-25℃。

3.冷藏庫庫溫+5℃。

4.烹飪調理作業區室溫20℃。

5.煮飯配便當作業區室溫25℃。

6.儲藏庫室溫20℃。

7.辦公室休息區室溫28℃。

■維護方便

1.預留檢修口：管道間、天花板等，於適當位置預留檢修口。

2.電氣控制室：廚房分設兩處電氣控制室，分區管理自動化系統，方便檢修故障源。

3.管路快速維修：全部管線與調理設備之接觸點，安裝快速接頭，力求維護簡速。

4.庫存維修零件：所有機件設備無論國產品或進口品，皆預存備用零件。

5.設備操作方便：所規劃設備以易操作、易控制、易維修保養為原則。

三、餐飲坪數

依據國際觀光旅館建築及設備標準規定，旅館應附設的餐廳、咖啡廳、酒吧間，並酌設國際會議廳及夜總會等，其餐廳之合計面積，不得少於客房數乘1.5平方公尺。一坪為3.3平方公尺。若房間數500間則餐廳坪數為500×1.5÷3.3＝227.3坪。

（一）餐飲收入

餐飲收入是飯店收入的重要來源，飯店餐飲收入包括餐飲部所屬的餐廳、宴會廳、咖啡廳及酒吧等。

餐廳實際營業量，一般以座位利用率來表示（即俗稱座位回轉數）：

$$座位利用率＝\frac{用餐人次}{座位數}\times 100\%$$

如餐廳的座位有120個席位，而一天用餐人數為360人，$\frac{360}{120}=3$（回轉），即所謂的回轉3次。回轉數高的餐廳，營業額相對提高。

$$餐廳每一顧客一天平均消費額＝\frac{餐廳一日營業收入}{一天用餐人次}$$

$$座位回轉數＝\frac{一天用餐人次}{座位數}$$

假設克來美餐廳每一顧客平均消費額為300元，餐廳座位數為200個，每天座位回轉數為4次，則一個月的營業額為300元×200×4×30=7,200,000元，即餐廳收入的基本計算公式：

餐廳收入＝一人平均消費額×座位數×座位回轉數×天數

餐飲部淨收入扣除餐飲部直接成本即為餐飲部門獲利收入，2001年國際觀光旅館餐飲部獲利率為8.49%。個別國際觀光旅館餐飲部獲利率表現最佳前十名，依序為：（1）台北凱悅大飯店42.55%；（2）寰鼎大溪別館38.77%；（3）皇統大飯店36.26%；（4）敬華大飯店34.69%；（5）南華大飯店33.33%；（6）凱撒大飯店23.40%；（7）西華大飯店22.44%；（8）福華大飯店21.14%；（9）華王大飯店21.12%；（10）亞都麗緻大飯店20.20%。

表6-6　2001年國際觀光旅館客房部、餐飲部、夜總會獲利率，其中餐飲獲利率前十名分析表

旅館名稱	客房部獲利率	餐飲部獲利率	夜總會獲利率
台北凱悅大飯店	81.02	42.55	37.54
寰鼎大溪別館	72.39	38.77	0.00
皇統大飯店	30.32	36.26	0.00
敬華大飯店	31.23	34.69	35.03
南華大飯店	67.64	33.33	-24.50
凱撒大飯店	76.63	23.40	0.00
西華大飯店	61.96	22.44	0.00
福華大飯店	49.82	21.14	0.00
華王大飯店	33.77	21.12	0.00
亞都麗緻大飯店	66.92	20.20	0.00

資料來源：交通部觀光局，著者並加以整理。

由表6-6得知，台北凱悅大飯店客房部、餐飲部及夜總會獲利最高，排名第一，可見此飯店的經營策略非常成功，值得國內其他飯店業者多加研習。

（二）餐飲部門坪效分析

餐飲坪效即爲各飯店餐廳一坪一年平均營業額。

餐飲坪效＝餐飲收入／餐廳總坪數

2001年國際觀光旅館之餐飲部門坪效爲251,368元，如表6-7所示。

個別國際觀光旅館餐飲部門坪效表現較佳前十名（如表6-8），依序爲：（1）台北福華大飯店646,732元；（2）台北凱悅大飯店544,860元（3）西華大飯店533,163元；（4）遠東國際大飯店512,293元；（5）亞都麗緻大飯店483,723元；（6）台北晶華大飯店469,215元；（7）兄弟大飯店461,176元；（8）知本老爺大酒店447,032元；（9）台北國賓大飯店434,961元；（10）台南飯店大飯店431,384元。

表6-7　2001年國際觀光旅館餐飲部門坪效分析表（依地區別區分）

單位：新台幣（元）

地區	餐飲收入	餐飲部門總樓地板面積（坪）	餐飲部坪效
台北地區	9,612,546,905	28,039	342,828
高雄地區	1,795,897,137	11,557	155,395
台中地區	962,621,813	7,047	136,600
花蓮地區	328,499,961	1,844	178,145
風景區	564,651,926	3,141	179,768
桃竹苗地區	565,824,491	3,765	150,285
其他地區	225,182,468	522	431,384
總計	14,055,224,701	55,915	251,368

資料來源：交通部觀光局。

表6-8　2001年國際觀光旅館餐飲部門坪效前十名分析表

單位：新台幣（元）

旅館名稱	餐飲收入	餐飲部門總樓地板面積（坪）	餐飲部坪效
福華大飯店	983,033,154	1,520	646,732
台北凱悅大飯店	1,055,939,592	1,938	544,860
西華大飯店	303,369,947	569	533,163
遠東國際大飯店	653,173,000	1,275	512,293
亞都麗緻大飯店	230,735,992	477	483,723
晶華酒店	1,079,664,155	2,301	469,215
兄弟大飯店	391,999,206	850	461,176
知本老爺大酒店	96,111,906	215	447,032
國賓大飯店	501,075,440	1,152	434,961
台南大飯店	225,182,468	522	431,384

資料來源：交通部觀光局。（著者再加以整理）

2001年國際觀光旅館餐飲收入占總營業額比率分析表如表6-9。

表6-9　餐飲收入占總營業額比率分析表

餐飲收入占總營業額比率	旅館數
60%	6
50%～59%	13
40%～49%	15
30%～39%	10
20%～29%	9
10%～19%	1
1%～9%	1
計	55

資料來源：交通部觀光局。（著者再加以統計完成）

第三節　餐飲會計實務

本節餐飲會計實務包含一般餐飲會計實務、員工的伙食會計處理、呆帳科目的會計處理、宴會會計實務及酒吧會計實務等。

一、一般餐飲會計實務

在高度競爭的餐飲業中，飯店的經營者必須建立一套嚴謹的會計、出納管理規則，會計帳務處理，須依循一致性、客觀性、穩健性及完全揭露等原則，以掌握公司財務報表的準確性。

今將會計帳務處理作業規則說明如下：

（一）一致性原則

即餐廳對於某一會計科目的處理方法，一經採用後，應前後一致，不得隨意變更。如存貨的計價方法，可採先進先出法，亦可採用加權平均法，但是如果採用先進先出法，就不應當隨意更改，否則相同的營業額，在其他費用不變的情況下，由於存貨計價方法的變更，而連帶的損益也會有所變動，餐廳主管將得不到合理的資訊，作爲決策時的依據。會計人員若要改變現行的方法，應將改變的理由和事實，以及改變後對該時期損益的影響，在財務報表上揭示出來。

（二）客觀性原則

指會計記錄及報導應該根據事實，並依據一般公認的會計原則來處理，在處理會計實務時，應以實際的交易爲依據，並以外來的商業文件爲憑證，商業會計法第十九條規定：「非根據眞實事項，不得造具任何會計憑證，並不得在帳簿表冊作任何記錄。」第十七條亦規定：「對外會計事項，應有外來或對外憑證，內部會計事項，應有內部憑證，以資證明。」以上兩條規定，均在強調憑證的重要性。

（三）穩健性原則

即會計人員應保持穩健的態度，對於資產與利潤應適當的表達，若有疑問時，應該採取不致誇張資產及利潤的方式來解決。亦即寧願估計可能發生的損失，而不預計未實現的利益。

對於交易已發生，而尚未支付現金的費用，如應付未付的水電費、瓦斯費、電話費及薪資等，會計人員應提列出，否則餐廳的損益表發生虛盈實虧的狀況，而無法表達餐廳經營的實況。

（四）完全揭露原則

餐飲業的財務報表必須顯示出企業所採用的會計政策。餐廳必須揭露的項目，包括存貨的計價、固定資產折舊的會計方法及可流通證券的計價方法。如存貨計價方法採用先進先出法列帳，而折舊的會計方法爲直線法。影響財務報表應揭露的項目，包括會計方法的改變、收入和費用的額外項目。

餐飲業將收入分成下列六個科目：

1.食品收入：它是屬於貸方科目。餐飲部經理及員工的帳單不屬於銷售帳目。
2.食品折讓：是食品收入相反的帳目。
3.飲料收入：經理人爲拓廣業務，而招待客人飲用的部分，不列入收入帳目。
4.飲料折讓：是飲料收入相反的科目，即飲料銷售後的折扣。
5.服務費收入：餐廳收入的10%爲服務費收入。
6.其他收入：如香菸、開瓶費等。

費用分爲直接費用、間接費用與固定費用。

1.直接費用：指與餐廳的營業有直接關係的費用，直接費用可細分爲下列各項：
（1）銷貨成本。
（2）員工薪資。
（3）與員工有關的費用，如勞健保、加班費及年終獎金。
（4）各種布巾及制服的洗衣費，以及營業生財設備破損的重置費用。
（5）文具印刷費：信封、信紙、報表紙、原子筆等。
（6）清潔用品：清潔劑、抹布、拖把、桶子、掃帚等。
（7）菜單：包括菜單設計及印刷所需的費用。
（8）清潔費：包括與清潔公司簽訂餐廳清潔的契約。
（9）音樂及娛樂費：包括藝人、鋼琴租用、錄音帶等費用。
（10）紙類用品：包括所有紙製品的費用，如餐巾紙、紙杯、包裝紙等。

（11）廚房用具：如蒸籠、砧板、鍋子、攪件器等。

2.間接費用：間接費用包括下列各項：

（1）交際費。

（2）捐獻。

（3）郵票。

（4）旅費。

（5）電話費。

（6）信用卡收帳費。

（7）呆帳費用。

（8）廣告費。

（9）業務推廣費。

（10）水電、瓦斯費。

（11）維修費用。

3.固定費用：固定費用可分類如下：

（1）租金。

（2）財產稅。

（3）利息支出。

（4）折舊費用。

（5）攤銷費用：包括開辦會、商標、商譽、專利權、租賃權、租賃改良。

（6）保險費。

二、員工伙食的會計處理

大飯店之董事、經理以上人員，日常三餐可在餐廳用，此爲員工伙食之一種，可免開統一發票。

在永續盤存制度下，將員工伙食成本從食品銷貨成本中區分的分錄如下：

員工伙食費　10,500
　　食品成本　10,500

三、呆帳科目的會計處理

餐飲業對呆帳科目的沖銷其會計處理方式爲備抵法及直接沖銷法。

（一）備抵法

備抵法是公司預測潛在性的呆帳，科目包括呆帳費用及備抵呆帳。呆帳費用是支出科目，包含到目前爲止該年度所有的呆帳支出。備抵呆帳爲相對目科，記錄無法收回的應收帳款。

1.例如飯店於2000年底提列呆帳分錄：

呆帳損失　180,000
　　備抵呆帳　180,000

2.2001年12月31日實際發生呆帳分錄：

備抵呆帳　180,000
呆帳損失　　20,000
　　應收帳款　200,000

實際發生呆帳200,000元，除優先處理上年度預計呆帳數額180,000元，不足20,000元，以當年度呆帳損失處理。

（二）直接沖銷法

公司將呆帳實際發生後，才列入呆帳科目，稱爲直接沖銷法。直接沖銷法，並不使用備抵科目，將呆帳直接記入呆帳費用科目。

沖銷呆帳的分錄如下：

呆帳費用 200,000

　　應收帳款 200,000

餐廳會計直屬收入稽核室或會計課。一流的飯店認爲經過服務員向顧客收款才算是服務週到。服務員的帳單，按旅館的情形有不同，但必須具備以下三個要素：

1.旅館名稱、帳單號碼、服務員編號、餐桌號碼及客數。

2.帳單分爲三欄，包括餐食名稱、餐食數及金額。

3.帳單的下聯印上帳單號碼、服務員號碼及總金額。

會計由服務員接來的帳單，應將每一項目轉入報告書內，餐廳會計報告書包括的項目爲：服務員號碼、帳單號碼、客人人數、餐食金額、飲料金額、香菸金額、合計金額、顧客姓名、房間號碼及現金收入等十個最基本項目。對於賒帳的帳單，轉入報告書內，儘快送去櫃檯出納處理。餐廳會計應算出當天營收總計，連同支付現金的帳單，送去收入稽核室，也應另做現金報告書，交由出納入款。餐飲業除了零用金以現金支付外，其他所有的支出應以支票給付。

餐飲業的稅務處理簡述如下：

1.營業稅：每兩個月報繳一次（兩個月後的15日以前報繳），例如1月份及2月份的營業稅須於3月15日前報繳。

2.娛樂稅：每月報繳一次，每月10日以前繳納。

3.代扣個人所得稅：每月10日以前繳納稅款。

4.營利事業所得稅：每年5月底以前申報。

5.地價稅：每年12月15日以前繳納，每逾2日必須繳滯納金1%。

6.房屋稅：每年12月15日以前繳納，每逾2日必須繳滯納金1%。

四、宴會會計實務

美國旅館內的餐飲宴會設備可分爲：大型宴會場、中小型宴會場、常設餐廳、速簡餐廳、快餐廳、酒吧等六大部門。美國的餐飲收入大約爲客房收入的兩倍，以夏威夷爲例，全島觀光營業收入，三分之一爲餐飲的消費。

宴會場或設備通稱爲banquet hall或banquet facility，近年來以集會（convention）一詞較爲流行。在美國參加會議大都夫妻一起參加，參加集會的費用大部分由公司負擔。美國的集會中心是芝加哥，其次是舊金山。洛杉磯的Century Plaza的宴會場Losangeles room能容納座位二千人，站位四千人之多；舊金山的St. Francis旅館有十四個大小宴會場，夏威夷的Ilikai Hotel集會場可容納將近二千人。

宴會的型式以雞尾酒會及自助餐爲主，因爲客人可自由自在的接觸談話，且餐廳餐點集中一處，種類繁多，可自由選吃，宴會的時間有彈性可隨時前往。而旅館則不必提供等候室，且在一定的場所可容納更多的客人，可減少服務人員、降低餐飲成本。

台灣55家國際觀光旅館中，餐飲收入中之宴會收入約占50%左右，可見宴會收入在旅館營收中占有不輕的比重。

宴會的種類包括如下各種，另外有展示會、服裝表演秀、記者招待會等。

1.集會：國際會議、股東會議、學術演講會、企管講習會等。
2.一般宴會：結婚喜宴、謝師宴、歡送會、晚會、酒會、同學會等。

旅館餐飲部門在內部作業上必須設立宴會控制表，方能有效利用宴會場地，且需編製每日宴會預約控制表，方便客人預約。顧客與飯店談妥宴會細節後，宴會前四、五天旅館應向顧客收取預約訂金，並塡妥宴會確認書交給顧客，該確認書需註明參加人數與桌數。收取訂金時，分錄爲：

現金　XXX
　預收款項　XXX

若顧客基於某種原因而取消宴會，預約訂金退還或沒收，視顧客通知飯店的情況。若飯店將預約訂金沒收一部分，分錄如下：

預收款項　XXX
　現金　XXX
　其他營業收入　XXX

宴會結束後會計向顧客申請付帳，請款書與宴會費用估價單相同，收到現金時分錄爲：

現金　XXX
　餐飲收入　XXX
　銷項稅額　XXX

五、酒吧會計實務

美國或歐洲從前的酒吧以設在地下室居多，近年來酒吧則往高樓或高空發展。酒吧設在大廳裏稱爲Lobby Bar或Cocktail Lounge，在高樓設立的酒吧稱爲Sky Lounge，如夏威夷Ilikai Hotel的頂樓酒吧可眺望風光明媚的威基基海灘。台灣的豪景飯店，酒吧設於高樓，可欣賞淡水河夜間景色。

（一）吧檯設備與材料

茲將吧檯所需用具、酒杯、消耗品、備品、果汁及飲料等明列如下：

■用具（equipment）

- 量酒器（jigger）
- 吧匙（叉）（bar spoon; fork）
- 壓汁器（ fruits juice squeezer）
- 搖酒器（cocktail shaker）
- 濾冰器（stoainer）
- 水果刀（ fruit knife）
- 酒嘴（funnel）
- 冰鏟（ice scoop; shovel）
- 苦精瓶（bitter bottle）
- 過酒瓶（decanter）
- 香檳桶（champagne cooler）
- 調酒杯（mixing glass）
- 開瓶（罐）（opener; can）
- 椒鹽罐（salt & pepper shaker）
- 冰夾（ ice tongs）
- 開瓶鑽（corkscrew）
- 砧板（cutting board）
- 冰鑽（ice awl）
- 冰車（ice trolley）
- 酒籃（wine basket）
- 冰桶（ice bucket）

■酒杯（glass Ware）

- 老式杯（old fashioned glass）
- 高杯（highball glass）
- 白酒杯（white wine glass）
- 甜酒杯（ liqueur glass）
- 紅酒杯（red wine glass）
- 果汁杯（juice glass）
- 啤酒杯（beer glass）
- 香檳杯（champagne glass）
- 雞尾酒杯（cocktail glass）
- 可林杯（collins glass）
- 白蘭地杯（brandy glass）
- 酸酒杯（sour glass）
- 雪梨杯（sherry glass）

■消耗品（necessories）

- 調酒棒（stirrer）
- 牙籤（tooth pick）

・杯墊（coaster）
・櫻桃叉（cocktail pick）
・吸管（straw）
・紙巾（paper napkin）

■吧檯備品（condiments）

・辣醬酒（worcestershire sauce）
・紅石榴汁（grenadine syrup）
・辣油（tabasco）
・鹽（salt）
・牛油（butter）
・橄欖（olive）
・檸檬（lemon）
・胡椒（pepper）
・鮮奶油（whipped cream）
・糖漿（syrup）
・苦精（bitter）
・糖（sugar）
・肉桂粉（cinnamon）
・萊姆汁（lime Juice）
・荳蔻粉（nutmeg）
・芹菜（celery）
・奶精（cream）
・薄荷葉（mint leaves）
・黃瓜（cucumber）
・鳳梨片（pineapple slice）
・雞蛋（egg）
・洋蔥（onion）
・櫻桃（cherry）
・柳丁（片）（orange; slice）

■果汁及飲料（juice & soft drink）

・檸檬汁（lemon juice）
・蕃石榴汁（guava juice）
・可樂（coke）
・鳳梨汁（pineapple juice）
・蘇打水（soda water）
・薑汁水（ginger ale）
・蕃茄汁（tomato juice）
・芒果汁（mango juice）
・奎寧水（ tonic water）
・柳橙汁（orange juice）
・葡萄柚汁（grapefruit juice）
・汽水（7-up）

■度量標準（Standard Measure）

1 gallon = 128 oz

1 quart = 32 oz

1 pint = 16 oz

1 cup = 8 oz

1 bottle = 25.6oz

1 jigger = 1.5 oz

1 teaspoon = 1/8oz

1 dash = 1/32oz

1 oz = 28.4123 cc（英制）

= 29.5729 cc（美制）

(二) 酒會之種類

酒會的種類包括香檳酒會、雞尾酒會、水果酒會。依參加賓客的人數與時間的長短，酒吧工作人員可以計算出所需準備的各種酒杯、酒及飲料。

台灣目前的酒吧包括鋼琴酒吧（piano bar）、供會員使用的member's bar、pub bar及lobby bar、sky lounge。

調酒員（bartender）當班前需先準備調酒器具及各種酒料，並且向主管領取訂酒單，供營業之用。其次，須根據菸酒存量日報表，清點實際的存量。

客人點酒時開訂酒單三張，一張由出納員收帳用，一張調酒員留存，另一張給顧客作憑證。

酒吧必須保持固定庫存量，每月盤點一次並計算成本，每月初倉庫管理員將上月的領料單送達會計單位核對無誤後作帳，會計分錄如下：

飲料成本　XXX

　　存貨　XXX

麥當勞的經營策略

雷·克羅克（Ray Kroc），生於1920年，是美國最大的快餐公司——麥當勞公司（McDonald's Corporation）的老闆。這一公司目前擁有一萬多家分店分布在世界六十多個國家裡，年營業額高達140億美元，是它的競爭者——世界第二大快餐公司漢堡王（Burger King）的2倍，是它的競爭者世界——第三大快餐公司溫蒂國際快餐公司（Wendy's International）的3倍。每天有1,900萬人進入其餐廳用餐，每分鐘麥當勞公司要銷售145份漢堡，每年有96%的美國人在麥當勞餐廳裡用餐。雷·克羅克先生的成功經驗主要有以下兩方面。

第一是具有冒險創業精神。麥當勞快餐館最早是由麥當勞兄弟在加利福尼亞伯那迪諾創辦的。1954年，在克羅克先生當了十七年的紙杯和牛奶冰淇淋攪拌器推銷員後的一天，他買下了一家位於芝加哥市郊的麥當勞快餐館。他認為，麥當勞快餐就是他夢想致富的一種產品。

到1960年，他在經營這家麥當勞快餐館五年後，他決定用270萬美元完全買下麥當勞快餐館的專利。當時，他的律師稱這是一件糟糕的買賣。因為他的律師認為麥當勞快餐專利不值這筆巨款，但克羅克先生卻充滿了冒險創業精神。克羅克先生回憶說：「那時，我關上辦公室的門，跳來跳去，大聲喊叫，往窗外丟東西，最後把我的律師叫了回來。說道：『買下來！』我有些模糊地意識到這樣做是必然的。」

第二是麥當勞的經營戰略。克羅克先生非常瞭解他的目標客源——即中下層美國家庭——對食品需求的特點。他們在一天緊張工作中，需要經濟、方便、營養、衛生的食品來補充體力的消耗。因此，他精心配製了營養、方便、衛生、廉價的漢堡包。漢堡包含人體一天所需要的蛋白質、維生素和碳水化合物。同時，快餐店開設的位置也在這些目標客源流動聚集的地方。

根據目標客源的需求特點，克羅克先生提出了麥當勞的五字訣經營戰略。這個五字訣經營戰略使得麥當勞快餐館在世界各地蓬勃發展。1991年北京王府井也出現了世界上最大的麥當勞快餐館，它擁有750個座位。

資料來源：楊長輝著，《旅館經營管理實務》（台北：揚智文化，1996年）。

希爾頓的經驗與格言

康拉德·希爾頓（Conrad Nicholson Hilton），1887年生於美國新墨西哥的聖安東尼奧鎮。他於1979年1月3日病逝，享年九十二歲。自1919年與母親，及一位經營牧場的朋友和一位石油商合夥買下僅有50間客房的莫布雷（Mobley）旅館算起，他在旅館業奮鬥了六十個春秋。

1946年，他創立了希爾頓旅館公司（Hilton Hotel Corporation），總部設在美國加利福尼亞洛杉磯的比佛利希利斯（Beverly Hills）。1947年，這家公司的普通股票在紐約證券交易所註冊，這也是有史以來旅館股票第一次取得這樣的資格，希爾頓旅館公司也是第一個在證券交易所註冊的旅館公司。到1986年底，希爾頓旅館公司已擁有271家旅館，97,535間客房，居世界旅館集團第四位，當年資產總額達13億美元，年營業額達7.4億美元，擁有雇員3.5萬人，占美國最大綜合服務公司的第九十一位。

1949年，為了便於到世界各國去經營管理飯店，希爾頓先生又創立了作為希爾頓旅館公司子公司的希爾頓國際旅館公司（Hilton International），總部設在紐約市的第三大街。到1990年，希爾頓國際旅館公司在世界上47個國家擁有142個旅館，另外，還有20家正在建造中。台北及上海靜安希爾頓酒店都是它的成員之一。

希爾頓先生生前始終擔任著希爾頓旅館公司和希爾頓國際旅館公司的董事長，他的成功經驗十分豐富。他在1957年出版一本自傳，書名為《來做我的貴賓》（*Be My Guest*）。在書中，他認為要經營管理好飯店始終需要關注下列五個方面的問題，即人們對旅館的要求、合適的地點、設計合理、理財有方和管理優良。他特別指出，希爾頓旅館發展成功的經驗主要有以下七點：

1. 是每一家旅館都要擁有自己的特性，以適應不同城市、地區的需要。要做到這一點，首先要挑選能力好、足堪勝任的總經理，同時授予他們管好旅館所需的權力。
2. 是要編制預算。希爾頓先生認為，20年代和30年代美國旅館業失敗的原因，是由於美國旅館業者沒有像卓越的家庭主婦那樣編制好旅館的預算。他規定，任何希爾頓旅館每個月底都必須編制當時的訂房狀況，並根據上一年同一月份的經驗數據編制下一個月的每一天的預算計畫。他認為，優秀的旅館經理都應正確地掌握：每年每天需要多少客房服務員、前廳服務員、電梯服務員、廚師和餐廳服務員等。否則，人員過剩時就會浪費金錢，人員不足時就會服務不週到，對於容易腐爛的食品的補充也是這樣。他又認為，除了完全不能預測的例外情況，旅館的決算和預算應該是大體上一致的。

在每一間希爾頓旅館中，有位專職的經營分析員。他每天填寫當天的各種經營報表，內容包括收入、支出、盈利與虧損，和累計到這一天的當月經營情況，並與上個月和上一年度同一天的相同項目的數據進行比較。這些報表送給希爾頓旅館總部，並彙總分送給各部，使有關的高級經理人員都能瞭解每天最新的經營情況。

3.是集體或大批採購。擁有數家旅館的旅館集團的大批採購肯定是有利的。當然，有些物品必須由每一家旅館自行採購，但也要注意向製造商直接大批採購。這樣做不僅能使所採購同類物品的標準統一，價格便宜，而且也會使製造商產生以高標準來改進其產品的興趣。希爾頓旅館系統的桌布、床具、地毯、電視機、餐巾、燈泡、瓷器等21種商品都是由公司在洛杉磯的採購部訂貨的。每年就「火柴」一項，就要訂購500萬盒，耗資25萬美元。由於集體或大批量購買，希爾頓旅館公司節省了大量的採購費用。

4.是「要找金子，就一再地挖吧！」挖金是希爾頓先生從經營莫布雷旅館取得的經驗。他買下莫布雷旅館做的第一件事，就是要使每一平方英尺的空間產生最大的收入。他發現，當時人們需要的是床位，只要提供睡的地方就可以賺錢。因此，他就將餐廳改成客房。另外，為了提高經濟效益，他又將一張大的服務檯一分為二，一半是服務檯，另一半用來出售香菸與報紙。原來放棕櫚樹的一個牆角也清理出來，裝修了一個小櫃檯，出租給別人當小賣店。當時，希爾頓先生自己還不得不經常睡在辦公室的椅子上過夜，因為凡是能住人的地方都住滿了客人。

希爾頓先生買下華爾道夫旅館後，他把大廳內四個裝飾用的圓柱改裝成一個個玻璃陳列架，把它租賃給紐約著名的珠寶商和香水商。每年因此可增加4.2萬美元的收入。買下朝聖者旅館後，他把地下室租給別人當倉庫，把書店改成酒吧，所有餐廳一週營業七天，夜總會裡又增設了攝影部。

5.是特別注重對優秀管理人員的培訓。希爾頓旅館公司積極選拔人才到密西根州立大學和康乃爾大學旅館管理學院進修和進行在職培訓。另外，為了保證希爾頓旅館的質量標準和給員工以成才的機會，希爾頓旅館高級管理人員都由本系統內部的員工晉升上來，大部分旅館的經理都在本系統工作十二年以上。每當一個新的旅館開發，公司就派出一支有多年經驗的管理小分隊去主持工作，而這支小分隊的領導一般是該公司的地區副總經理。

6. 是強化推銷能力。這包括有效的廣告、新聞報導、促銷、預訂和會議銷售等。
7. 是希爾頓旅館間的相互訂房。隨著希爾頓系統旅館數量的增加，旅館之間的訂房越來越成為有利的手段。希爾頓系統每個月要處理3,500件旅館間的訂房。希爾頓先生期望，不僅要使任何住在希爾頓旅館的顧客，都能預訂到其他城市的希爾頓旅館，而且，有一天要做到使環球旅行的旅客能始終住在希爾頓的旅館裡。為此，希爾頓旅館預訂系統早就實現了全球電腦聯絡網。位於紐約市的斯塔特勒希爾頓旅館是這一系統的心臟，一個電腦控制的預訂網路把希爾頓總部與其他旅館聯繫在一起。

希爾頓先生在1925年到1930年期間，曾提出了一個經營口號，「以最少的費用，享受最多的服務」(Minimum Charge for Maximum Service) 。這一口號反映了希爾頓先生對商業時代飯店經營特點的深刻認識。

希爾頓先生著名的治身格言是：勤奮、自信和微笑（Diligent、Confident and Smile） 。他認為，旅館業根據顧客的需要往往要提供長時間的服務，和從事無規則時間的工作，所以勤奮是很重要的；旅館業的服務人員對賓客要笑臉相迎，但始終要自信，因為旅館業是高尚的事業。

資料來源：楊長輝著，《旅館經營管理實務》(台北：揚智文化，1996年)。

第七章

餐飲成本

- 餐飲材料供應
- 餐飲成本控制與分析

第一節　餐飲材料供應

餐飲材料到達顧客享用的過程，包括採購、驗收、儲存、發放、製備、烹調、供餐服務等項目。

一、採購

採購的目標在恰當的時機，以適當的價格，獲得優良品質的物品。訂貨的數量依餐館的庫存量、可容納的儲存空間及運送時間來決定。

二、驗收

驗收的目標是保證採購的物品符合訂單的要求。供應商的發貨單上列出貨品的價格、數量和規格，採購人員須核對訂單和發貨單，並加以核對物品。

三、儲存

無論乾貨、冷凍品、冷藏品都需要有儲存空間，目的在保持足夠的庫存，並降低腐壞與偷竊的損失。乾貨儲存的適當溫度介於10℃～21℃，相對溼度50%。新鮮的蔬菜、肉類、水果、乳製品、飲料需要保持0℃～3℃的冷藏，冷凍品的儲藏溫度爲-12℃～-9℃。

四、發放

領取物品時應該持有使用單位主管簽字許可的申請表格，這種表格方便做盤存控制並有助於成本控制。

五、製備

所有的物品在製備區先準備好，再由廚師做烹調。採購加工的成品或半成品是一種新興趨勢。

六、烹調

烹調區的空間設計由製備物料的數量及種類決定。由市場分析決定菜單的菜色與價位。餐桌服務餐館需要在烹調區旁另設端取食物的地區，以放置烹調或處理好的餐食。

七、供餐服務

供餐服務可分為英式、法式、俄式和美式，茲分別說明如下：

1.英式：服務員以左手端銀盤呈向客人左邊，並以右手夾菜送到客人面前的食盤，這是宴會所採用的方式。
2.法式：此種方式多在高級的飯店或餐廳採用。將餐食放在餐車上，推到客人面前，將餐食加溫後，分配於客人的盤上。
3.俄式：由廚師將餐食盛於大銀盤，服務員將大銀盤的菜餚分配到客人面前的盤碟上。
4.美式：為各種形式的混合。食物用左手從客人左側供應，飲料用右手由客人的右側供應，並由客人的右側收拾餐盤。

第二節 餐飲成本控制與分析

餐飲部門關係整個旅館之財務收入，如不善於做合理的控制，則造成增加成本，而導致虧損。餐飲成本控制與分析應由餐飲部經理擔負全責。

一、餐飲成本

餐飲業的經營仰賴於完整的管理系統，欲提高餐飲的利潤，最有效的方法是開源節流，用控制的方法，將各項支出運用得宜，因此必須瞭解餐飲成本的內容，才能有效的控制成本，而將損失和耗費降至最低。

餐飲業的成本可分為直接成本與間接成本。直接成本包括食物成本和飲料成本，為餐飲業中最主要的支出。間接成本包括人事費用和一些固定開銷。人事費用包括員工的薪資、伙食、獎金與福利等；固定的開銷則是租金、水電費、利息、稅金、保險、修繕維護費和其他雜支。

成本控制的計算，是屬於財務部門成本會計的範疇，而食材成本的控制，為物料管理部門的職掌。物料成本，可從存貨差異控制、產能控制及丟棄管理等數據計算出來。

(一) 存貨差異控制

控制物品的方法，計算的公式為：

存貨差異＝期初盤存＋進貨－售出數量－期末盤存

準確的盤點、詳細確實的銷售記錄，為控制存貨差異的最主要方法。

（二）產能控制

此為餐飲業食材成本控制的最主要方法。製作每道菜所需的原料、數量、勞力與時間，均會反映在標準單價上，因此設計菜單時必須注意這些因素，慎選菜色的種類及數量。要進行產能控制之前，必須先制定標準操作程序與標準產能規範。廚房標準操作正確執行，可提高人工操作的產能。正確的操作廚房的機具與保養維修，則能提高或維持機具產能。

（三）丟棄管理

造成原料必須丟棄的原因為訂貨不當、操作不當與貯存或搬運不當。採購人員的素質、廚師的專業及儲存的設備均需注重，才不致於因材料的損失，而增加成本。

對採購人員而言，能購得相同品質而價格較低的貨品，或是以同樣的價格而購買到更高品質的貨品，均是對公司成本控制上的一大貢獻。

一般餐飲業將食物的成本訂在售價的30%～35%之間，飲料的成本為18%～25%之間，薪資的比例為30%左右。以上數據是由交通部觀光局經調查後發表的統計數據，這些平均數，基本上可作為餐飲業的參考指標。此外，由以往的財務報表之統計資料亦可算出各項成本在整體收入中所占的比例。

餐飲部門獲利為餐飲部淨收入扣除餐飲部直接成本之結果，2001年國際觀光旅館餐飲部獲利率為8.49%，若依地區細分，以台北地區之13.41%為最高，其次為桃竹苗地區之1.53%。

個別國際觀光旅館餐飲部獲利率表現最佳為台北凱悅大飯店之42.55%。55家國際觀光旅館客房收入大於餐飲收入者，計有24家，而餐飲收入大於客房收入者計有31家。

2001年國際觀光旅館營業總收入額約312.7億元，其主要的收入為客房收入與餐飲收入，各占37.88%及44.95%。比較國內外的營收比重，國外以客房收入為主，占六成左右，而國內則相反，以餐飲收入為重。由以上的統計資料可顯示出餐飲部的經營管理優劣，直接影響旅館的盈虧，業者的行銷策略與成本控制為經營上重要的課題。

有關餐飲成本分析之系統功能流程及簡介請詳見表7-1、表7-2。

表7-1　餐飲成本分析系統功能流程說明

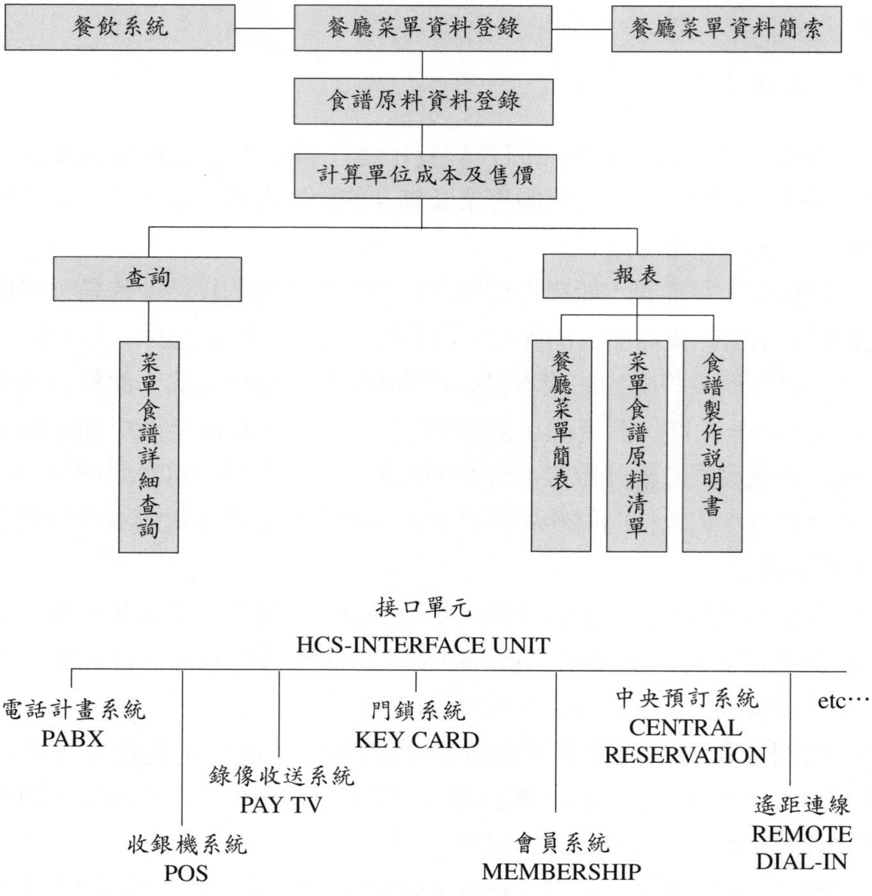

資料來源：楊長輝著，《旅館經營管理實務》（台北：揚智文化，1996年）。

表7-2　餐飲成本控制系統簡介

簡述： ・餐飲成本控制於餐飲業中是最難掌握之一環，因其中包含了廚師之習慣性、獨家不外傳之獨占性等因素。 ・餐飲成本占餐飲收入中很高之比率，如果無法將其成本儘量做有效之控制，達到物美價廉目標，則容易流於帳上營業額雖高但實際上卻無營利收入之不正常現象。 ・餐飲成本控制作業不僅爲飯店／餐廳對外之品質掌控，更是對內人員作業之一大考驗。
特性： ・飯店／餐飲本身會依餐廳別不同而建立不同之銷售菜餚，目前較常見到的有江浙菜、日本料理、港式飲茶、咖啡廳等，更依各餐廳特性建立不同之成本百分比。 ・餐飲／飯店業一般會依季節性不同更換菜色，因此必須配合主廚重新建立食譜，但其可反應多少眞實性則需視主廚是否願通盤合作提出而決定其可信性。 ・基於各種人爲因素造成餐廳成本控制作業如能眞實反應出七、八成，已可稱得上成功。
功能： ・食譜管理作業：提供餐飲部門根據每樣菜餚建立食譜，並可印製成食譜卡，清楚記載材料明細，並附上完成品照片加以歸檔，將來任何一位廚師皆可參考處理。 ・除一般菜餚之資料建立外，對於佐菜之高湯處理亦可有詳細記載。 ・透過連線作業可將前檯銷售資料傳入，提供經營者及廚師瞭解銷售金額與成本金額差異情形。

二、飲料成本的控制

餐飲業飲料的銷售需要設計合理的科學控制程序和方法，方可避免飲料和收入的流失，進而控制飲料銷售成本，增加銷售利潤和營業收入。

飲料成本控制與食品成本控制是相同的，應制定採購、驗收、倉儲、發放和銷售的控制標準和程序。飲料可分爲含酒精飲料（酒水）和無酒精飲料（軟飲料）。含酒精飲料包括啤酒、水果酒和烈酒（蒸餾酒）；無酒精飲料包括碳酸飲料、果汁及保健飲料。

飲料成本在餐飲成本中占有很大的比例，尤其是酒類成本。傳統飲料供應以罐裝、瓶裝爲主，成本控制較容易。目前供應方式爲現場調配銷售，人工操作量較大，易增加成本漏洞。

飲料成本控制環節中，餐飲部經理應採取相應的控制措施，以減少成本的耗損，首要的工作爲確定銷售品種環節，品種適中，讓客人有選擇的機會，方可增加利潤，減少儲存費用，在選擇供應商時，必須考慮信用狀況、交貨期和價格等因素。採購人員於訂貨時應檢查庫存量，並塡寫訂貨單。驗收人員要仔細核對訂貨單、裝運單和發票，對於進貨的品種和數量需與發貨單相符。飲料驗收完成後即送入儲存室保管，並製作存貨清單及每月盤存報告書。服務員塡寫好的領料單須由主管簽名，並加蓋日期和時間。服務員以標準飲料單爲依據，調配各種雞尾酒及鮮果汁，調製的環節中需重視成本控制。

飲料存貨量的方法主要採用永續盤存表來加以控制（如表7-3）。

表7-3　飲料永續盤存表

代號：		每瓶容量：		標準存貨：
飲料名稱：		單位成本：		
日期	收入	發出瓶數		結餘
		酒吧1	酒吧2	

會計單位抽查存貨數量，如果庫存記錄數量與實際數量不同，則可透過調查，瞭解眞相。每月的月底，實地盤點存貨，並將存貨數量記入存貨登記簿。

加強飲料調配過程的成本控制，飲料單位主管必須先確定標準飲料單、用量、容量、配方、價格、牌號和操作程序。建立標準飲料單，必須考慮酒吧的類型及顧客的需求，在確定飲料品種後，根據經營需要確定儲備量，儲備品太多，不僅占用空間，且增加損耗和被偷竊的機會，因此不儲存超過三十天用量的儲備品。採購人員必須根據主管規定的容量標準購置酒杯，在高級飯店中可能需要十種以上不同大小類型的酒杯。酒吧使用標準牌號的酒，不但提供客人穩定品質的飲料且是飯店控制存貨的方法之一。經營者根據材料供應時程設定供貨數量，以儲存愈少，愈能及時爲佳。

建立標準配方可以使每一種飲料都有統一的品質，飲料在酒精含量、口味及調製方法上要有一定的標準，每杯飲料成分用量不同，成本會有明顯的差別。

若每杯飲料都是8盎司，每盎司杜松子酒的成本爲0.4元，奎寧水爲0.5元，兩種飲料中的杜松子酒和奎寧酒的比例分別爲1:1和3:1，假設這種混合飲料每杯售價爲25元，則兩種不同比例的飲料，其飲料成本計算如下：

甲種飲料成本率＝（0.4 ×4+0.5 ×4）÷25 ＝14.4%
（比率為1:1）
乙種飲料成本率＝（0.4 ×6+0.5 ×2/25）÷25 ＝13.6%
（比率為3:1）

首先，確定標準配方和每杯標準容量後，就可計算出任何一杯飲料的標準成本。計算一杯純酒的成本，先計算出每瓶酒可裝幾杯酒，再用每瓶酒的成本除以杯數，則可算出每杯酒的成本。

表7-4　容量換算表

美制液量	盎司	公升	毫升
加侖	33.8	1.00	1,000
	59.2	1.75	1,750
	128	3.785	3,785
夸脫	17	0.5	500
	25.4	0.75	750
	32	0.946	946
品脫	1.7	0.05	50
	6.8	0.2	200
	16	0.473	473

另一種方法爲用每瓶酒的進價除以每瓶酒的盎司數，先求出每盎司的成本，再乘以每杯純酒的標準用量，即可算出每杯純酒的標準成本。目前瓶裝酒已採公制容量單位，酒吧單位應使用容量表進行換算（如表7-4）。

【例】每公升杜松子酒的進價爲200元，每公升酒有33.8盎司，則每盎司成本爲5.92元。算式如下：

200元÷33.8＝5.92元

其次，雞尾酒和其他混合飲料每杯標準成本一般高於純酒，混合飲料的成分包括酒、各種果汁、奶油、雞蛋、櫻桃、橄欖、各種水果片等裝飾品。將各種成分的成本，使用標準成本記錄表填寫，方便於記錄酒的成本。主管列出每杯標準容量飲料的標準成本後，制定標準利潤率而定出售價。會計單位應保存完整的飲料銷售價格表，方可進行成本控制。

三、菜單設計

菜單是餐廳提供的食品目錄，是餐飲業最重要的促銷手段之一，菜單包括食品和飲料的品名、價格，菜單設計要能增加餐飲銷售量，且能降低成本，而增加利潤。

一份出色的菜單，能展現餐廳經營的風格，且運用圖案、色彩等美術設計的技巧製作吸引顧客上門，實爲行銷策略之一。一般餐廳在開業之初，必須研擬出最合適的菜單。認識菜單是製作精美實用菜單的第一個步驟，由菜單的種類及內容，進而製作菜單的訂價法則。至於飲料單，大多數的餐廳都不另外提供飲料單，而是合併在菜單之中。但在高級旅館，則有單獨飲料介紹。

菜單不一定要造價昂貴、製作精美，但必須富有創意，方便客人查閱。菜單不宜一次印刷過多，普通餐廳不宜印刷太豪華的菜單，否則菜單變化時，成本將會提高。

菜單的種類根據用餐時間、用餐對象、用餐場地，可分爲早、午、晚餐菜單，兒童、老人、病人菜單，宴會餐、客房餐飲菜單等。

（一）菜單種類

因供餐方式產生的菜單種類可分爲下列三類：

1.套餐菜單（Table D'hote）：套餐菜單亦稱爲定餐（set-menu），提供數量有限的菜色，包含最受歡迎的招牌菜，方便客人點菜，大部分餐廳都是套餐與單點菜並存的。
2.單點菜單（A La Carte）：單點菜單的菜色比套餐多，每道菜都是個別訂價，一般的中、西餐廳以及旅館的客房服務大都採用單點。單點因出菜的數量及顧客的喜好程度較難估計，因此比套餐較不易控制。
3.混合式菜單（Combination）：即主菜可以任意選擇，而飲料、開胃菜、甜點則是固定的，因主菜不同，價格也不同。

菜單編製工作中最重要的部分，就是菜單上各種菜餚的合理編排。菜單上第一道菜往往是顧客最先看到、印象最深刻且銷售量也常是最高的。因此，把利潤額最高的菜餚排在最重要的位置，且放置照片或圖片，用大的字體或不同的字體印刷菜餚名稱，吸引顧客的注意。

（二）菜單設計者應注意事項

菜單設計者應注意之事項如下：

1.與主廚、採購負責人，按季節編製菜單並試菜。
2.與餐飲成本控制員研究探討降低成本，且不影響食物品質的方法。
3.瞭解客人的需求，設計更創新的菜單。

菜單的設計要與餐廳的形象吻合，封面的設計需具吸引力，且能與餐廳的裝潢互相搭配、菜名需寫清楚，如果是外文的菜名，則需附註翻譯或予以簡單敘述。菜單內可插頁促銷套餐及飲料。如果要換菜色及調整價格一定要重新印製新菜單，切勿把菜名或舊價格塗掉，而引起客人的不悅。目前科技進步，許多餐廳改用電腦印製菜單，最大的優點就是能迅速反應市場變化、顧客潮流的改變、原料價格的波動，電腦數小時就可以完成。在電腦繪圖軟體的輔助下，菜單的設計將更具彈性且更富創意。

菜單製作完成後，要隨時留心客人的反應，做進一步的菜單修正，經營者在調整菜單時，對於極少賣出的冷門菜，將它淘汰剔除掉，並推出季節性的菜餚以降低成本。

許多餐廳在菜單的篇幅裏加上飲料的介紹，或另外設計一套飲料單，介紹餐廳所提供的酒類及其他飲料。因餐廳的規模、性質及客源不同，所提供的飲料單也不盡相同，最主要的目的是使客人在用菜之餘，能開懷暢飲，賓主盡歡。而餐廳更因酒類的銷售而增加營業的收入，可謂一舉數得，皆大歡喜。

四、菜單的訂價

菜餚合理的定價有利於菜餚的推銷，增加飯店的營業收入，降低材料儲存成本。菜單訂價時除了包括材料成本、場地租金、人事費用等成本之外，亦須考量同業的競爭和顧客心理因素。經營者先瞭解熱門的菜餚種類及定價，並對同業的菜單加以研究，某些重點產品以低價位切入市場，吸引更多的客人，在同業的競爭中，方能立於不敗之地。

（一）訂價策略

一般餐飲業採行的策略有下列三種：

1.低價位策略：餐廳爲了促銷新產品，或出清存貨，把菜單價格訂於邊際成本的價格，使市場的接受率提高，吸引大量的顧客，薄利多銷，此種方法稱爲低價位法。例如業者爲吸引新的顧客，降低一道菜或數道菜的價格，而其他的菜色價格維持不變，業者仍有利潤可圖。

2.合理價位策略：所謂合理價位，即是業者有利潤，而客人又能負擔此價格。業者以餐飲成本爲基數，乘上某特定倍數所訂出的價格。如食物成本占銷售總額的45%時，食物成本若爲270元則售價爲270元÷45/100=600元。

3.高價位策略：採取高價位策略的目的是因飯店知名度高且產品獨特無競爭對手，而將顧客定位於人口金字塔的頂端，以迎合顧客的身分地位與價值觀。

（二）訂價方法

目前最普遍採用的訂價方法爲成本倍數法及利潤訂價法：

1.成本倍數法：餐飲成本主要由材料、薪資及費用三大要素構成。餐飲業者於訂價時，首先必須考慮餐飲成本，成本倍數法的計算方式如下：

如牛排的材料成本為150元
工資為50元
主要成本為150+50元=200元
設定主要成本率為50%，售價為主要成本的2倍，
100%÷50%＝2（倍）
主要成本額×倍數＝售價，200×2=400元

此方法雖簡單易懂，但成本中並未包括費用支出，如水電、燃料、折舊、保險、宣傳推廣、修繕維護等費用，因此並非最理想的訂價方法。

2.利潤訂價法：此法以利潤和食物成本合併計算。

如年度預算預估食物銷售量為40,000,000元
操作費用為24,000,000元
預估利潤為2,000,000元
預估食物成本為40,000,000-24,000,000-2,000,000＝14,000,000
40,000,000÷14,000,000＝2.86（倍）→訂價的倍數
如牛排的成本為400元
則每道菜的售價為400×2.86=1,144（元）
即食物原料成本×倍數＝售價

旅館餐飲業的利潤大約爲一至四成左右，業者應力求降低成本，更應加上良好的服務品質，方爲經營的良策。

上海金茂君悅大酒店

上海金茂君悅大酒店（Grand Hyatt Shanghai），是目前中國最高的摩天大樓，外觀為逐步變細的超高層大樓，1999年開幕，成為全球知名的商業大樓。金茂君悅大酒店採用中國傳統的藝術風格，由知名的Bilkey Llinas設計顧問公司所設計。飯店大廈內部設計注重不同區域的特性，大廳是雙層高的空間，採全透明的落地玻璃窗，並有6部高速玻璃式半透明客房專用電梯，提供住客使用。所有客房均有大型落地窗，尤其是面對黃浦江的房間，入夜後可欣賞燈火通明的夜景。

君悅大酒店委託美國Hyatt Corporation負責經營，房間數為555間，住宿費用為320～5,000美元不等，共有12間餐廳、酒吧、商務中心、游泳池、健身房、嘉賓軒、SPA中心、10間會議廳、2間無柱宴會廳等。

多元化的餐廳全天候供應自助餐，亞歐風味的餐廳位於第五十六樓，是一個三合一餐廳，擁有各種風味的餐廳，及一個具有三十三層高的中庭酒吧「天庭」。

位於金茂大廈三樓的浦勁娛樂中心，耗資500萬美元，是由東京知名的設計公司Super Potato所設計的。由四個不同區域組成，有兩個現場表演樂隊，是晚間九點表演的夜間娛樂中心。

九重天酒廊位於金茂君悅大酒店第八十七層的整個樓面，在第八十八層觀光廳之下，它被美國《新聞周刊》評選為「亞洲最佳休閒去處」之一。

資料來源：牟秀茵、Teresa Lee著，《亞洲精選旅館》(城邦文化出版，2002年)。

第八章

行政管理會計

- 人力資源管理
- 客房、餐飲的勞動生產率
- 薪資管理

第一節　人力資源管理

旅館業爲勞力密集產業，旅館人力需求最殷切的基層人員，如接待員、餐廳服務員、客房清潔工及廚房學徒等。由於基層服務人員占旅館業員工大部分比率，若員工流動率低則旅館的管理與經營較容易掌控，而且能提高服務品質，因此人力資源管理有其重要性，必須處理得當。

一、人力的設定

由國際觀光旅館營業支出結構分析中，吾人得知薪資費用比率高達支出比例32%左右，因此在規劃旅館經營時，不得不對人力資源特別予以重視，在各旅館因本身時空條件各有不同情況下，我們宜提出一個思考模式如下：

（一）依合理收支平衡的結構方式

從年度的收入中，提列適切的人事費用作預算，設定組織成員。標準的人力資源預算，約占營業額的25%～35%。除了正式職工之外，尙包括臨時雇員或業務委託等，每一成員年平均薪資來計算，亦稱爲預算上的人力設定。

（二）依規模設施及作業量的方式

調查都市型飯店的標準案例時，人力因勤務時間的採取方法不同，而有明顯的變化。

1.住宿部門：因樓層間數、服務水準而增減，服務員人數：平均10～12間客房爲一名；客房管理員：平均10～20間客房爲一名；櫃檯事務員則平均15～25間客戶需要一名。作業量比率一小時處理件數為25～30件為一名；其他門僮、服務中心等因經營方針不同而互異，平均客房45～50間為一名；公共空間之清潔業務大約1,000m^{2}需清潔人員一名。

2.餐飲部門：各營業時間、勞務率、業種不同而有別。標準方式是以席位數量來設定，配合勞務實態而增減。餐飲服務員：平均客席16位（4桌）為一名。

3.宴會部門：服務人員大部分視勞務狀況及季節淡旺而從人力介紹所提供臨時人員。服務員：正餐客席10～12人為一名外，另加助理服務員一名；酒會客席10～15人為一名；宴會訂席正式職員：正餐客收30～50席為一名。

4.調理部門：依業種、菜單內容、調理系統、尖峰時段的供給量而變動，一般可考量為服務部門定員的35%～40%，而調理部門的人事費用是餘利的10%～15%，這個額度除以調理部門的平均年收金額大約等於設定的員數。

5.管理部門：營業部門及管理部門的人員比率或人事費用比率亦稱為直（接）間（接）比率。而直間比率的設定：在美國的情況是9:1，日本的情況是7:1，國內依國際觀光旅館從業員數統計的資料顯示約4:1。因此國內間部門有偏高的傾向。

（三）依經營方針及服務等級的方式

如前所述除了人力設定的方向外，更須依企業方針來檢討服務品質。因此高單價、高品質的服務導向之飯店，必須要有較多的人力或高技能水準的職員。所以如果採用自助式服務或較低廉費用的政策，比較客數作業量相同時，人力負擔就減少。

營運體制隨著時代、景氣不同而變化，配合潮流確保必要的利益，以產能為基礎，執行人力的管理。就飯店的特性來說，雖是勞動密集型的產業亦須發揮人力互補，相乘效果，作到人人精鍊，事事簡化的目標。

（四） 勤務的編制

飯店是全天候服務的行業，因此勤務作息輪流的編制，分爲早、中、晚等三班制較多。大型化規模的飯店更加細分，交替（shift）的數量也會增加，所以各職場的作業時間，配合排班表上的尖峰時段，來決定人員配置及勤務時間表，而每日、每週的勤務時間預定請參照以下之舉例。

飯店的業務雖是二十四小時營業，但其中繁忙及清閒的差別極大，如果採用固定的配員，除了經費的增加外，相對的也是生產性下降的因素。因此，依勤務交替的組合來管制配員的增減時，在人事費用上就產生極大的差異，所以配合各業務的實際情況多加研討。茲介紹小規模飯店的模擬資料如下：

【例】 以飯店的規模150間客房，商務型的櫃檯爲案例，設定條件爲勞動率80%，組合設定如下：

早 班07:00～15:30　　2名
中 班15:00～23:00　　2名
晚 班22:30～翌日7:30　1名

每班人員服勤重疊時間爲三十分鐘，便於前後班工作交接，遇旺季時，主管彈性分配輪休時間表，挪到淡季時再連續補休。

爲了維持每天含公休有五位定員時，總數必要有七名，另外特別休假時，臨時補充由管理者或其他課組協助，定員的慣例是不增加爲原則。雖然作業的種類、數量、質的內容、尖峰時間別不同，亦須檢討排班表的配員。所以小規模的飯店，對賓客的預約、接待、受理登記、交付房鎖、信箋、留言、資訊、會計出納等業務的發生，也要有能力處理的培訓。

二、人力規劃

飯店是全天候服務的行業，勤務作息輪流的編制，分早、中、晚等三班制較多。櫃檯部門二十四小時發生作業項目別件數，在條件爲住客率80%，平均住宿天數爲1.5夜的標準下，總計700～800件（平均每件處理2.5分鐘）。茲分列如下：

1. check in業務數：90件（登記、業務聯絡）。
2. 櫃檯接待業務數：280件（房鎖、訪客、寄物）。
3. 櫃檯後檯業務數：100～125件（查詢、留言、業務聯絡）。
4. 客房預約業務數：150件（不含電話交換）。
5. Check Out業務數：70～90件（平均住宿1.5夜）。

早上業務尖峰在check out，午後的業務尖峰在check in，而理想的飯店配員是依業務實際情況，配合交替輪班及時刻表，在尖峰時段導入有專門職能之臨時員的可能。茲將各部門的人力調配，分述如下：

1. 住宿部門：平均服務員爲客房10～12間爲一名；櫃檯事務員：客房15～25間爲一名；門僮、服務中心平均客房45～50間爲一名；清潔員：公共空間1,000m^2爲一名。
2. 餐飲部門：餐飲服務員平均客席16位（4桌）爲一名。
3. 宴會部門：服務員正餐客席10～12人爲一名外，另加助理服員一名；酒會客席10～15人爲一名；宴會關係正式職員：正餐客收30～50席爲一名。
4. 調理部門：調理人員爲服務部門定員的35%～40%。
5. 管理部門：營業部門及管理部門的比率，在美國爲9:1，日本爲7:1，台灣爲4:1。

高薪時代的來臨，雖然飯店業的利益管理，也是勞動時間成本管理，除了利用專業職能外，亦須積極的導入part-time之活性化，在軟體上的設定，必須以組織制度及實際作業的分析爲基礎。對part-time人員應加強訓練，以畢業或一段時間後成爲正式員工爲條件來鼓勵他們正視其工作，以免影響服務品質。

許多旅館經營者花了不少時間與心血，辛苦培養訓練出來的人才，竟然由於人事管理的不健全，失去優秀的員工，對旅館是一大損失。旅館當局應用心去探究員工離職的眞正原因，採取適當的對策，做到完善的人事管理。

旅館人力規劃可分爲招募員工及甄選員工兩大部分。

招募員工的管道可藉由報紙徵才廣告、校園徵才、建教合作（國內、外相關科系學生）、青輔會、職訓所、電視廣告、電腦人力銀行等途徑。

無論採用何種方法，目的乃在徵募有專業技巧及經驗的人員。

人事考核乃是對旅館從業人員的工作能力、工作態度、工作表現、發展潛力等，予以公正、客觀而有系統的評鑑。人事考核爲人事管理制度中的主要環節，與任用、甄選、薪資、獎懲、異動等有相關的作用。因此，考核的標準須客觀、公正與公開。完善的考核制度可激勵員工的工作意願，提升團隊士氣。

考核的結果可作爲晉級、加薪、升遷、調職、發放獎金、紅利等的依據。主管對員工績效的考核，應依照員工的職務、工作性質及主管對員工的信賴度來評斷，力求考核方式的公平合理，以提升經營績效的正面效益。

準時上下班爲企業對每位員工的最基本要求，「考勤」是旅館維持員工工作紀律的最基本管理方式。人員考勤的管理方式有：刷卡、打卡、簽到簽退、榮譽式（自我約束，不設打卡或簽到）。

旅館業在制定從業人員的請假規則時，除參考政府法令規定外，也可依業者本身需要或經營理念而考量，有關請假的規定應予明確規定，並嚴格執行，才不會形成管理上的困擾。

第二節　客房、餐飲的勞動生產率

由交通部觀光局的資料統計中，2001年55家國際觀光旅館共計僱用員工19,015人。而台北地區員工僱用人數達11,570人為最多，其次為高雄地區為2,834人，台中地區1,404人，風景區1,281人，桃竹苗地區1,067人，花蓮地區631人，其他地區228人。

若依部門區分，則以餐飲部僱用人員最多，達8,690人，次為客房部5,235人，管理部門3,011人，其他部門1,959人，夜總會部門為120人（如表8-1）。

在飯店經營過程中，為提高效率，每一項工作都要求員工遵循一定的原則與步驟，提高員工勞動生產率是控制人事成本的主要關鍵。在制定員工勞動生產率，先要明確飯店部門的品質標準，根據品質標準，而確定勞動生產率的標準。

表8-1　2001年國際觀光旅館各部門員工人數統計表（依地區別區分）

單位：人

地區	客房部	餐飲部	夜總會	管理部	其他部門	合計
台北地區	3,169	5,486	80	1,742	1,093	11,570
高雄地區	715	1,371	0	581	167	2,834
台中地區	382	629	18	219	156	1,404
花蓮地區	185	258	0	88	100	631
風景區	400	376	7	154	344	1,281
桃竹苗地區	341	429	15	183	99	1,067
其他地區	43	141	0	44	0	228
合計	5,235	8,690	120	3,011	1,959	19,015

餐飲部評估勞動生產率的方法，其計算公式如下：

每小時接待人數＝接待人數／員工工作小時

每小時銷售額＝銷售額／員工工作小時

每小時勞動生產率會受許多因素影響，好的採購策略及廚房設備，將提高員工每小時人工生產率，反之則降低。

飯店經營與其他企業不同，餐飲業必須加強銷售預測，根據預測安排員工班次，合理排班，使員工有充沛的精力投入工作，提高工作率，反之，品質降低，影響飯店形象，造成飯店利益的損失。

旅館業爲勞力密集產業，需要大批人力從事服務、整理、清潔工作，如房務、餐飲服務員等，尤以餐飲部門工作辛勞、上班時間長。餐飲部門的人力供給隨著社會進步、服務業發達，人員短缺的現象逐年加重，部分觀光旅館因而利用畢業季節至校園徵才，解決基層服務人員不足的問題。

旅館人力需求最殷切的爲基層人員，如接待員、客房清潔員、餐廳服務員、廚房學徒等，且基層服務人員占旅館業員工大部分比率，員工的流動率高，對旅館的經營面影響很大。在歐、美、日等國家，旅館科系畢業的大專生，剛畢業仍由最基層的工作開始，但國人較難接受這種觀念，在人力資源有限的情況下，新飯店開幕多少會影響既有飯店業的人事穩定。

平均員工產值分述如下：

2001年55家國際觀光旅館提供19,015個就業機會，平均每個客房使用員工1.1人，可算出平均員工產值爲1,644,598元。客房部員工5,235人，平均客房員工產值爲2,262,655元；餐飲部門員工爲8,690人，平均餐飲員工產值爲1,617,402元。

客房部、餐飲部、管理部及夜總會等部門的平均員工產值以台北地區最高，爲每一員工1,840,889元，台中地區1,530,207元，風景區

1,422,529元，其他地區1,391,972元，桃竹苗地區1,359,787元，花蓮地區1,228,851元，高雄地區平均爲1,220,398元。

客房部門員工產值以台北地區爲最高，每人2,532,353元，依次爲風景區、其他地區、花蓮地區、台中地區、桃竹苗地區及高雄地區。

餐飲部門員工產值也是台北地區爲最高，每一員工爲1,752,196元，依次爲其他地區、台中地區、風景區、桃竹苗地區、高雄地區及花蓮地區。

2001年國際觀光旅館平均員工產值請參閱表8-2。

在個別旅館方面，總平均員工產值較佳者有：來來飯店、台北凱悅、台北晶華、遠東國際、六福皇宮、墾丁福華。

客房部員工產值較佳者有：台北老爺、台北凱悅、遠東國際、六福皇宮、花蓮亞士都、知本老爺、墾丁福華。

餐飲部員工產值較佳者有：台北國賓、中泰賓館、台北凱悅、台北晶華、高雄國賓（如表8-3）。

表8-2　2001年國際觀光旅館平均員工產值表（依地區別區分）

單位：新台幣（元）／人

地區	總營業部門			客房部			餐飲部		
	總收入	員工人數	平均產值	總收入	員工人數	平均產值	總收入	員工人數	平均產值
台北地區	21,299,088,600	11,570	1,840,889	8,025,025,515	3,169	2,532,353	9,612,546,905	5,486	1,752,196
高雄地區	3,458,608,307	2,834	1,220,398	1,152,348,911	715	1,611,677	1,795,897,137	1,371	1,309,918
台中地區	2,148,410,030	1,404	1,530,207	655,192,196	382	1,715,163	962,621,813	629	1,530,400
花蓮地區	775,404,745	631	1,228,851	360,982,164	185	1,951,255	328,499,961	258	1,273,256
風景區	1,822,259,272	1,281	1,422,529	998,522,869	400	2,496,307	564,651,926	376	1,501,734
桃竹苗地區	1,450,892,375	1,067	1,359,787	566,495,198	341	1,661,276	565,824,491	429	1,318,938
其他地區	317,369,636	228	1,391,972	86,434,579	43	2,010,106	225,182,468	141	1,597,039
合計	31,272,032,965	19,015	1,644,598	11,845,001,432	5,235	2,262,655	14,055,224,701	8,690	1,617,402

資料來源：交通部觀光局，〈2001年台灣地區國際觀光旅館營運分析報告〉。

表8-3　2001年個別國際觀光旅館平均員工產值表

單位：新台幣（元）／人

旅館名稱	總營業部門			客房部			餐飲部		
	總收入	總人數	平均產值	總收入	總人數	平均產值	總收入	總人數	平均產值
圓山大飯店	1,179,584,220	797	1,480,030	381,305,964	241	1,582,182	604,523,155	330	1,831,888
國賓大飯店	932,604,301	495	1,884,049	354,978,114	161	2,204,833	501,075,440	215	2,330,583
中泰賓館	749,768,833	486	1,542,734	163,380,028	94	1,738,085	509,900,735	204	2,499,513
台北華國洲際飯店	439,735,054	291	1,511,117	249,242,568	87	2,864,857	129,471,648	114	1,135,716
華泰王子大飯店	304,685,731	218	1,397,641	113,846,957	67	1,699,208	128,442,884	90	1,427,143
國王大飯店	51,122,147	69	740,901	39,155,922	34	1,151,645	6,773,978	14	483,856
豪景大酒店	193,170,109	137	1,410,001	81,017,594	45	1,800,391	97,962,445	60	1,632,707
台北希爾頓大飯店	756,821,414	549	1,378,545	314,505,694	135	2,329,672	378,547,206	288	1,314,400
康華大飯店	295,094,824	218	1,353,646	149,637,391	71	2,107,569	144,550,688	98	1,475,007
兄弟大飯店	636,482,225	495	1,285,823	184,732,224	110	1,679,384	391,999,206	285	1,375,436
三德大飯店	302,492,211	235	1,287,201	184,099,272	83	2,218,064	87,090,093	78	1,116,540
亞都麗緻大飯店	471,842,668	349	1,351,985	188,089,747	82	2,293,777	230,735,992	142	1,624,901
國聯大飯店	230,028,492	158	1,455,877	134,034,705	75	1,787,129	66,526,624	54	1,231,975
來來大飯店	1,989,060,371	949	2,095,954	678,239,999	253	2,680,791	904,585,289	454	1,992,479
富都大飯店	229,692,800	230	998,664	119,858,461	80	1,498,231	83,201,708	85	978,844
環亞大飯店	1,025,041,619	555	1,846,922	374,027,668	194	1,927,978	276,915,161	253	1,094,526
台北老爺大酒店	479,327,707	252	1,902,094	212,936,215	63	3,379,940	201,952,132	107	1,887,403
福華大飯店	2,019,420,914	1,058	1,908,715	633,584,080	244	2,596,656	983,033,154	559	1,758,557
力霸皇冠大飯店	421,462,509	317	1,329,535	181,253,824	91	1,991,800	173,776,636	138	1,259,251
台北凱悅大飯店	2,636,107,331	1,027	2,566,804	1,065,403,996	236	4,514,424	1,055,939,592	479	2,204,467
晶華酒店	2,353,256,706	920	2,557,888	728,238,185	294	2,477,001	1,079,664,155	514	2,100,514
西華大飯店	934,291,539	516	1,810,643	435,891,523	182	2,395,008	303,369,947	239	1,269,330
遠東國際大飯店	1,555,656,000	709	2,194,155	610,017,000	154	3,961,149	653,173,000	356	1,834,756
六福皇宮	1,112,338,875	540	2,059,887	447,548,384	93	4,812,348	619,336,037	330	1,876,776
華王大飯店	186,534,442	272	685,788	66,796,987	47	1,421,212	118,121,300	159	742,901
華園大飯店	122,834,903	150	818,899	73,652,676	47	1,567,078	34,484,118	55	626,984

資料來源：交通部觀光局，〈2001年台灣地區國際觀光旅館營運分析報告〉。

（續）表8-3　2001年個別國際觀光旅館平均員工產值表

單位：新台幣（元）／人

旅館名稱	總營業部門			客房部			餐飲部		
	總收入	總人數	平均產值	總收入	總人數	平均產值	總收入	總人數	平均產值
皇統大飯店	29,267,809	59	496,065	20,287,572	26	780,291	7,773,525	11	706,684
高雄國賓大飯店	484,175,123	349	1,387,321	153,157,217	114	1,343,484	293,985,676	135	2,177,672
霖園大飯店高雄店	383,382,267	320	1,198,070	148,135,532	92	1,610,169	198,809,004	129	1,541,155
漢來大飯店	986,441,683	776	1,271,188	281,328,431	155	1,815,022	552,319,160	437	1,263,888
高雄福華大飯店	441,044,921	327	1,348,761	159,205,459	97	1,641,293	205,259,180	157	1,307,383
高雄晶華酒店	824,927,159	581	1,419,840	249,785,037	137	1,823,248	385,145,174	288	1,337,310
敬華大飯店	27,284,390	41	665,473	8,167,395	11	742,490	14,343,578	12	1,195,298
全國大飯店	332,222,214	275	1,208,081	94,775,414	60	1,579,590	180,600,473	127	1,422,051
通豪大飯店	191,565,114	181	1,058,371	66,213,917	58	1,141,619	99,978,524	65	1,538,131
長榮桂冠酒店（台中）	567,768,349	289	1,964,596	221,278,697	82	2,698,521	257,183,841	151	1,703,204
台中福華大飯店	294,796,739	224	1,316,057	104,582,151	53	1,973,248	159,519,855	119	1,340,503
台中晶華酒店	734,773,224	394	1,864,907	160,174,622	118	1,357,412	250,995,542	155	1,619,326
花蓮亞士都飯店	16,958,682	27	628,099	15,595,861	4	3,898,965	1,362,821	2	681,411
統帥大飯店	152,680,155	187	816,471	55,385,310	44	1,258,757	89,078,910	94	947,648
中信大飯店（花蓮）	183,492,879	126	1,456,293	75,264,061	52	1,447,386	99,050,845	51	1,942,173
美侖大飯店	422,273,029	291	1,451,110	214,736,932	85	2,526,317	139,007,385	111	1,252,319
陽明山中國麗緻大飯店	70,678,025	57	1,239,965	28,767,281	22	1,307,604	24,370,096	21	1,160,481
高雄圓山大飯店	160,602,392	167	961,691	37,171,104	40	929,278	106,994,550	69	1,550,646
凱撒大飯店	296,433,045	232	1,277,729	189,143,298	85	2,225,215	85,104,431	64	1,329,757
知本老爺大酒店	348,889,205	237	1,472,106	206,539,875	50	4,130,798	96,111,906	65	1,478,645
天祥晶華度假酒店	208,678,311	156	1,337,681	126,782,100	59	2,148,849	69,969,237	42	1,665,934
墾丁福華渡假飯店	634,751,294	311	2,041,001	356,540,211	101	3,530,101	143,786,706	77	1,867,360
曾文渡假大酒店	102,227,000	121	844,851	53,579,000	43	1,246,023	38,315,000	38	1,008,289
桃園假日大飯店	158,274,770	151	1,048,177	95,972,386	43	2,231,916	58,425,286	41	1,425,007
南華大飯店	74,658,000	80	933,225	45,000,000	30	1,500,000	25,452,000	25	1,018,080
台南大飯店	317,369,636	228	1,391,972	86,434,579	43	2,010,106	225,182,468	141	1,597,039
寰鼎大溪別館	390,001,264	254	1,535,438	133,356,316	67	1,990,393	161,529,127	99	1,631,607
新竹老爺大酒店	334,404,546	251	1,332,289	171,417,863	77	2,226,206	115,100,453	106	1,085,853
新竹國賓大飯店	493,553,795	331	1,491,099	120,748,633	124	973,779	205,317,625	158	1,299,479
合計	31,272,032,965	19,015	1,644,598	11,845,001,432	5,235	2,262,655	14,055,224,701	8,690	1,617,402

資料來源：交通部觀光局，〈2001年台灣地區國際觀光旅館營運分析報告〉。

第三節　薪資管理

旅館員工薪資及相關費用包括職工薪資、獎金、退休金、伙食費、加班費、勞健保費、福利費等。凡將服務費收入分配職工者，應將分配金額併入本科目內。九十年度國際觀光旅館薪資相關費用占營業總收入的32%。

薪資對業者而言，乃是經營的主要成本之一，對從業人員而言，薪資乃是其生活的主要依靠，薪資的高低代表員工在公司的地位，薪資制度的健全，爲企業經營成功的關鍵因素之一。

第一，薪資制度的制定應符合合理原則、公正性原則、激勵原則等三個原則。

1.合理原則：指員工的薪資所得足夠支付其生活所需，近年來國民之生活水準提高，對薪資的要求已超過勞委會訂立的最低薪資標準。在決定薪資時，應顧及業者負擔能力及考量員工的需求。
2.公正性原則：對員工薪資的核定、薪資調整的方式，須有明確及公平的標準。
3.激勵原則：對工作績效特優的人員，應訂立晉升薪資或發給獎金的制度，以激勵員工的士氣而努力工作。

第二，薪資體系包括基本底薪、津貼或加給、獎金等三大類。分述如下：

1.基本底薪：按員工的職位、年資、經歷、學歷等因素支付的基本底薪。
2.津貼或加給：包括主管加給、技術加給、夜班津貼、加班津貼、交通津貼等。這些人員因擔任之工作性質有別於其他人員，因此另外給付津貼或加給。

3.獎金：包括績效獎金、考績獎金、年終獎金、全勤獎金及提案獎金等。

第三，薪資調整；薪資調整方式包括整體調薪、考績調薪、個別調薪。

1.整體調薪：因物價上漲，而對員工薪資作全面調整。以增多若干百分比作同一比例的調整，或者按不同等級作不同百分比的調薪。
2.考績調薪：按員工原支薪增加若干百分比的加薪或給予晉級而加薪。
3.個別調薪：因職位的變動而予調薪，例如副理升經理。

一般高薪者多以5～7級為限，較低薪者有10～12級之幅度。一個公平而合理的薪資制度，須勞資雙方互蒙其利，調高薪資與提升營業收入應該齊頭並進。

第四，員工福利制度，如員工退休金、保險及休假等福利。依據政府公布「職工福利金條例」，企業均須成立職工福利委員會，由業者與工會代表共同選派委員參加，工會代表人數不得少於三分之二，主要目的為職工福利的舉辦由員工自主決定。福利的經費來源為：（1）企業成立時就其資本總額提撥1%～5%；（2）每月營業收入總額內提撥0.05%～0.15%；（3）每月於每位員工薪津內各扣0.5%；（4）下腳變賣時提撥20%～40%（下腳變賣即是旅館用剩餘的食品、物品，棄之可惜，故轉手賣給其他收購商）。

完善的福利措施可使業者的經營目標易於實現，而福利措施只是一種間接性的報酬，它的功效與直接報酬的薪資是相輔相成的。薪資與福利須合理的考量，才是完善的薪資福利制度。

2001年國際觀光旅館平均員工薪資（包括相關費用）為每人每年

表8-4　2001年國際觀光旅館平均員工薪資表（依地區別區分）

單位：新台幣（元）

地區	薪資及相關費用	員工人數	平均薪資
台北地區	6,465,169,537	11,570	558,787
高雄地區	1,251,498,596	2,834	441,601
台中地區	777,017,866	1,404	553,432
花蓮地區	251,500,683	631	398,575
風景區	634,210,234	1,281	495,090
桃竹苗地區	535,721,774	1,067	502,082
其他地區	83,456,666	228	366,038
合計	9,998,575,356	19,015	525,826

資料來源：交通部觀光局。

525,826元，較2000年減少24,596元，負成長44.7%。

若依地區分析：台北地區平均員工年薪最高達558,787元（如表8-4）。

個別旅館中，平均員工薪資最高前十名為：（1）台北凱悅838,799元；（2）長榮桂冠酒店（台中）719,426元；（3）兄弟飯店718,831元；（4）台北圓山704,179元；（5）台北國賓688,700元；（6）高雄國賓685,081元；（7）晶華酒店636,756元；（8）台北華國洲際619,663元；（9）台中晶華618,570元；（10）高雄圓山608,475元。

有關電腦人事薪資系統請參閱表8-5、表8-6。

表8-5　人事薪資系統功能流程說明

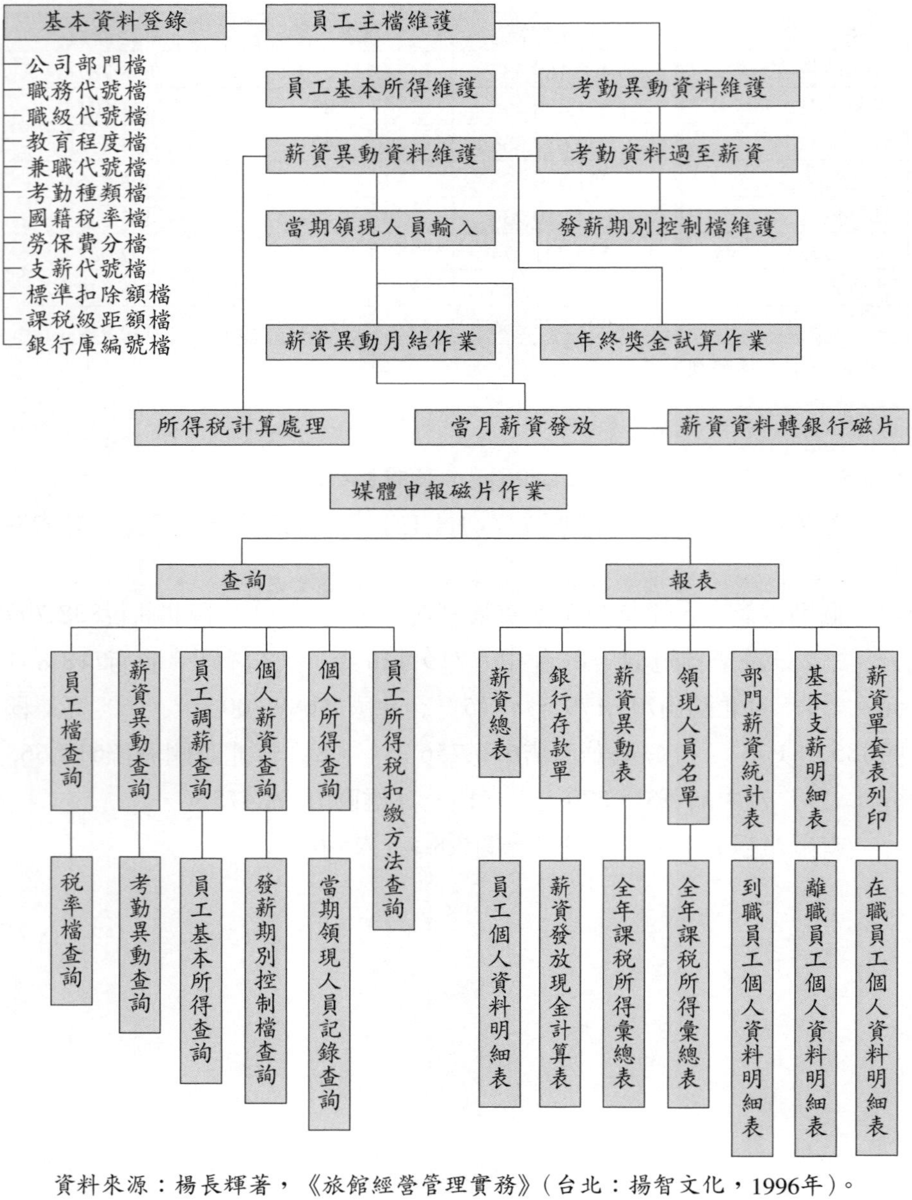

資料來源：楊長輝著，《旅館經營管理實務》（台北：揚智文化，1996年）。

表8-6　人事薪資管理系統簡介

簡述： ・薪資於企業內屬機密性之資料，故通常都由人工處理。 ・公司員工超過三十人以上，無論於人事資料管理、薪資計算上皆爲繁重作業，加上公司若爲每半個月支薪一次，此時工作人員之作業負擔絕不容輕忽。 ・每年年終之薪資所得申報也是一份繁重作業。 部門會用兼差人員，如果是觀光大飯店可能會僱請外國人員，其綜合所得稅率不一樣，而薪資所得扣繳憑單這些項目往往會增加財務人員之負擔，特別是一百名員工以上所需人工作業可觀。
特性： ・人事薪資對企業來說是一常態作業，所不同是每一家企業對員工（到職／在職／離職）之管理制度不同，而產生不同之處理差異。 ・臨時人員、計時人員於企業中占多數爲餐飲業之特色，其薪資計算仍不可小觀。 ・公司薪資與銀行帳號利用電腦自動轉帳與媒體申報作業已是目前企業最常採用之方式，不僅節省人力亦增加提領大額現金之安全性。
功能： ・人事基本資料記錄完整性，提高了工作人員調閱員工資料之效率；對企業本身員工狀況之掌握更具有時效性。 ・無論本國人或外籍人士之薪資、勞保費、所得稅、加班費等，計算快速正確，應付了每個月一次或兩次之支薪作業，大大降低了工作人員之作業負擔。 ・薪資自動轉帳、媒體申報、薪資所得申報書自動列印等，不僅減少了人員因以人工填寫之誤差，更提高了時間縮減之效益。

資料來源：楊長輝著，《旅館經營管理實務》（台北：揚智文化，1996年）。

貴族飯店經營管理成功者里茲的經驗與格言

現代飯店起源於歐洲的貴族飯店。歐洲貴族飯店經營管理的成功者是塞薩．里茲（Cesar Ritz）。英國國王愛德華四世稱讚里茲：「你不僅是國王們的旅館主人，你也是旅館主人們的國王。」

塞薩．里茲1850年2月23日出生於瑞士南部一個叫尼德瓦爾德（Niederwald）的小村莊裡。之後曾在當時巴黎最有名的餐廳「沃爾辛」（Voision）做侍者。在那裡，他接待了許多王侯、貴族、富豪和藝人，其中有法國國王和王儲、比利時國王利奧彼得二世、俄國的沙皇和皇后、義大利國王和丹麥王子等，並瞭解他們各自的嗜好、習慣、虛榮心等。之後，里茲作為一名侍者，巡迴於奧地利、瑞士、法國、德國、英國的幾家餐廳和飯店工作，並嶄露頭角。二十七歲時，里茲被邀請擔任當時瑞士最大最豪華的盧塞恩國民大旅館（Hotel Grand National）的總經理。

里茲的經歷使他立志去創造旨在為上層社會服務的貴族飯店。他的成功經驗之一是：無需考慮成本、價格，儘可能使顧客滿意。這是因為他的顧客是貴族，支付能力很高，對價格不在乎，只追求奢侈、豪華、新奇的享受（依現代經營管理理念，似乎不合時宜，但在貴族化生活的立場，的確是成功條件）。

為了滿足貴族的各種需要，他創造了各種活動，並不惜重金。例如，如果飯店周圍沒有公園景色（park view），他就創造公園景色。他在盧塞恩國民大旅館當經理時，為了讓客人從飯店窗口眺望遠處山景，感受到一種特殊的欣賞效果，他在山頂上燃起烽火，並同時點燃了一萬支蠟燭。還有，為了創造一種威尼斯水城的氣氛，里茲在倫敦薩伏依旅館（Savoy Hotel）底層餐廳放滿水，水面上飄蕩著威尼斯鳳尾船，客人可以在二樓邊聆聽船上人唱歌邊品嘗美味佳餚。像這樣的例子不勝枚舉，由此可以看出里茲是一個現代流派無法形容的商業創造天才。

他的成功經驗之二是：引導住宿、飲食、娛樂消費的新潮流，教導整個世界如何享受高品質的生活。1989年6月，里茲建造了一家自己的飯店：里茲旅館，位於巴黎旺多姆廣場15號。這一旅館遵循「衛生、高效而優雅」的原則，是當時巴黎最現代化的旅館。這一旅館在世界上第一個實現了「一間房間一個浴室」，比美國商業旅館之王斯塔特勒先生提倡的「一間客房一個浴室、一美元半」的布法羅旅館整整早十年。這一旅館另一創新是用燈光創造氣氛。用雪花膏罩把燈光打到有顏色的天花板上，這種反射光使客人感到柔合舒適。餐桌上的燈光淡雅，製造出一種神秘寧靜和不受別人干擾的獨享氣氛。當時，里茲旅館特等套房一夜房價高達2,500美元。

塞薩．里茲的格言之一是：「客人是永遠不會錯的」(The guest is never wrong.)。他十分重視招徠和招待顧客，投客人所好。

多年的餐館、旅館服務工作的經驗，使他養成了一種認人、記人姓名的特殊本領。他與客人相見，交談幾句後就能掌握客人的愛好。把客人引入座的同時，就知道如何招待他們。這也許正是那些王侯、公子、顯貴、名流們喜歡他的原因。客人到後，有專人陪同進客房，客人在吃早飯時，他把客人昨天穿皺的衣服取出，等客人下午回來吃飯時，客人的衣服已經熨平放好了。

塞薩．里茲的格言之二是：「好人才是無價之寶」(A good man is beyond price.)。他很重視人才，善於發掘人才和提拔人才。例如，他聘請名廚埃斯科菲那，並始終和他精誠合作。

塞薩．里茲的成功經驗，對目前我國的國賓館、豪華飯店和高級飯店中的總統套房、豪華套房的經營管理仍然具有指導意義。

資料來源：楊長輝著，《旅館經營管理實務》(台北：揚智文化，1996年)。

第九章

旅館資產管理

- 旅館固定資產管理
- 旅館用品及消耗品管理
- 旅館採購管理

資本額的大小決定旅館興建規模的重要因素，旅館投資進度中，早期的投資大部分是土地、建築物或機房內的設備，其後是支付客房裝修、餐廳裝潢及提供顧客使用的備品的龐大金額。旅館興建費用項目繁雜，根據統計數字中，國際觀光旅館每間客房分攤造價爲新台幣 300～400萬元，一般觀光旅館平均約新台幣250～350萬元。業者在投資之初，對於資金來源以比較保守的態度來評估，可減少日後投資不足時的困擾。切記，各項設備之採購以前，應有一定比例的預算，實際上價格買得多了，要想辦法在其他部分減扣，否則對業主較爲不利。

第一節　旅館固定資產管理

旅館固定資產是可供長期使用並保持原有形態的資產與設施，如房屋、土地、建築物、機器設備、運輸設備等。根據現行制度的規定，旅館業的固定資產必須具備兩個條件：（1）使用年限在一年以上；（2）單項價格在稅法規定限額以上。

旅館基本建設的資金來源，除了自有資金以外，主要是以貸款方式進行籌措。投資者籌備資金，主要是購買土地、建物、設備或將來旅館的更新改造和發展。旅館也可與國內外企業的聯營作爲取得資金的來源。

一、固定資產的計價標準

旅館固定資產的計價標準包括固定資產原始價值、固定資產現值及固定資產重估價等，茲分述如下：

（一）固定資產原始價值

原始價值又稱原價，指旅館在實際取得某項固定資產時，所發生的全部費用支出。原始價值是固定資產計價的主要基礎，它反映旅館的投資規模和固定資產的價值，也是旅館考核投資效果和固定資產利用效果的重要根據。

（二）固定資產現值

固定資產現值又稱固定資產淨值或折餘價值，是指固定資產原值減去已提折舊累計數後的餘額，其反映固定資產的現存價值，爲旅館目前固定資產的實際價值的重要指標。

（三）固定資產重估價

固定資產重估價是指在目前條件下，重新購買同樣的全新固定資產所需的全部支出。如旅館在財產清查中發現盤盈的固定資產，或接受捐贈的固定資產，在無法確定其原值時，以重估價值作爲其原值。

旅館固定資產計價後，未經批准即不能任意變動，除非固定資產實際發生變化時才能在帳面上加以反映。

二、固定資產折舊

固定資產折舊分爲「基本折舊」和「大修理折舊」兩個部分，分述如下：

（一）基本折舊

基本折舊是固定資產在使用過程中，由於損耗而轉移到旅館經營成本中的價值。

旅館固定資產折舊是旅館經營成本的重要組成部分，對於實際計入某一期間旅館經營的折舊費，是該期中所應提取的折舊額，而不是全部折舊總額。固定資產折舊的計提方法，一般按照固定資產原值和可使用的年限來平均計算。這種按固定資產使用年限平均計算每年應提取折舊額的方法，稱爲使用年限法。

(二) 大修理折舊

大修理折舊是旅館對固定資產的損耗進行大修理而追加的價值。旅館爲保持良好的狀態，就應進行一定的更新修理。固定資產的修理可分爲日常修理及大修理。

日常修理即中、小修理，由於這種修理發生頻繁，因此無法事先編制修理預算，但可經由統計各項維修費用中，取得一個概數，並依經驗值逐年比例增列預算。

大修理是指修理範圍大、間隔期長及費用高，年度大型維修，以便延長設備使用壽命，如車輛年度大保養、冷氣主機三年一次的大保養等。一般大修理費用都採用先提後用的辦法處理，逐月攤提預算費用，使各期均衡地負擔成本，每月預提一定數額的大修理準備，以便於期末或淡季時用於支付大修理費用，以恢復固有資產的使用價值。

三、資產重估

依據營利事業資產重估辦法第三條營利事業之固定資產、遞耗資產及無形資產於當年度物價指數較該資產取得年度或前次依法令規定辦理資產重估價年度物價指數上漲達25%以上時，得向財政部申請辦理資產重估價，並以其申請重估日之上一年度終了日爲基準日。

四、資產重估資料

1.物價指數表：由財政部洽請行政主計處於每年1月25日前提供。

2.資產負債表：應爲資產重估價基準日之資產負債表。

3.財產目錄：應爲重估基準日，重估公司之財產目錄（如表9-1）及土地估價申報（如表9-2）。

五、帳簿記錄之調整

1.自重估年度終了日之次日起調整原資產帳戶，並將重估差價，記入資產增值準備帳戶。前項資產重估增值，得免計入所得課徵營利事業所得稅。
2.企業接到稽徵機關審定通知書後，如有調整，得至稽徵機關查明核定後重估價值及重估差價明細，並索取資產重估後應提列折舊明細表，作爲重估後計提折舊時之用。

六、災害損失

災害損失係因存貨、存料及各項固定資產，遭受地震、風災、水災、旱災、火災、蟲災、戰禍等各項人力不可抗拒之災害所遭受之損失。

營利事業遭受災害，申報損失時，應依稽徵機關規定格式(如表9-3)詳細說明損失資產之編號、名稱、規格、數量、單價、總值（包括已提列之累積折舊），資產存放地點或座落，損失原因或人員及動物傷死亡應支費用預計數之清單，於十五日內向稽徵機關申請報備。

表9-1　財產目錄表

營利事業名稱 ____________________

折舊方法：平均 □　定率 □

財產目錄

年　月　日

設備或生財器具名稱	所在地址	數量	單位	取得時間			價格		預留殘值	取得原價減預留殘值	耐用年數			折舊額		未折減餘額	備註
				年	月	日	取得原價	（改良或修理）			原表規定	新表規定	換算後應提列	本期提列數	截至本期止累計數		

負責人 ____________（蓋章）　主辦會計 ________（蓋章）　製表人 ________（蓋章）

填寫須知：

（一）核准資產重估價之營利事業請到本局審查一科索取「營利事業核准資產重估後應提列折舊明細表」格式填用。

（二）請將「房屋之建號、土地之地號、車輛年份及牌照號碼」填列於備註欄內。

（三）享受免稅或加速折舊之生產設備，請將事業主管機關核發證明之文號填列於備註欄內。

（四）適用投資抵減之機器設備，請將稽徵機關核發業已安裝試車證明之文號填列於備註欄內。

（五）改良或修理係指原資產之改良或修理，請與原資產並列，不加計在原資產價格內，並以原資產未使用年數作爲耐用年數計提折舊。

（六）取得原價減預留殘值欄，若係依新表規定而換算耐用年數之資產，應以換算時該資產之未折減餘額減預留殘值後之金額填列。

資料來源：薛明玲、高文宏修訂，《營利事業稅務行事曆》（聯輔中心出版，1991年）。

表9-2　調整土地帳面價格明細表

資產重估價事業名稱：○○實業股份有限公司

調整土地帳面價格明細表

○○年 12月31日

摘要			原始取得年月	上次調整帳面價值年月	重估基準日帳載			重估申報											稽徵機關核定（本欄營利事業請勿填寫）			備註
															土地增值稅							
編號	座落	用途			面（坪）積	單價	金額	重估基準日公告現值（坪）	調整價值	調整差價	原申報地價或前次移轉時申報現值	地價之物價指數	土地改良費用及工程受益費	土地自然漲價總額	適用稅率	累進差額	增值稅總額	資本公積	調整土地價值	應提土地增值稅準備	資本公積	

負責人＿＿＿＿＿＿（蓋章）　主辦會計＿＿＿＿＿＿（蓋章）　製表人＿＿＿＿＿＿（蓋章）

附註：

（一）重估基準日帳載金額，以按資產重估價辦法規定，自行核算調整之金額爲準。

（二）如無原申報地價或前次移轉時申報現值，以第一次公告地價或前次移轉時公告現值爲準。

（三）物價指數係指都市平均地權調整地價之一般躉售物價指數。

（四）土地自然漲價總額＝申報土地現值－原申報地價或前次移轉時申報土地現值$\frac{\text{物價指數}}{100}$－土地改良費用－工程受益費－土地重測負擔總費用。

（五）土地增值稅＝土地自然漲價總額×稅率－累進差額。

（六）應附文件：土地所有權狀影本，原申報地價或前次移轉時申報現值影本，重估基準日公告現值影本。

資料來源：薛明玲、高文宏修訂，《營利事業稅務行事曆》（聯輔中心出版，1991年）。

表9-3　台北市營利事業固定資產及設備報廢或災害申報書

稅-35008

商號名稱		蓋章		負責人		簽名或蓋章		營業地址及電話				災害發生地點及電話	
申報日期	年 月 日			存放地點				損壞或燒毀程度		取得證明文據		災害發生日期	年 月 日	有無投保險	□有 □無

申報事項													調查核定意見				
取得年月日	設備或資產名稱	規格	單位	取得金額	耐用年數	折舊方法	已提折舊累積額	帳面餘額	報廢或受災部分				數量	金額	殘值	損失淨額	擬核定情形
									數量	金額	殘值	損失淨額					

（財政部台北市國稅局）　　此致　　審查人員　　　　年　　月　　日

資料來源：薛明玲、高文宏修訂，《營利事業稅務行事曆》（聯輔中心出版，1991年）。

七、會計處理方法

會計處理方法及其分錄如下：

1.先將各項損失自各該科目轉出

災害損失	285,000	
製品成本		10,000
製造成本		7,000
材料		10,500
生財器具		50,000
建築物		207,500

2.受損資產事後出售，得款3,000元

現金	3,000	
災害損失		3,000

3.取得賠償部分，自災害損失項下沖轉

現金	35,000	
災害損失		35,000

4.若受賠償資產未折減餘額爲5,000元，保險賠償金爲6,000元

現金	6,000	
災害損失		5,000
其他收入		1,000

八、固定資產導入電腦化

固定資產折舊提撥、資本化、報廢等作業相當麻煩瑣碎，特別是歷

史悠久飯店，資本因幾經易手而造成不完整，為財務人員一大困擾，新飯店其固定資產資料較容易導入電腦化，因資料取得較易且較齊全。

飯店本身就是一個大資產，舉凡發電機、電梯、客房設備、餐廳桌椅等，資產購入金額、折舊年限，加上一般飯店每五年會重新整修，產生資本化而使資產金額增加與年限延長之作業為飯店業固定資產之特性。

1.財產導入會計科目維護提供一自動產生傳票與總帳系統連線。初期導入作業可提供財務人員完整輸入畫面資料，依其財產編號逐一輸入。
2.提供財務人員財產調撥、增值、報廢、出售、維修、維修資本化、折舊產生調整等作業。
3.提供各類報表，協助負責人隨時掌控、瞭解目前固定資產狀況。

以上三點為固定資產導入電腦化所產生的功能。資產管理系統功能流程請參閱表9-4。

第二節　旅館用品及消耗品管理

構成旅館的主要商品是環境、設備、餐飲及服務，顧客的再度光臨是旅館商品功能最大的發揮。旅館投資的設備，本身即為商品，直接與顧客發生接觸，因此購買的設備與各項用品，必須在品質與耐用性方面多作考量，以期達到預期效果。

旅館的財物，可分為下列四種：

1.固定資產：如土地、建築物、電力設備、冷暖氣設備、電梯設備、鍋爐設備等。旅館建築物耐用年限，我國規定為五十五年。
2.備品：指旅館的生財器具，如客房內的床、電視機、桌椅、冰箱等。

表9-4　資產管理系統功能流程說明

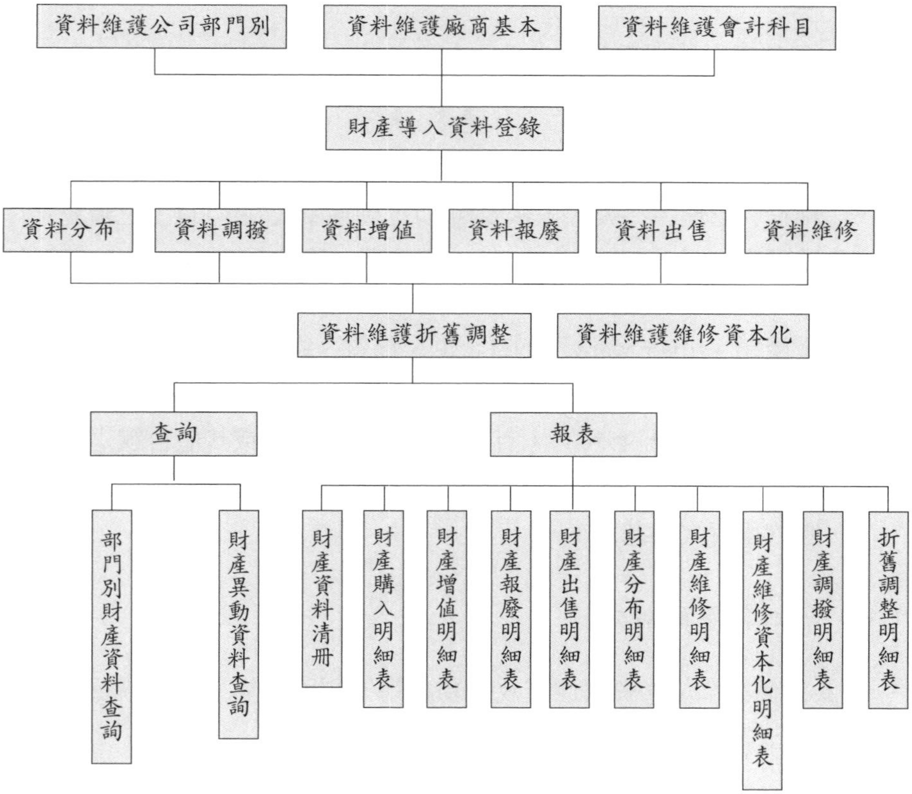

資料來源：楊長輝著，《旅館經營管理實務》（台北：揚智文化，1996年）。

3.用品：如床套、布巾、制服、廚房用具、餐具及運動器材等。

4.消耗品：可分爲餐飲原料及一般消耗品，如食品、飲料、文具印刷品、清潔用品等。

觀光旅館業規則第25條規定：觀光旅館建築物除全部轉讓外，不得分割轉讓。

一、器皿設備分類

一般飯店用的器皿設備之備品大致可分爲四大類別：

1.陶瓷類（china ware）：有硬瓷、軟瓷、陶瓷、素燒瓷、骨質瓷等材質，窯溫在1,200度以上完全瓷化，表面有上釉（釉上、釉下、釉裡）處理。不吸水，密度約2.5，硬度摩氏在5.5以上之精瓷。
2.玻璃類（glass ware）：有一般玻璃、強化玻璃、水晶玻璃等材質。強化玻璃高溫110度至180度，水晶玻璃含鉛量約在24%。
3.金屬類（silver ware）：有金質、銅質、銀質、不銹鋼或其他合金電鍍製品，材質在18cm～20cm爲原則。
4.布巾類（linen ware）：有絲、棉、麻、混紡或其他合纖之製品，縮水率在5%～7%以內，以高溫200度染整處理，耐褪色及耐洗次數約兩百次爲基準。

（一）器皿數量的設定

依各營業單位的餐飲性質及服務標準不同而互異，一般購買數量以席位數爲基礎，並配合轉換台數之多寡而設定。

1.陶瓷類：約席位數×3倍。
2.玻璃類：約席位數×3倍。
3.金屬類：約席位數×3倍。
4.布巾類：約席位數×3.5倍。
5.其他廚房用雜項：約實際使用數的2倍。

（二）庫存品

因器皿破損標準、使用次數、耐用年限而有所不同，因此切記不必要的庫存以免占用空間及資金浪費。器皿設備年間損耗如下：

1.陶瓷類破損率約25%～35%，耐用年限約三至五年。
2.玻璃類破損率約45%～65%，耐用年限約一至三年。
3.金屬類破損率約3%～8%，耐用年限約五年以上。
4.布巾類破損率約15%～25%，耐用年限約二至三年。

從上述破損比率及品質標準來看，器皿設備在各飯店競爭時勢及創新潮流下，平均所設定的年限約三至五年內不等，這期間器皿的重置，要補充或配合營業方針作全面的更新。

旅館開幕前客房與餐飲設備項目，請參閱**附錄一**。

二、房間內各式消耗備品

房間各式消耗備品包括備品與消耗品，備品有浴巾、面巾、餐飲簡介、客房餐飲單、文具夾、資料夾、套房用浴袍、吹風機、水杯、菸灰缸、男女衣架、毛氈、床單、床墊、床罩等。

消耗品包括的項目有：原子筆、信封、牙膏及牙刷、男女拖鞋、浴皂、面皂、浴帽、洗髮精、沐浴精、衛生紙、面紙、便條紙、洗衣袋、茶包等。房間內各式消耗備品如**表9-5**所示。

（一）商品盤損

任何商品、材料、物品等有形資產，於年終盤查存量時，發現實際數量較帳列存量少而發生的差額，即爲商品盤損。依查核準則第101條所定商品盤損，其認定的要件爲：

1.商品盤損的科目，僅係對於存貨採永續盤存制者適用之。
2.商品盤損時應即取得證明，若無法取得證明，應迅即詳細列出損失品名、規格、數量、單價、總價、原因及存放地點之損失清

表9-5　消耗備品一覽表

備品		消耗品		
浴巾	菸灰缸	水洗單	浴皂	茶包
面巾	急用手電筒	乾洗單	面皂	棉花球
小方巾	電話簿説明	燙衣單	V.I.P.皂	備品襯紙
腳布	聖經	透明垃圾袋	浴帽及盒	水杯襯紙
餐飲簡介	男衣架	原子筆	沐浴精及盒	年曆卡
電視節目表	女衣架	中式信封	洗髮精及盒	保險箱説明
早安卡	睡袍	西式信封	乳液及盒	晚報封套
早餐卡	冰桶	中式信紙	擦鞋盒	mini-bar帳單
套房簡介	肥皂缸	西式信紙	面紙	花果植栽
客房餐飲單	便條夾	飯店明信片	衛生紙	其他
文具夾	IDD封套	棉花球	女性衛生袋	
請勿打擾牌	國際電話説明	梳子	水杯套	
打掃房間牌	棉花球容器	刮鬍刀盒	火柴	
小花瓶	毛氈	牙膏及牙刷	便條紙	
資料夾	床墊、床舖	男拖鞋	小鉛筆	
套房用浴袍	床單、床罩	女拖鞋	針線盒	
防滑浴墊	飾畫	衣刷	意見書	
吹風機	其他	鞋拔	洗衣袋	
水杯		擦鞋袋	購物袋	
水杯盤		擦鞋卡		

資料來源：楊長輝著，《旅館經營管理實務》(台北：揚智文化，1996年)。

單，並於事實發生後十五日內，檢具清單請主管稽徵機關調查。(如表9-6)

3.商品盤損，依商品之性質，不能提出證明文件者，如會計制度健全，經實地盤點結果，商品盤損率在1%以下者，可以認列。如超過1%以上者，仍應取具證明文件，以憑認定。

(二) 消耗備品管理

旅館房間內的消耗備品，餐飲部依其耗損頻率，將其分爲消耗品及非消耗品。

表9-6　台北市營利事業 原物料／商品 變質報廢或災害申報書

商號名稱		蓋章		負責人		簽名或蓋章		營業地址及電話			災害發生地點及電話		
申報日期	年　月　日			□庫存 □銷貨退回	□是 □否 貨物稅廠商			受損或災害原因		取得證明文據	災害發生日期	年　月　日	有無投保險 □有 □無

申報事項															調查核定意見					
期初存貨					本期購進或生產			已銷售或耗用數量申請	報廢或災害前一日止帳面應結存量	實際受損或受災										
品名	數量	單位	單價	金額	數量	單價	金額			數量	單價	金額	殘值	損失淨額	數量	單價	金額	殘值	損失淨額	擬核定損失情形

財政部台北市國稅局　　此致　　調查人員　　年　月　日

資料來源：薛明玲、高文宏修訂，《營利事業稅務行事曆》（聯輔中心出版，1991年）。

1.消耗品的管理：消耗品如餐廳所用的烹調器具、餐具、布巾類、文具、清潔用品等，體積較小、耐用度低、容易耗損。

（1）消耗品的備品補充，應訂定單位使用備補標準量，如布巾類大都設定三套，一套使用中，一套換洗中，一套放於庫存。文具、清潔用品按實際情況補充。

（2）餐具類及布巾類應設有損耗率的規定，金屬餐具爲1%，玻璃器爲5%，陶瓷器爲3%，布巾類爲3%。

（3）耗損報銷手續，先要報請主管核准。

（4）爲防止物品損失，務須加強管制，領物出庫憑申請單核發，以建立完善的存管制度。

2.非消耗品的管理：非消耗品如電子機具、木器家具、金屬物品，均屬體積較大且耐用度較高的物品。

（1）餐廳中之家具，如餐桌、椅子、沙發、裝飾物品等，由餐務員負責保管，電氣設備、空調設備、音響、照明等設備由專門技術人員專責保管使用，廚房中之烹調設備、冰箱等由總廚師負責使用。

（2）非消耗品應列入「財產」管理系統，登錄於財產管理帳卡（如表9-7），一式兩份，由使用單位負責人簽蓋，一份存使用單位，一份存庫列管，作爲物帳與盤點的根據。

（3）非消耗品列管使用期限，一般設定爲三年，第三年可考慮財產折舊，編列預算，更新設備。

（三）餐飲食品的管理

1.核對所有的交貨單、發票、退貨單及收貨報告。

2.定期清點庫存的食品及廚房中的食物，並與存貨清單核對。

表9-7　財產管理帳卡

財產卡

使用單位：

使用人：

職位：　　　　　　　　　　　　　　　　　　　　製卡日期：　年　月　日

購置日期	使用日期	財產編號	品名	規格	數量	單價	總價	使用人簽認	備註

資料來源：《餐飲業經營管理技術實務》（經濟部商業司編印，1995年）。

（四）飲料的管理

1. 核對並結算交貨通知單、退貨單、發票及收貨報告表，核對後分別登記於酒類帳中。
2. 製作期間性的存貨清單，作為飲料管制報告之用。
3. 每日製作飲料管制報告，詳列當天的營業額和營業量。

第三節　旅館採購管理

旅館位置確定之後，必須就環境條件周詳整合，就市場需求反應於設計條件之中，旅館建築有別於一般，它的硬體必須於開業之後與軟體功能相互配合，因此，除建築師之外，投資者必須同時聘任更多專業顧問，將整體軟、硬設施合併考慮，使日後經營得以順利進行。以台北君悅大飯店爲例，其各專業顧問達二十七種之多，這種理念是花錢的，也是必要的。

設計者除業主的構想或企劃報告的給與條件，多加細琢考量，分析組合整理出設計，務必取得業主或決策者的確認。

有關設計小組的組織、具體的進展方式、設計能源的投入方式、整體的進度表等，在設計開始時，內部作業均須作好確認的工作。這些項目對各擔當負責人如有意見反應，也均須作愼重適切的處理（如表9-8）。

旅館總經理負責統籌全局，要保持旅館的水準和增進旅館的聲譽，必須注意下列事項：

1.旅館的建築設計是否適合時代的潮流與顧客的需要。
2.旅館的設備及布置是否完善，安全措施是否齊全。
3.聘派工程人員檢查旅館的全部建築，及增添必須用具及設備。

副總經理需與工務主管保持密切關係，熟悉一切機械、電機、聲光、用水及污水等設備系統，依照總經理的指示，督導承包商的工作。

房務管理通常以房務主任爲主管，除維持客房及設備的清潔衛生外，在大型旅館中又須管理洗染或協助選擇採購用品。

旅館的連鎖經營擴展遍布於全球，其主要目的在於共同採購旅館用品、物料及設備，以降低經營成本，提高服務品質，發揮硬體的設備功能，健全管理制度。最終目的仍在於業者聯合力量，建立共同的市場，以確保共同的利益。

在旅館經營活動裡負責採購消費材料者爲採購組，以採購物品爲主要業務。餐飲採購是十分艱鉅的工作，採購人員必須有豐富的學識，除具備採購物品之專業知識外，對於會計、統計、電腦資訊均須加以研

表9-8　設計條件

項目	設計條件
工程名稱	
建築名稱	
建築業主	〔建築物所有者〕 代表者： 負責單位： 負責人： 聯絡處： 其他： 公司名稱： 〔建築物使用者〕 代表者： 負責單位： 負責人： 聯絡處： 其他： 公司名稱： 〔其他關係者〕
用途及事業計畫	機能及整體架構： 新蓋、增蓋、改建、將來的計畫。
基地環境	地段： 地址： 基地面積： 境界範圍： 鄰近環境：斷崖、河道、日照、日射、噪音、臭氣、學校 都市環境：鐵路、公路、高速、捷運
基地規劃	〔地域類別〕 地域用途： 地域防火： 其他地區指定： 建蔽率（%），最大建築面積（m^2）： 容積率（%），最大容積面積（m^2）： 道路寬幅： 都市計畫道路： 日射規定： 駐車場法規數量： 電波干擾： 特殊申請手續：

項目	設計條件
基地現況設備關係	〔自來水〕 給水本管：管徑　位置 〔井水〕 有無規劃，常水位，出水量 〔下水放流〕 排水本管：管徑、位置、深度、規制 淨化地：水質基準 〔瓦斯〕 管徑、位置、壓力 〔電力〕 受電方式、供給方式： 電力公司聯絡處： 〔電話〕 導入方式： 電信局聯絡處：
建築概要	總樓地板面積： 住宿設施種別： 〔必要的營業設施內容〕 客室：　間 單人房：　m^2／間　m^2／間 雙人房：　m^2／間　m^2／間 套房：　m^2／間　m^2／間 其他：　m^2／間　m^2／間 宴會場所：　間，合計　m^2 大宴會廳：　m^2，　間 小宴會廳：　m^2，　間 其他：　m^2，　間 婚禮關係：新娘房，更衣室　間 餐飲關係： 咖啡廳：　位，　m^2 主要餐廳：　位，　m^2 中式餐廳：　位，　m^2 西式餐廳：　位，　m^2 和式餐廳：　位，　m^2 主要酒吧：　位，　m^2 其他：　位，　m^2 其他營業設施： 商店街：種別及面積 游泳池，健身房，三溫暖 運動場所，回力球場，網球場 停車場容量台數：

資料來源：楊長輝著，《旅館經營管理實務》（台北：揚智文化，1996年）。

（續）表9-8　設計條件

項目	設計條件
建築概要	〔建築的構想〕 外觀的構想，象徵性色、形： 內部空間的構想： 主要大廳的構想： 標準客房的構想： 宴會場所的構想： 〔表面建材〕 外裝的主材： 主要大廳的材質： 有無主題性的材質：
設備概要	〔電氣設備〕 受電方式： 配電方式： 變電設備： 緊急電源設備： 照明設備： 宴會場所特別設備： 電氣音響設備： 客房管理設備： 安全監控設備： 諮詢電腦設備： 〔其他的設備〕 〔空調設備〕 熱源設備： 空調方式： 空調區域方式： 排煙設備： 換氣設備： 廚房的排氣方式： 〔給排水、衛生、消防設備〕 給水設備： 熱水設備： 排水設備： 衛生設備： 消防、設備、種別、用途： 瓦斯設備： 殘菜垃圾設備： 洗衣房設備： 〔升降機設備〕 客用電梯： 服務電梯：
設備概要	電扶梯： 緊急安全電梯： 停車塔升降設備： 〔廚房設備〕 特殊照明設備： 其他：
工程計畫	企劃： 基本計畫： 鄰近說明： 實施設計： 申請業務： 發包業務： 工程期間： 開業準備： 開幕預習： 開幕：
工程預算	建築工程費，單價： 電氣設備費，單價： 空調設備費，單價： 給排水、衛生設備費，單價： 升降機設備工程費，單價： 廚房設備工程費，單價： 舞台設備工程費，單價： 宴會場所特殊設備費，單價： 洗衣房工程費，單價： 冷藏、冷凍工程費，單價： 殘菜處理工程費，單價： 放流水處理工程費，單價： 造園、外圍工程費，單價： 家具，室內裝潢工程費，單價： 特殊照明設備工程費，單價： 美術工藝品費用： 什器、備品費用： 制服、指標費用： 其他：
發包方式	整包發包方式，分包發包方式 單獨施工者，JV施工者 分期工程發包 施工者選定方式 投標，指定投標，議價 特別指定

資料來源：楊長輝著，《旅館經營管理實務》（台北：揚智文化，1996年）。

究，制定最佳的採購策略。一般而言，餐飲的採購政策可分為外購與自製、合約採購、獨家採購與多家採購等多種政策。餐飲採購之主要任務乃確保餐廳、廚房所需的物質能及時供給，以利生產與銷售的運作。

餐飲業採購部以採購主任為主管，以下有數個採購人員所組成，採購主管隸屬於總經理。採購部門常與倉儲、配送部門合併，組織為後勤物料管理部門，工作職掌是廠商的選定、貨品的議價、訂貨、驗收品管、倉儲管理、提供財務部門完整的物料成本資料等。

採購的範圍以工作區分為：

1.原料組：負責餐廳、廚房的食物、罐頭食品、調味品、蔬菜及水果的採購。
2.物料組：負責各種文具、日常用品、布巾類的採購。
3.設備組：負責各種烹調設備、餐廳桌椅之採購。
4.工具組：負責刀叉，器皿等生財器具之採購。

不論飯店規模的大小、組織工作如何分配，採購人員對採購的物品從供應商到交貨後的流向與使用情況，必須加以瞭解及追蹤。

採購為一後勤單位，從食材、用品到設備器材，如能有效地控制成本，在競爭激烈的餐飲業中，應該穩操五成的勝算。

一、貨源選擇與採購要領

餐飲業如中餐、西餐、速食等，販售的菜式各不相同，故所需的貨源、規格、品種等，也各有特殊的要求，今將貨源分為四大類加以分析如下：

1.食品生鮮類：包括各種肉類、海鮮、蔬菜、水果等。食品生鮮類的選擇要把握採購三要素：品質好、價錢低、服務好，更應注意市場的脈動、新鮮度的確保及供應商即時供貨的能力。

2.冷凍食品類：冷凍食品的方便性，在於保存期限較長，而且多經過初級加工。在選擇此項物料時，除了品質須加以考量，對工廠的生產流程亦須審慎評估。

3.食品乾貨配料類：此類物料包括油、鹽、醬油、糖、南北貨配料等，保存期限較長，依廚房的需求，按一般採購原則處理即可。

4.用品雜貨類：此類物品爲餐廳用品，如刀叉、筷子、餐巾紙等，各種營業上需要用到的物品，採購人員可評估各項用品的用量，若達經濟採購量，可直接向上游的廠商採購，以降低成本。

採購量一般可藉由公式得出最佳訂購量，其公式爲：

採購量（含安全庫存量）＝每日用量×進貨天數×1.2

採購週期需考慮鮮度、耗用量、供貨期間及庫存空間，一般餐廳普遍採用的採購週期爲生鮮肉品、蔬果每日採購，冷凍食品每週或二十天採購，一般用品每月採購。

採購人員須充分掌握季節性的變動，必能取得成本低、新鮮度佳的當令食材，提供廚房製作精美佳饌，以吸引顧客。

採購部必須經常與廚房人員聯繫，根據主廚所開列的魚、肉、蔬果及各式乾貨來進行採購。採購的數量根據廚房用料預算以庫存量來決定，且採購物品交貨時間，須與廚房用料時間配合。

採購部必須與餐廳主管經常聯繫，根據餐廳主管所需的物品規格、用途、數量、品質以及交貨時間進行採購，並且與財務部、會計部保持聯繫，對於採購的預算、價款的支付方式及進貨帳目的登錄，必須事先磋商，共擬加強物料稽核管制的方法。

倉儲部門須將最新庫存量記錄表通知採購部，採購部也必須將進貨數量、進貨時間，通知倉儲部門。庫存表如表9-9。

品管部若發現物品規格、品質不符，應立即通知採購部門處理。

採購部門訂貨單應複寫二份。交貨單可作成三聯；第一聯爲採購

表9-9　庫存表

編號： 品名：		管理人： 安全庫存：		
日期	入庫	出庫	數量	結餘

資料來源：作者整理。

單，第二聯爲請款單，第三聯爲交貨單副本。將這些表單存放於交貨廠商。交貨廠商於交貨時，只要記入貨名、數量、單價，並在交貨時，附上採購單即可，到了月底再提出請款單請款。採購單位可將採購單當作交貨單併用，並將訂貨單的副本與採購單核對，確認數量、重量、品質等項，然後在採購單上蓋章（如表9-10）。

現金採購時，在三張複寫的採購單上記入貨名、數量、單價、金額及交貨人姓名。若賒帳購貨時，應將採購單分別製作轉帳傳票，記入採購商戶總帳內，並在傳票與總帳上蓋印。

若金額較大，需要預付部分定金，其分錄如下：

預付款項　XXX
　　　現金　　XXX

交貨付款時：

存貨　XXX
　　現金　　XXX

表9-10　採購單

____年____月____日填

供應廠商：	電腦編號：
地址：	負責人簽章：
服務項目：	電話：

供應項目	規格	數量	單價	金額	備註

總經理：　會計部：　採購部：　接洽人：

資料來源：作者整理。

旅館管理系統採購系統功能流程如表9-11，採購系統簡介如表9-12所示。

二、庫存管理

旅館興建完成之營業初期，爲使倉庫儲存物品管制更科學化、管理系統化，均編訂分類明細表方便於管理作業。旅館庫存品依性質分爲下列四大類：

1.食品類：包括罐頭及雜食品、酒類及飲料、香菸。

表9-11　採購系統功能流程說明

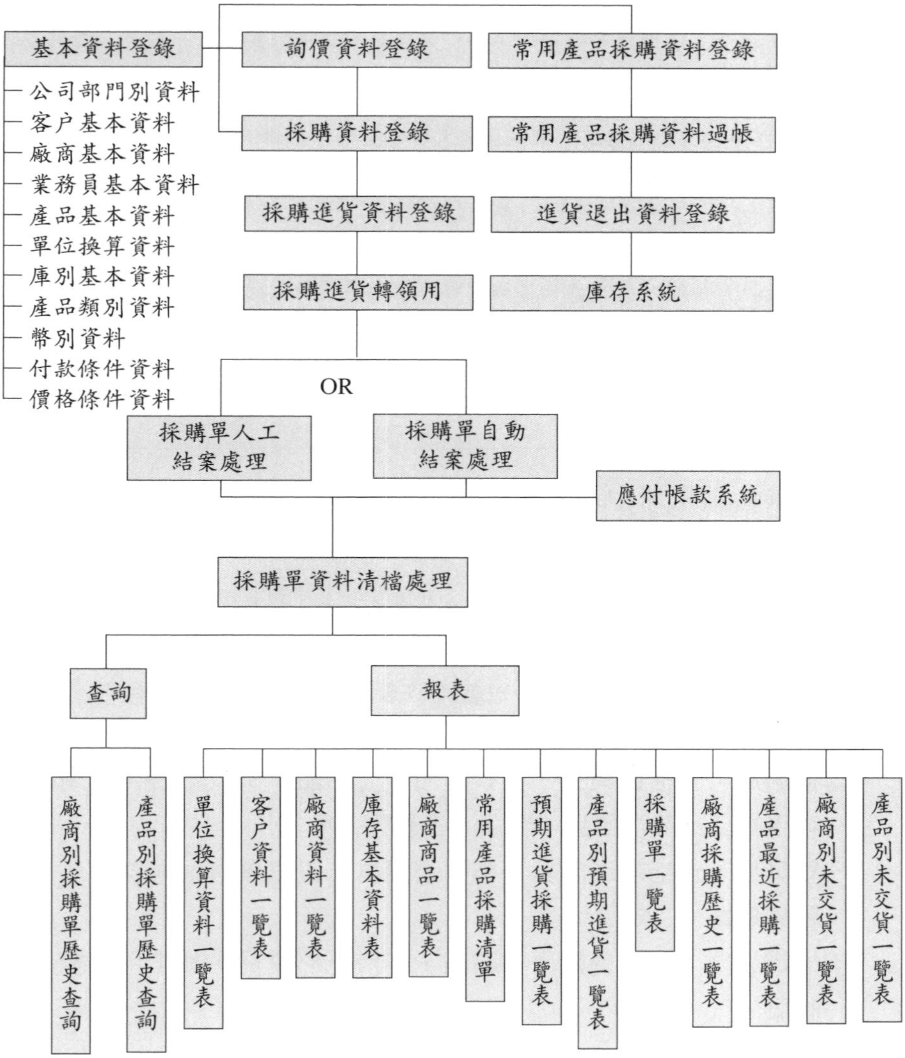

資料來源：楊長輝著，《旅館經營管理實務》（台北：揚智文化，1996年）。

表9-12　採購管理系統簡介

簡述： ・採購作業是企業中很重要的一個單位：大型企業採獨立單位，一般亦有採歸屬到總務部門負責。 ・餐飲業採購大致可區分爲爲南北雜貨採購、生鮮物品採購、臨時採購（直接貨），這之間作業上之控制，常讓採購人員產生不少困擾。 ・詢價、比價、下訂單對於採購人員來說不僅需具備超大之記憶力，更需有敏鋭之判斷力，這之間拿捏便是一門很大的學問。
特性： ・飯店（餐廳）採購一般較會發生驗收時與採購單不符或是品質不良而退貨；大部分會以補貨方式處理，有些則以折扣方式解決。 ・常用物品採購，有些大型餐飲業採用常用採購單，由各廚房分別將所需物品數量、規格填寫交由採購直接下單叫貨，如此不僅節省填寫單據時間，更減少因筆跡不清或筆誤產生之錯誤。
功能： ・採購詢價資料保存完整，提供兩家以上比價時作業之便利及迅速性。 ・常用採購單資料列印，隨時快速處理採購、叫貨作業，節省填寫單據時間，減少因筆跡不清或筆誤產生之錯誤。 ・採購單歷史資料查詢，不僅協助採購人員避免廠商亂抬高價錢，更可充分掌控物品進貨價格，作爲控制成本之第一道關卡。

資料來源：楊長輝著，《旅館經營管理實務》（台北：揚智文化，1996年）。

2.物品類：包括醫藥品、洗衣用品、光熱品、文具紙張、印刷品、客用物品、清潔用品、雜品、工務用品。

3.餐具類：包括玻璃餐具、不銹鋼餐具、銀器餐具、陶器餐具、工藝品餐具。

4.棉織品類：包括餐廳用棉織品、客房用棉織品、員工用棉織品、制服。

若以200間客房旅館規模設定，則食品類多達151個項目，物品類有390個項目，餐具類有543個項目，棉織品類有123個項目，總計1,107個項目，由此可知旅館開幕前除了機電設備、空調設備、鍋爐設備、客房設備、餐飲設備，尚須採購一千多樣的物品，以供旅館的營業之用，因此採購人員必須有專業知識，始能肩負如此重大的責任。

餐飲業的庫存作業在旅館中屬較難管理的部門，任何一家飯店均需要完備的倉儲設施，將各項物料依不同的性質，妥善儲存於倉庫中，在最低價時，適時購入儲存，以降低生產成本及免於不必要的損失。

倉庫管理的目的爲有效保管並維護物料庫存的安全，倉庫設計必須注意防火、防濕、防盜等措施，並且加強盤存檢查，以防止物料短缺及腐敗的發生。倉庫應有適當的空間，方便於物品搬運進出，儲藏物架的設計應注意不能太高。良好的庫存管理將使物料得以充分的使用，減少殘呆料的損失。旅館庫存採用電腦化作業，則完整、流暢的庫存物品管理，從驗收、入庫、單位成本計算、領用、盤點等，物品數量、金額即時掌握，提供人員作業掌控與操作的實用及簡易性（如表9-13）。

良好的貯存與倉庫管理，可確保物品使用安全與方便，並可減少許多無謂的損失。儲存位置與盤點工作相結合，可節省管理的時間及增加盤點的正確性。儲存位置應固定，並標示清楚。儲放貨品時，應不妨礙出入及搬運，不阻塞急救設備、照明設備、電器開關及影響空調及降溫之循環。

在存貨管理上，先進先出是一般最基本的要求，倉管人員必須做到進貨翻堆，新貨入庫時，必須先調整儲位，使用人員可依序取用，則可達成先進先出的原則。規模較大的旅館爲方便庫存管理，減少作業程序，在營業現場或廚房增設一小型儲存空間，每日由使用單位領取一日所需的物料，對使用單位是一方便有效的方式。

庫存的功能，在使物料妥善保管，存貨管理區分爲物與料。「物」即設備，大至桌椅，小至餐巾碗盤，回轉慢，以減低折舊防止耗損；「料」即食品原料，回轉的越快，則獲利性越大。爲使物料管理完善，必須注重物料收發、帳卡處理、料的存管、物的存管、盤點等項目。

物料驗收時，雞、鴨、魚、肉、蔬果、生鮮、原料發交廚房備用，

表9-13　庫存系統功能流程說明

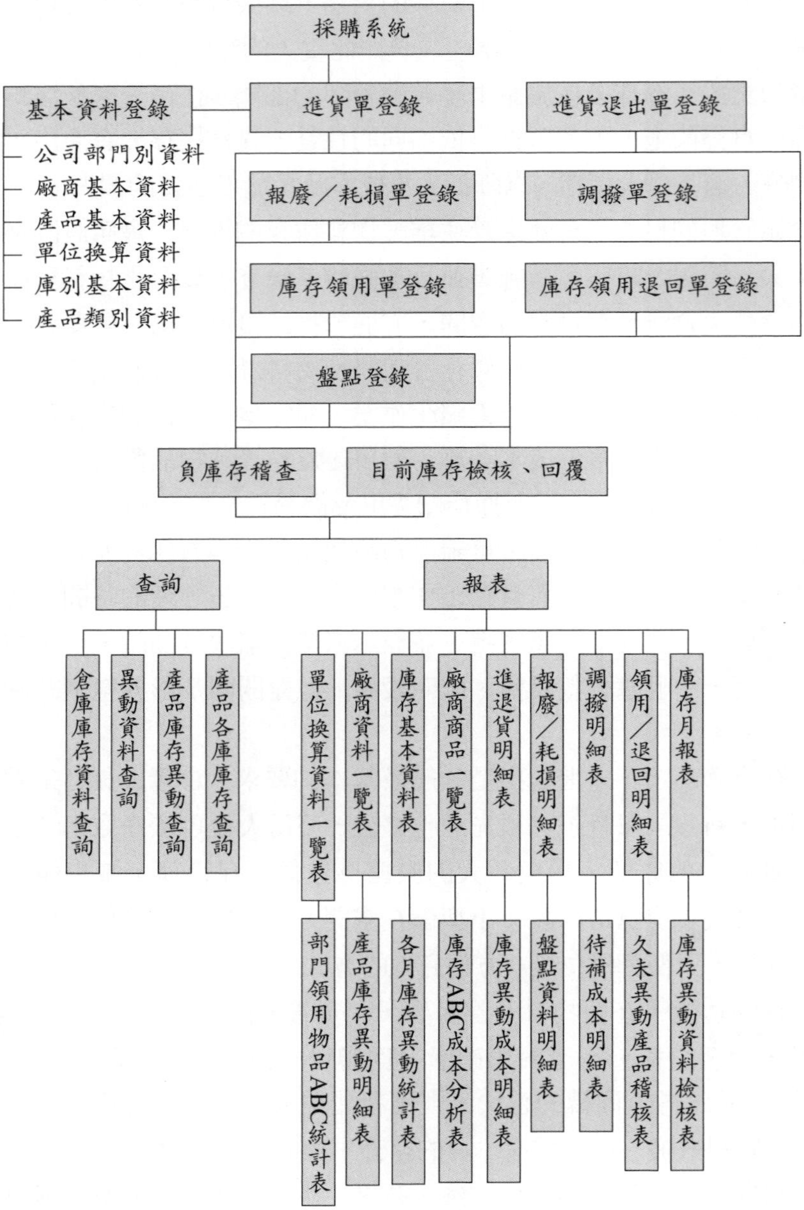

資料來源：楊長輝著，《旅館經營管理實務》（台北：揚智文化，1996年）。

而乾貨直接入庫保管備用，進庫的每一種物料應該有單獨的料牌、單位、規格以及收、發、存的數量。最滿意的庫存量稱爲基本存量（base stock）。爲預防季節性的缺貨及貨入的原料發生瑕疵，設有安全存量，則能確保餐食的正常供應，而不會影響餐廳的營運。物料之出庫，應由使用單位如廚房、餐廳、酒吧等，提出出庫領料單（如表9-14、表9-15），而各負責主管須蓋章，申請的物料才能發出。領用手續須齊備，

表9-14　物品請領單

上輝大飯店物品請領單　　NO.003819

請領單位 ________________　　請領日期____年____月____日

物料編號	品名	規格	單位	請領數量	實發數量	單價	金額	請領原因				備註
								新領	銷售	遺失	損耗	

財務部	請領單位主管	倉庫管理	請領人

第二聯：倉庫管理存查

資料來源：作者整理。

表9-15　原料請領單

上輝大飯店餐飲原料請領單　　NO.008866

請領單位 ____________　　請領日期___年___月___日

物料編號	品名	單位	請領數量	實發數量	單價	金額	備註

財務部	請領單位主管	倉庫管理	請領人

第一聯：領發後送財務部

資料來源：作者整理。

料帳才會清楚。發交廚房的資料，只發每日的必要量，保持所謂的基本存量，尤其是較昂貴的材料更應如此。乾貨庫存量以五天至十天爲標準。每月的最後一日，依據當月的領料申請單實施倉庫盤存清點。

物料驗收時，有驗收報告表；發料時，出庫時必須填寫正確的出庫領料單；物料在各單位間移轉，應使用移轉單，轉貨並轉帳，作爲會計部門計算各單位實際發生成本與利潤的根據。

喜來登成功之道

歐內斯特・亨德森（Ernest Henderson），1897年3月7日生於離美國波士頓不遠的栗樹山鎮，病逝於1967年9月6日。他於1937創建喜來登旅館公司（Sheraton），到了1989年，喜來登旅館公司旅館總數已達540家，客房超過15.4萬間，遍及全球72個國家，是世界上最大的國際旅館公司之一。上海華亭喜來登賓館也是它的成員。

不少人以為，像希爾頓一樣，喜來登就是該旅館公司老闆的名字，其實不然。可是後來，亨德森先生於1965年出版了一本自傳，書名為《喜來登先生的身世》（*The World of Mr. Sheraton*），在這裡，亨德森先生將自己稱為喜來登先生。

早期創建大旅館公司的人，大多數是科班出身。如里茲先生開始當餐廳服務員，斯塔特勒先生開始當前廳行李員，希爾頓先生早年也幫忙開小店的媽媽招待客人。可是亨德森先生與他們不同，他直到四十四歲時才認真從事旅館業。他在旅館經營管理技術上沒有許多創新，但他為喜來登旅館公司有效管理而制定的「喜來登十誡」（The Sheraton Ten Commandments）卻很有意義。

第一誡，不要濫用權勢和要求特殊待遇。這是對管理人員的約束。亨德森先生說，他每到一個喜來登旅館，那裡的經理總是為他安排最好的客房，像招待貴賓那樣送上一籃新鮮水果。他又說，那些經理不理解，其實作為董事長的他，最愛聽的話是：「對不起，那間總統套房已被客人住了。」因為，那間總統套房每天至少可獲得幾百美元的收入。

第二誡，不要收取那些討好你的人的禮物。收到的禮物必須送交一位專門負責禮品的副經理，由旅館定期組織拍賣這些禮物，所得的收益歸職工福利基金。這一約束的目的在於，防止有人因私人得到禮品好處，在交易中就用旅館的財物去作人情。如負責食品採購的經理，為了回報送禮商人幾美元禮品的好處，常常會提高食品購買價格，而使旅館增加數十萬美元的開支。

第三誡，不要叫你的經理插手裝修喜來登旅館的事，一切要聽從專業的裝潢師瑪麗・肯尼迪。這一約束在於強調專家管理。1941年亨德森買下了波士頓有名的「科普雷廣場旅館」（Copley Plaza），決定對它進行重新裝修。如何能保證裝修結果使顧客滿意呢？亨德森請了八位裝潢大師，舉行裝潢競賽。每人要裝潢一間房子，預算費用為3,000美元，要求他們裝潢成受客人歡迎的未來型客房。到競賽結束那天，他舉辦了一次大型雞尾酒會，請來了1,000名客人，請他們投票選出每人最喜歡的房間，最後裝潢師瑪麗・肯尼迪以壓倒多數贏得了這場競賽。從此，瑪麗被喜來登旅館公司聘作旅館裝潢的總主持人，亨德森先生規定，各旅館經理不能擅自修改瑪麗的裝潢方案。

第四誡，不能違背已經確認的客房預訂。「超額預訂」是旅館經理為了防止有一部分預訂者不到店住而造成損失的一種方式。如果預訂者都到店住了，超額預訂就會出現有預訂的客人沒有客房可住的情況。一旦出現這種情況，喜來登公司規定，送客人一張20美元的禮券，這張禮券可在任何一家喜來登旅館使用，並派車送客人到另一家旅館居住，車費由喜來登承擔。

第五誡，管理者在沒有完全弄清楚確切目的之前，不要向下屬下達指令。亨德森先生認為，如果管理者理解清楚了每一指令的目的，同時又讓下屬瞭解指令的目的，就可使下屬發揮主動性和靈活性，把工作做得更好。

第六誡，一些適用於經營小旅店的長處，可能正好是經營大飯店的忌諱。亨德森先生認為，在小旅店裡，老闆的長處在於他能統管一切事務。可是在大旅館裡，必須授權予人。大旅館成功的根本點在於選拔部門經理，發揮他們的才幹，靠他們去承擔責任和行使權力。如食品、飲料、前廳服務的程序、鍋爐與電梯的維修等具體事務要由部門經理去考慮。實踐證明，提拔小旅館經理來掌管大飯店往往出現許多頭痛的事。只有以那些善於授權的人來管理大飯店才能取得成功。

第七誡，為達成交易，不能要人家的最後一滴血。亨德森先生認為，在談生意時，幾美元的爭執在當時看來似乎事關重大，但實際意義並不大。在一些微小的爭執中，不要使用「要做就做，不做拉倒」的語句，要有整體與長遠眼光，小分歧可以通融，不要把大路堵死。

第八誡，放涼的茶不能上餐桌。這一誡雖然是直接針對餐廳服務員講的，但它的精神適用於一切服務員。這就是要遵循服務的質量要求，如熱菜要熱，用熱盤；冷菜要冷，用冷盤。

第九誡，決策要靠事實、計算與知識，不能只靠感覺。亨德森先生認為，任何決策，首先要把實際情況搞清楚，要認真進行計算，光靠感覺、估計、願望就去執行的做法要禁止。

第十誡，當你的下屬出現差錯時，你不要像爆竹那樣，一點就火冒三丈。因為他們的過錯，也許是由於你沒有給予他們適當的指導而產生的，你要從解決問題的角度去思考如何更好地去處理。

亨德森先生著名的格言是：「在旅館經營方面，客人比經理更高明。」凡寄給喜來登總部的信，他都要求給予即時的答覆。無論是表揚信，還是投訴信，都要轉給有關經理閱讀。對投訴信的處理尤其認真，他認為顧客的抱怨有不少是建設性的，是旅館制定政策和改進業務的依據。他讚賞運用「顧客意見徵詢表」，一旦喜來登總部收到的投訴信件少了，他就指示用「顧客意見徵詢表」去主動徵詢客人的意見。

早在60年代，亨德森先生就指定由專人來處理客人的投訴，還要求對讚揚與投訴的信件分類登記和整理。當時還確立了下列評價標準：當抱怨信略多於讚揚信時，說明經理工作有些疏忽，如果比例是60：40，那麼就必須認真對待，即時採取措施。另外，如果對某一位經理的讚揚信過多，也需要檢查一下，這位經理是否用旅館應得的利潤來換取客人的過度的好感？

資料來源：楊長輝著，《旅館經營管理實務》（台北：揚智文化，1996年）。

第十章

旅館電腦化作業系統

- 旅館管理系統
- 餐飲資訊系統

第一節　旅館管理系統

由於科技的進步，電腦普遍的使用，促使工作效率提高，旅館業之旅館管理系統，不僅方便服務人員的操作，亦可使旅館減少人力，而增加營收，茲分述如下：

一、從電腦計畫談旅館管理

今天已是電腦系統進入各大、小飯店行業的時代，因此目前終端機正在被人們所認識，由於微型系統的出現，電腦已為越來越多的企業和酒店行業的日常經營帶來了顯著的變化。

本書為使讀者在旅館籌建之初能夠對將來作業流程有通盤性的瞭解，乃利用一套電腦計畫的內容，充分表達旅館前檯、後檯各項工作流程及相互之間的關係，使讀者對於整個觀光旅館經營概念能很快地理解，並掌握全局。

旅館管理系統（Hotel Computer System ，簡稱HCS）在國內日漸普及，但是一般訓練重點多在於如何key in，本書內容則重在各個單位工作與其他單位的互動。在多年旅館實務經驗中，發覺讓操作人員充分瞭解他的工作與他人間的關係後，瞭解自己工作的重要性，並能減少許多不必要的錯誤，使電腦系統能真正發揮其應有的功能。

一般HCS系統為適應大、小不同的飯店需要，均採取模塊結構概念，易於修改，運用靈活，具備全面性的功能，並可連接各種電話、自動交換機及銷售點終端機。

用最先進的電腦主機，操作快捷、準確，可為客人提供即時服務，強大的儲存容量，可處理大量酒店資料，最適用於各大、小飯店。HCS系統同時可使用中英文語言操作，其模塊式既獨立又互相聯繫的結構，配以菜單式選擇螢幕和填表式輸入螢幕，可使操作人員隨思維邏輯及螢幕的自動指示來操作，快速而準確，毋須具備專業電腦知識，HCS系統功能還包括一些特有的模式，如多種貨幣結算、一客多帳、一房多帳、分床位出租、密碼保安制度和報表編印等。

（一）飯店使用電腦普及化的原因

飯店使用電腦普及化的原因有下列幾點：

1.因飯店大型化，行政事務量的增加，需要快速而有效率的處理作業，於是電腦廣泛地被飯店界採用。
2.因高度成長人事費用上升，飯店的經營利潤壓力大，催促追求合理化及機械化之電腦機器。
3.飯店連鎖性的發展，促進預約網路的效率化，電腦的需求增加。
4.飯店業務用的軟體及機器因技術革新而加速的整備。
5.因新技術的開發，事務機器類的價格顯著降低，設備投資容易。
6.開發非專業人員也可簡易操作的機器。

客房間數多的飯店，就算是有經驗的業務員，亦需花費很多的時間來處理，其中以客房的預約管理之業務最爲重要。

（二）飯店內用電腦處理的業務

飯店內用電腦處理的業務有下列幾點：

1.預約管理、餘留率（空房）管理、房間指示管理。
2.有關櫃檯作業的會計出納。
3.有關餐飲作業的會計出納。
4.簽帳作業的管理。
5.顧客情報的管理。
6.客房冰箱、VTR的管理。

7.CATV的情報管理。

8.電話費用管理、morning call管理。

9.營業管理方面的資料製作。

10.防災、防盜等監視管理。

11.機械設備運轉的控制管理。

12.財務、薪資、人事、資材管理等。

以上可得知，電腦的使用無形中強化了預約管理的品質。在一週或二週內，經常性空房間數，在房間類別欄以記號來表示，設置在預約訂房組，對於預約客的詢問即時能夠對應。另外，如住客會計的系統化，除客房租金、國內國際電話、餐廳、酒吧、洗衣費用外，亦可獲知其他在會計上的資料或情報。所以輸入什麼到電腦，要電腦送出什麼資料，是經營上的課題。

在櫃檯業務的作業流程及備品中，標示營運上有關可能的對應系統。如果有電腦設備來處理，可節省人力及時間，也是服務品質向上的表示。

但是電腦的導入須考慮下列幾點：

1.預測服務的品質向上。

2.在電腦的維修保養及故障時，是否有充分的後援或防備對策。

3.奢望太多時，電腦無法發揮功能。

4.至少須有150間以上的客室，或判斷可能有連鎖性的意向時，電腦的效益愈大。

5.電腦操作人員的訓練比硬體設備的購買更重要，因爲操作時錯誤的輸入將使全部系統的輸出內容完全錯誤，這一點是旅館投資者最容易忽略的問題。

旅館是第三類產業中，提供二十四小時全天服務的行業之一，旅客進出頻繁，因此，電腦化作業的需要刻不容緩，作者籌備三普大飯店時，首度建議使用電腦以來，由於PC功能已迅速提升而達到迷你電腦的等級，同時PC網路（Novell）作業系統之發展也將電腦軟體系統帶入一個新的里程。

爲使讀者獲得較完整電腦理念，乃向國內著名旅館專業軟體設計廠商「君安資訊股份有限公司」情商，經蕭君安總經理不吝提供部分前檯及後檯的電腦作業系統，特別予以申謝。

在本章的各節討論中，讀者可以經由各種圖表充分瞭解旅館經營管理所包含的各項作業及其相互關係（如圖10-1）。

（三）前檯作業系統

前檯作業系統包含：

1.房務管理作業。
2.商務管理作業（業務／訂房／接待）：
（1）業務管理（Sales）。
（2）旅客歷史作業。
（3）訂房系統（Reservation ）——散客（F.I.T）及團體（Group）。
（4）接待管理作業（Reception）——散客及團體。
（5）櫃檯出納管理（出納／總機／房務）（Cashier）。
（6）夜間出納稽核作業管理（Guest Account Auditing）。
（7）發票管理系統（Guest Account）。
（8）餐廳出納系統（Food & Beverage Cashier）。

（四）後檯作業系統

後檯作業系統包含：

1.總帳管理系統（General Ledger）。
2.應收帳款管理（Account Receivable; A/R）。

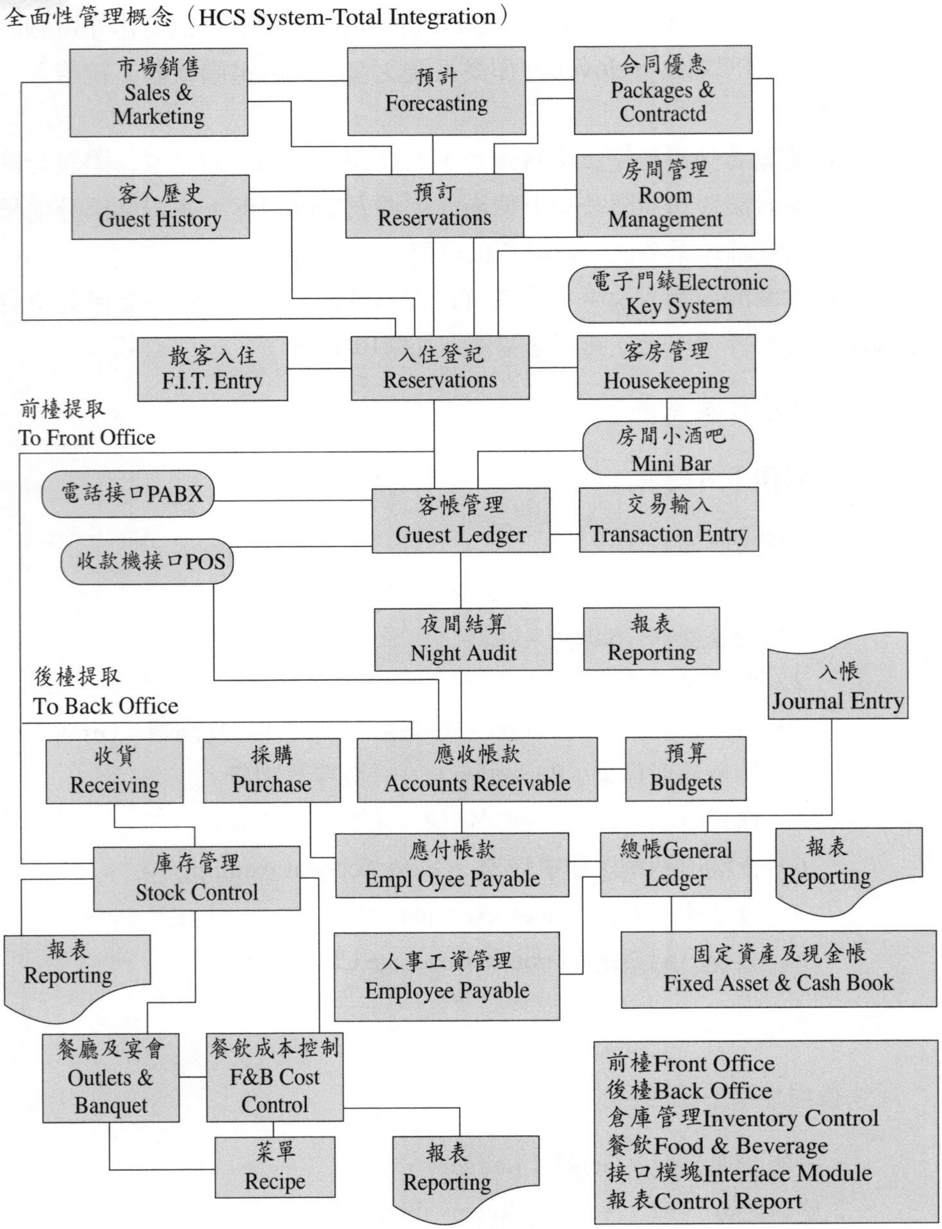

圖10-1　全面電腦管理概念圖

資料來源：楊長輝著，《旅館經營管理實務》（台北：揚智文化，1996年）。

3.應付帳款管理（Account Payable; A/P）。
4.票據管理系統（Notes Receivable）。
5.採購管理系統（Purchasing）。
6.庫存管理系統（Storage）。
7.固定資產系統（Property & Equipment）。
8.人事薪資管理（Payroll）。
9.餐飲成本控制（F&B Cost Control）。

由於本系統為模塊式組合，因此各系統間可以因需要而增減，對於各個不同規模的旅館具有最佳的配合彈性。

二、飯店電腦硬體設備系統架構

旅館二十四小時全天營業，在硬體設備之採購方面，不宜將價格列為首要因素，應特別考慮供應商的商譽及持續經營的條件，以免日後維修有所困難，且應有容錯系統之規劃，如有一台主機當機，則另一台主機自動接手，以免因當機而無法作業（如圖10-2）。

三、HCS前檯系統功能

HCS系統主要是採用模塊結構，它能根據各種飯店的具體要求任意編排，另外也可以按您的要求設置一些綜合性的參數，如獨特房間類型、客房特徵、市場代碼、貨幣等等，它的特點是任何其他系統所不及的，更便於飯店管理者按自己的需要隨時進行修改來協調系統，每一模塊和子模塊在任何時候都能與其他模塊溝通，因此所有數據只需要向系統輸入一次，有關部門就隨時都能得到所需要的訊息，從而使重複工作和可能發生的錯誤減少到最低程度。

前檯模塊主要是替客人作房間預訂、登記及安排客人入住情況，並

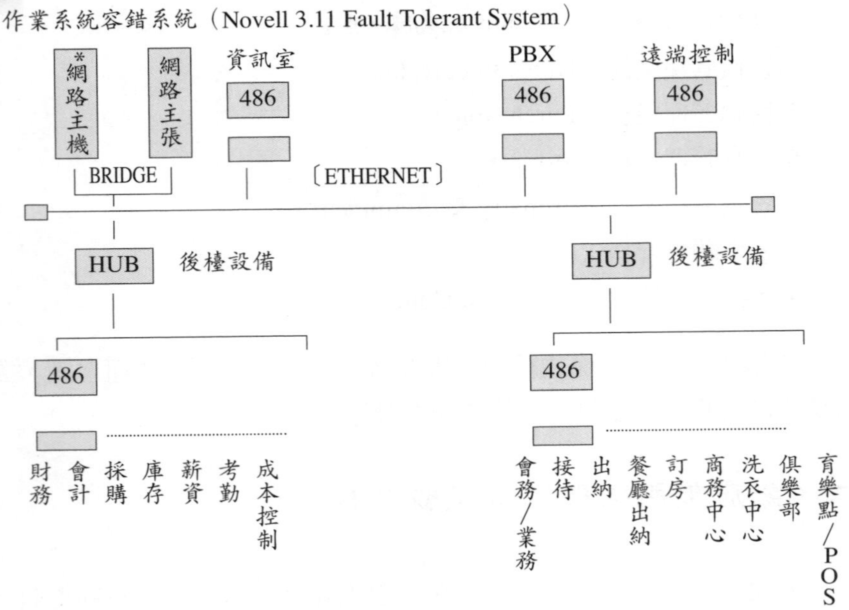

系統規劃：此系統架構是以作業系統作容錯系統規劃，即雙網路主機作連線作業透過網路BRIDGE作雙向容錯作業系統，如有一台主機當機則另一台主機會自動接手，不造成當機而影響停機操作。
*若規模較小，可僅設一套網路主機，以樽節成本。

圖10-2　電腦硬體設備系統架構圖

資料來源：楊長輝著，《旅館經營管理實務》（台北：揚智文化，1996年）。

記錄客人的消費，當客人離店時可一次結算，前檯的帳務可以自動轉至後檯應收帳模塊中去，減少後檯再次將資料輸入的程序，並能提供符合許多國家高級審計公司標準的審核報告，客人的住店記錄更可轉至客人歷史模塊中備案待查。（如圖10-3）

■客房預訂

精確地控制客房租用率和詳細的預訂資料，使飯店最大限度出租客

日租報表

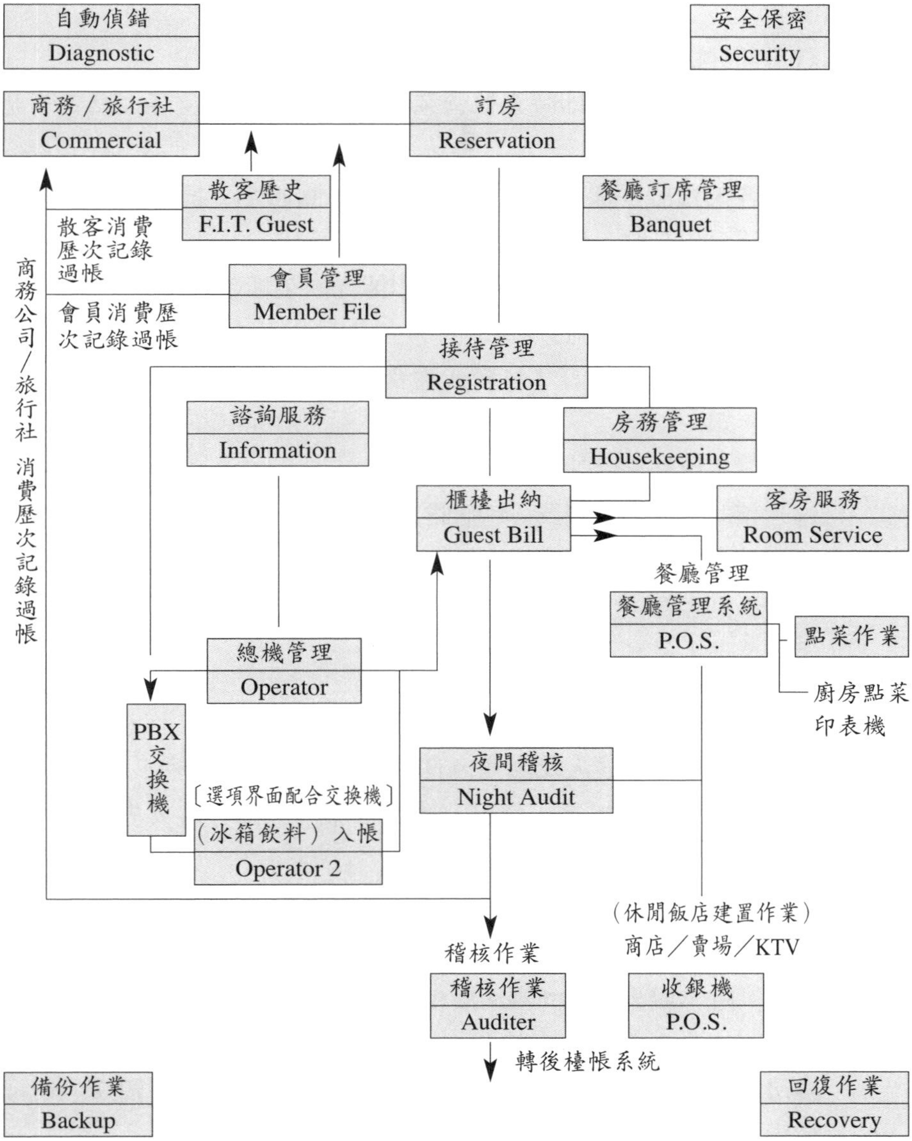

圖10-3 HCS前檯作業系統關聯圖

資料來源：楊長輝著，《旅館經營管理實務》（台北：揚智文化，1996年）。

房，以獲最高效益，提前預報和對經營情況的分析程序，爲管理者的決策提供幫助。

1.訂房部可接受超逾三年的散客及團體客房預訂。

2.模塊聯繫功能，可即時查核營業帳戶、資料號碼及客人歷史等記錄。

3.查詢客人預訂多樣化，可按照客人名、團體名、訂房人姓名或電話號碼、預訂號、到達日期、班機時間等。

4.可直接查看、更改及控制客房出租情況（包括超額預訂記錄），特設快速查詢及時間區查詢功能。

5.可替散客或團體預訂（早餐或膳食）安排，如打印各種分析及統計表，如：

（1）客房預計率統計報表。

（2）預計客人入住報表（包括個人及團體）。

（3）營業帳戶訂房統計報表。

（4）不到店客人或取消訂房記錄報表。

（5）重要人員預訂房間報表。

■旅客接待

1.接待和登記零散客人及團體，有快速詳細登記之功能。

2.可辦理日租房、加房、減房、換房、加床或部分客人先離店、退房等。

3.即時更正房間出租率狀態。

4.辦理個人或團體長期包租。

5.處理寓所、辦公室或商場店舖租用記錄。

6.自動完成全天工作結束時間的核對、統計，當日客房出租情況，客房和各餐廳或其他消費處的收入總帳目，可按客人國籍、市場類別資料等作分析統計。

7.能將當天離店客人記錄轉至各檯應收帳模塊。

8.可打印各種報表，包括：

（1）每天來店客人日報表。

（2）空置房間及壞房記錄。

（3）入住酒店客人記錄（包括個人及團體）。

（4）房間狀況、差異報表。

（5）重要客人房間記錄表。

（6）客房出租率及收入總額報表。

■詢問服務

1.聯繫訂房部模塊，可查詢個人或團體的訂房記錄資料。

2.可按客人姓名（時間區域）或快速查找法，可按客人部首或擬住時間區域搜索查詢，找客人留言。

3.查詢酒店內各部門或其他酒店、公司、大使館的電話及地址等資料。

■櫃檯帳務

1.查詢住店客人（包括個人及團體）的消費帳務記錄。

2.可由系統自動過帳或人工過帳。

3.零散客人或團體結帳，分爲現金付款、記帳付款、部分記帳或部分付款等各種方式，程序簡單快速。

4.結算已簽約單位帳務，長期住戶及寓所、辦公室或商店租務等帳項。

5.處理零散客人或團體的預付款業務。

6.清楚結算每個帳務操作員每天的帳務交易總數、記錄及轉存至後檯。

7.統計每日所收的各種款項（包括前檯及各餐廳的帳務）。

8.外匯自動計算、兌換各種外幣、簡單的修改兌換牌價程序。

9.清楚記錄自電話房轉至的直撥電話費用，可打印的報表包括：

（1）住客信用限額報表。

（2）客人預付款報表。

（3）外幣兌換記錄表。

（4）營業帳戶記帳疑問表。

（5）已結帳房間記錄表。

（6）每班各帳務員交易表。

■住客資料存檔

本系統能自動記錄和更新客人的住店資料，累積訊息，提高服務。總而言之，簡單方便的訊息處理幫助您爲客人提供個人服務，並記錄客人的姓名、地址、職業、每次入住記錄及消費，均直接聯繫訂房部、接待處、營業部等模塊，方便查詢。

■房務部管理

協助記錄房務部的日常操作程序，連接其他部門，如訂房部、前檯等，提供每個房間的資料狀態，以減少房務部工作人員的操作時間。

客房部管理接口：透過撥動電話鍵盤或一個安裝方便的電腦終端上的輸入，客房管理部門可以得到絕對準確的客房狀態訊息。

1.可即時查詢客人入住情況和記錄。

2.第一時間更新客房狀態（包括待離房間、待潔或已清理好的房間）。

3.處理房間的修復後記錄。

■布巾管理

能把布巾開支縮減到最小程度，使用Chase系統的飯店在這方面的開支能節省約15%，甚至更多。本系統能詳細記錄每層樓及每個房間的布巾數量，以及房內的額外設備等。

■電話機房管理

HCS系統可透過電話與多種交換或監視設備連接起來，接收各種信號，產生詳細的電話記錄和分析報告。

1.計算直撥自動電話費及非直撥電話費用。
2.可直接找客房或住客資料。
3.提供各地方主要城市的電話費價格表。
4.查詢飯店各部門及其他飯店公共設施的電話資料。
5.可將電話費用即時過帳，打印電話費帳單總數和金額表。

■餐飲管理

透過本系統的終端機或餐廳銷售點、收銀機，把住客或外來客人在餐廳和酒吧娛樂場所的消費記錄分類，並可能作現金付款或直接入到住客的帳戶中。

1.替客人訂餐加減食品類別，記錄及更新客人用餐資料及費用，並直接查詢住客資料。
2.用餐客人結帳時，分現金或信用卡付款、房客簽字結帳及分帳處理等。
3.可打印當天營業額報表、服務員及收款員營業額報表。
4.統計餐廳位利用表，各種食品銷售記錄表、分班結帳統計表。
5.自動將各個餐廳營業總額轉至帳務處理及總帳處。

四、HCS後檯系統功能

HCS後檯電腦作業以各式帳務爲主，其中應收帳、應付帳、現金帳等分類帳占最重要地位，其他如庫存管理、固定資產管理、薪資管理等均可歸納在內，數字會說話，也是管理的利器，掌握正確的電腦資訊，將是旅館經營最重要的課題。（如圖10-4）

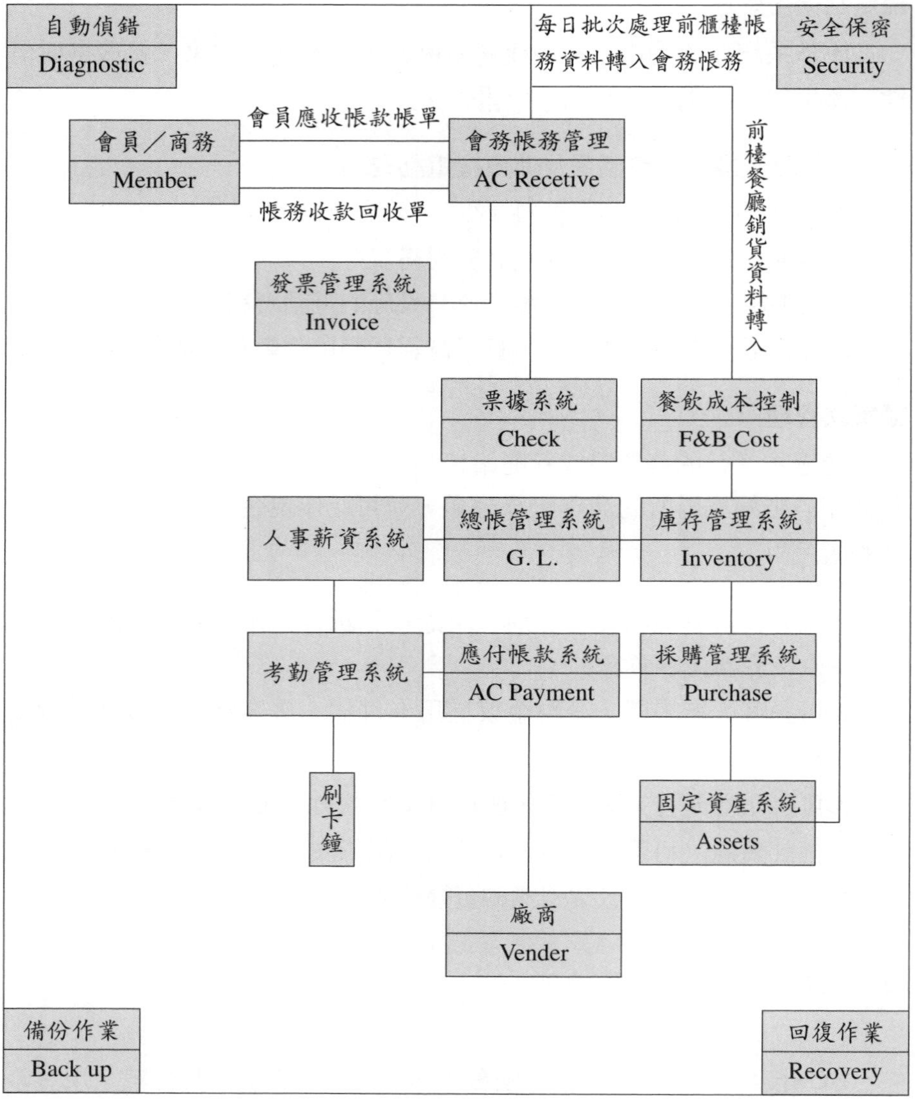

圖10-4　HCS 後檯作業系統關聯圖

資料來源：楊長輝著，《旅館經營管理實務》（台北：揚智文化，1996年）。

(一) 後檯功能

HCS後檯電腦作業以各式帳務爲主，其中應收帳、應付帳、現金帳等分類帳占最重要地位，其他如庫存管理、固定資產管理、薪資管理均歸納在內，掌握正確的電腦資訊，將是旅館經營重要的課題，茲分述如下：

■應收帳

自動復核和打印發票便能更新應收帳，此模塊還包括許多便利，例如收到款後能按發票充帳、可查詢任何一筆業務的發生及轉帳過程、註冊帳戶的分析等，我們許多客戶經用過Chase系統後特別指出，該系統的發票修改和復核過程對減少借方餘額和長期欠款是非常有利的，同時能詳細記錄每一客戶號碼、付款方式、期限及貨款餘額等。

1.採取小組分類形式，簡單清楚，自動核對帳務情況。
2.憑證及復核各帳務，並自動打印發票及帳戶結單。
3.自動結算每月營業額，並將帳務轉至總帳，作爲檔案備查及計算每年利潤報表。

■應付帳

本模塊可自動或手工針對每個供應商的發展，按預先規定的折扣付款，可隨時查詢每個供應商的資料和交易情況，並含有一個供選擇使用的發票及交貨系統，去輔助編制精確的經營帳務報告。

1.訂立和更新供應商資料號碼、付款方式、供應品類別折扣額、佣金等。
2.小組分類交易之設計形成，使付款和貸款記錄更清楚快捷。
3.詳細記錄送貨單、發票，並可自動打印支票及月結單給供應商。
4.自動作每月結算統計，並將帳務轉至總帳記錄。

■總帳

代碼的結構和報告格式是按照美國統一的飯店會計制度編制程序，

飯店也可加入自己的代碼、帳務，能自動更新並提供損益表、資產負債表和各部門營業分析表。

1.直接聯繫前檯，應收帳、應付帳，使查詢帳務更爲快捷。
2.簡單操作程序，令財務總監更易獲得營業分析報告、資產負債計算及每年的開支預算案等。

■庫房管理

成功的庫房管理，是既要減少庫存積藏，又要避免供不應求這兩個對立業務，透過對庫房分門別類地存放，針對貨物的庫存量來控制進貨或出貨，Chase將會幫您達到目的。

1.清楚記錄各供應商資料及各貨物的庫存量及存放地點。
2.計算各種存貨總額及各種貨物分配至某一餐廳或地點，簡單的貨物盤點程序，以及準確打出存貨報告。

■固定資產管理

本模塊可處理固定資產及資產折舊。按用戶指定折舊計算方法，自動計算折舊開支，並把開支過帳到會計系統。

1.清楚記錄固定資產折舊情況，資料可隨時翻查。
2.簡單操作程序，令財務總監更易獲得固定資產資料。

■薪資管理

自動計算員工薪俸，包括基本薪金、超時計薪、年終分紅等，本模塊亦可處理員工資料及工作經驗等。

1.有效地運用人力資源及瞭解員工資料。
2.薪俸資料可直接過帳到會計系統。

■餐飲管理

餐飲管理模塊主要處理採購、物資銷售及成本控制等功能。透過有系統的採購步驟及選擇優良的供應商，可以減低經營成本及有效地運用資源。電腦記錄物料消耗及餐飲項目銷售分析，可以幫助預測銷售及訂貨策略。

1.清楚記錄各類物料銷售及消費情況。
2.直接聯繫會計模塊，更準確地作出分析報表及服務策略。

■現金管理

本模塊負責管理現金運用情況，清楚記錄銀行戶口帳目往來，用戶可以預計及計劃現金運用情況。

1.清楚記錄現金情況，資料可隨時翻查。
2.直接聯繫會計模塊，更準確地作出現金運用及分析。

（二）額外功能

HCS額外功能包括系統兼容性、多貨幣功能、預算控制功能、警告提示系統、提示功能、安全保密功能、防電腦病毒體系及不間斷電源裝置等。茲分述如下：

■系統兼容性

一個成功的系統，需具備高水準的兼容性。報表資料應與其他軟體兼容，尤其是微軟（Microsoft）軟體的兼容。飯店可以隨時把飯店系統報表資料轉送到微軟軟體作更深入的分析及處理，幫助管理階層更有效地管理飯店。

■多貨幣功能

系統必須能處理多種貨幣。系統會以一個基本貨幣為標準，同時可容許用戶以其他貨幣入數，所有報表可同時顯示。

■預算控制功能

能把預算方案核實，能自動將已核算的數字輸入各種報表的定額項目中，以方便與成本、費用的實際數相對照。

■警告提示系統

當實際開支已超過預算定額，螢幕即顯示反白提示，同時，此提示也能打印在報表中。

■提示功能

在每個分類軟體項目中，必須具備操作指引。用戶只需按下某鍵，電腦便能顯示指引。

■安全保密功能

系統必須達到國際標準保密功能。用戶需要使用密碼進入系統，系統管理員亦可設定用戶所能使用的系統功能。

■防電腦病毒體系

系統必須具備自動測試功能以防止病毒侵入，如發現電腦病毒進入系統，馬上發出警備訊號，通知用戶將之刪除。

■不間斷電源裝置

透過不間斷電源裝置，可防止停電時對電腦資料所造成的損失。於停電期間，不間斷電源裝置會發出警備訊號，電腦系統仍可照常運作一段時間，令用戶有足夠時間離開系統把系統關閉。

第二節　餐飲資訊系統

電腦化的餐飲供應資訊系統，可使管理單位迅速獲得正確的成本估計。餐飲服務電腦化系統的好處，在於可以獲得較正確的資訊，且可以大幅度改善成本管制手續，而促進管制的功能。餐飲電腦資訊系統的重要裝置之一是資料庫，其中儲存所有的收據及其成本估算的清單。利用這些資訊可以確實掌握庫存食品，並且可作生產上的預估。

在電腦中建立餐飲資訊系統需要相當長的時間，此外，為了設計標準的菜餚，有時候需改變現行的生產作法。由電腦設計的食譜或菜單是標準化的，且是一致性的。大規模、標準化的餐飲企業採用電腦化的餐飲資訊系統，為今後發展的自然趨勢。

十年前餐飲業者使用收銀機管制現金，目前銷售點（Point of Sale即POS）終端機已取代了收銀機。電腦主體結合賣點終端機以連線作業的方式，提供會計帳目及採購食品的資訊，而獲得正確的計算。以餐飲銷售系統為例，必須能改進菜單、現金收入、生產力、存貨管理以及主管的文書作業等方面的管制。在餐飲營運方面，電腦系統可提供的服務有：（1）廚房與餐廳之間的聯絡；（2）顧客的帳單及現金管制；（3）經營或管理之監控。

在經理部門中，運用電腦系統可取得各種精確的報告，其中包括：

1.營收統計及銷售額分析。
2.存貨使用情況。
3.服務人員的生產力。
4.勞務成本。
5.可能獲致的利潤。

餐飲資訊電腦系統與旅館櫃檯的系統連線，這樣便可將顧客的住宿費與餐膳費一併計算，不致遺漏。

在電腦化的餐廳營運中，最有效的系統是微電腦與賣點終端機之間的連線作業。以下將分別且簡單介紹餐廳使用電腦的情形。

一、管理方面

微電腦可用以管制及處理員工的薪資、會計帳務、菜單製訂，並可算出食物流程中由採購、生產到銷售各階段的成本費用。因此，業者採用電腦系統時，應首先考慮軟體的重要，尤其是系統作業人員的訓練，如此才能獲得預期的效益。

二、廚房與前場之間作業系統

餐廳中消耗時間與人力最多的環節，是服務人員往返廚房與餐廳之間的點菜與上菜工作。廚房的大師傅往往因各種不同的點菜單大量湧到，而手忙腳亂。這個問題可利用電腦終端機的連線作業解決，並且加速生產線與服務線之間的作業流程。

三、服務人員與顧客之聯繫系統

此種系統最適用於廚房與餐廳的員工之間的作業聯繫，它以螢幕顯示出某種召喚或行動之催促。例如需要催促廚房上菜時，可透過系統將需要的菜顯示於廚房系統的螢幕上，廚房看見了，廚師將會加緊烹製某菜餚。另一方面，廚師做好了一道菜，也可透過螢幕通知服務人員到廚房取菜。這完全是視覺上的聯繫，所有的溝通可在無聲中進行。自動召喚系統其設置地點需作周詳的考慮，若以餐廳中的召喚系統來說，它的位置必須能夠讓所有的服務人員都可以看到，這就是所謂的戰略性的位置。另外，每張餐桌也可裝置一具小型自動召喚系統，顧客便可隨時召喚服務人員到餐桌來，提供其所想要的服務。

四、手持終端機

這是餐廳中所使用的一種最先進的電腦連線工具，它像是一台電子計算機，只有巴掌大小，可以隨身攜帶。服務人員接受顧客點菜時，可以將其立即輸入手持終端機，用無線電遙控技術傳送到廚房的電腦中。這種手持終端機稱之爲「快速點菜上菜系統」，它是日本三洋電器公司開發出來的，目前美國的觀光旅館已在採用，義大利某些觀光旅館也已開始採用。

在選擇一種適用於餐廳營運的系統時，業者應注意其基本功能是否完全滿足本店的需要，除此之外，系統其他重要功能應爲：

1.系統必須全然可靠，如有任何差錯或不符合規格，電腦廠商應能保證立即退貨或維修。
2.系統必須具有擴展的功能，能適應營業規模擴大時的需要。
3.系統所具有的軟體必須能夠隨時且立即的處理菜單定價及價位結構之改變。
4.系統必須具有可投資性，它應當具有某種形式的生產力，而非只是一種單純的事務機器。
5.如果餐廳係連鎖事業的成員，則系統應具有發射資訊到總公司的功能，否則便會陷於孤立營運狀態，所購置的系統變成不合格的。

近幾年來，餐飲業使用電腦已相當的普遍了，而電腦系統的運用形式也各有不同。從單一的微電腦，到智慧型的銷售點終端機，都可形成應用範圍廣大的電腦資訊傳送網路。美國餐飲事業雜誌發現：業者使用的範圍包括應收帳款、員工薪資、菜單分析、存貨管制、餐飲服務管制、員工工作日程、文書表格之製作與處理、廚房生產及菜單的印製。據其統計分析，大型餐廳，尤其是觀光旅館內部附設的餐廳，幾乎完全依賴電腦處理上述事務。

業者所購置的電腦系統中，有關餐飲系統的資訊設備與系統架構如**圖10-5**、**圖10-6**。另外，**表10-1**則爲德安大飯店餐廳電腦管理系統架構圖，請讀者參閱之。

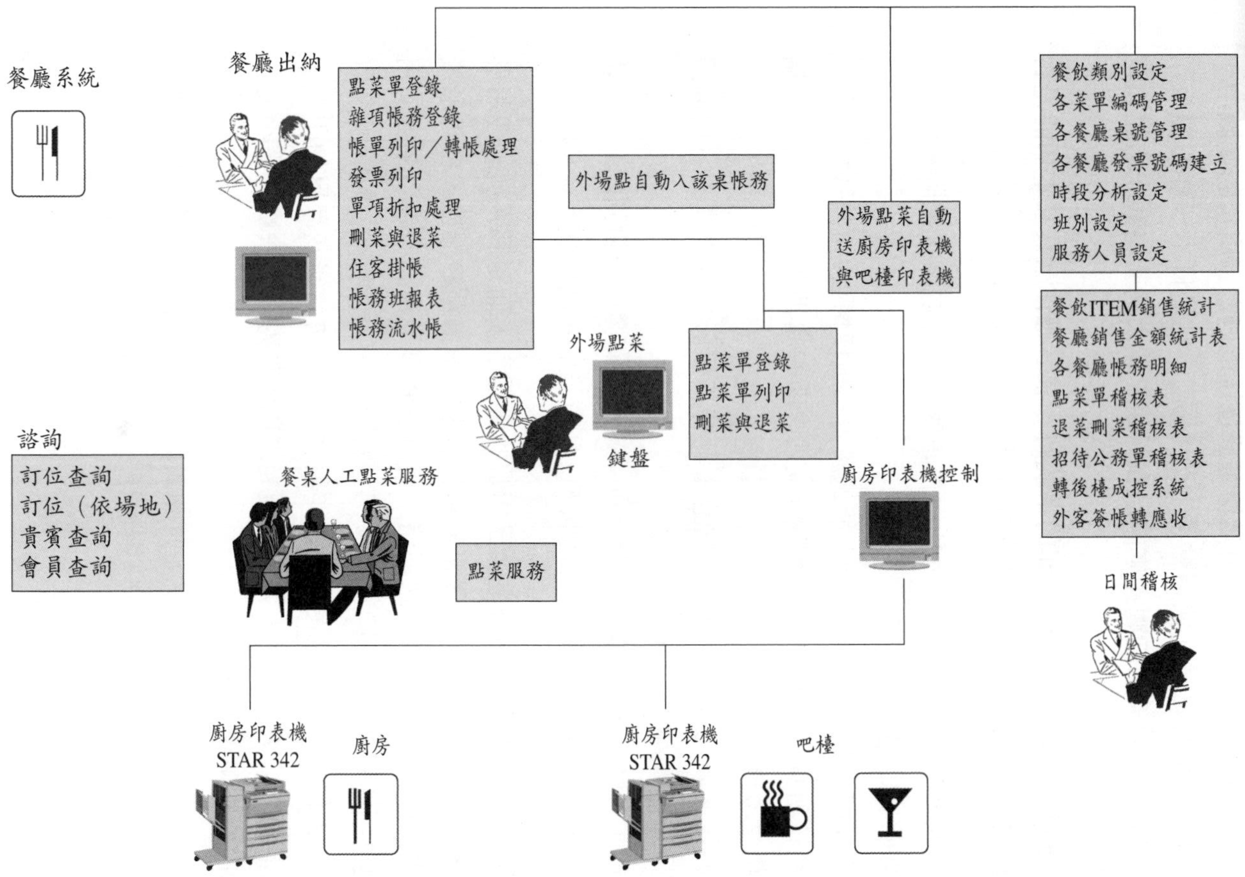

圖10-5　餐飲資訊管理系統架構圖

資料來源：蕭君安、陳堯帝著，《餐飲資訊系統》（台北：揚智文化，2000年）。

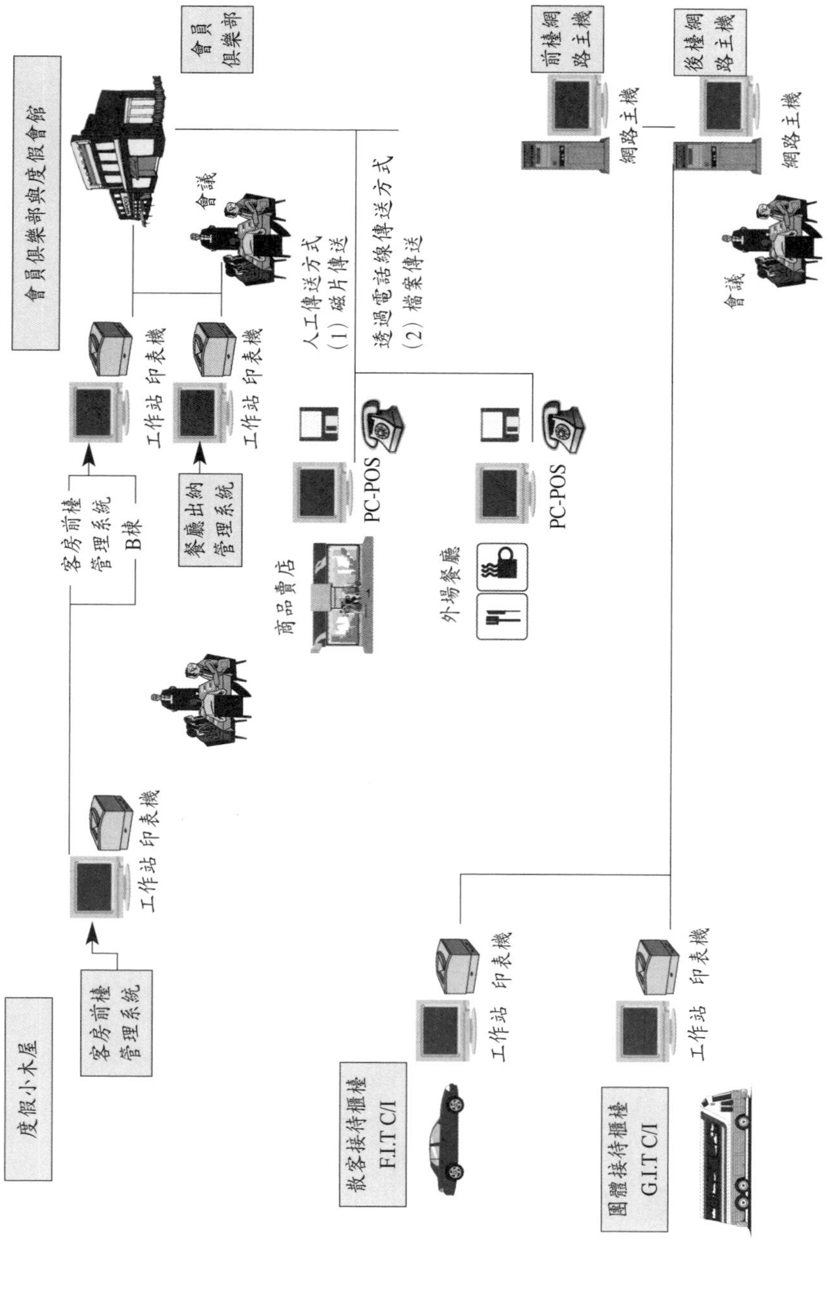

圖10-6　德安大飯店網路硬體系統架構圖
資料來源：君安資訊股份有限公司。

表10-1　餐廳電腦管理系統架構表

地點		說明								
樓層	使用單位說明	網路主機 FILE SERVER 備份磁帶機 DAT	PC工作站 WINDOWS 95/98 NT W/S	132印表機	80印表機	雷射印表機	NT工作站 外界連線 PMS PAY_TV 房控界面	PC/POS 商品賣店 專用POS	專用通信 MODEM	考勤刷卡鐘 門禁卡鐘
13F	大陸式西餐廳（出納／廚房）		1台		1台					
13F	藍天酒吧（吧檯出納）		1台		1台					
12F 3F	房務備品室設備									
2F	中式餐廳出納櫃檯		1台	1台	1台					
2F	餐飲訂席櫃檯		1台	1台						
2F	宴會櫃檯出納		1台		1台					
1F	大廳經理		1台							
1F	旅遊服務		1台							
1F	服務中心		1台							
1F	前檯大櫃檯（接待／出納）		5台	3台	3台					
1F	前檯經理		1台							
1F	前檯辦公室		1台	1台						
	本頁小計數量									

（續）表10-1　餐廳電腦管理系統架構表

地點		說明								
樓層	使用單位說明	網路主機 FILE SERVER 備份磁帶機 DAT	PC工作站 WINDOWS 95/98 NT W/S	132印表機	80印表機	雷射印表機	NT工作站 外界連線 PMS PAY_TV 房控界面	PC/POS 商品賣店 專用POS	專用通信 MODEM	考勤刷卡鐘 門禁卡鐘
1F	訂房租		2台	1台						
1F	話務總機室		1台	1台						
1F	商品賣店		1台		1台					
1F	商務中心		1台							
1F	大廳酒吧收銀		1台		1台					
1F	西餐廳出納		1台	1台	1台					
1F	餐飲辦公室		2台	1台						
B1	健康俱樂部櫃檯		2台	1台						2台
B1	夜總會酒吧出納櫃檯		1台		1台					
B1	花園餐廳出納		1台		1台					
B1	商店街出納收銀		2台		2台					
B1	池畔酒吧出納櫃檯		1台		1台					
	本頁小計數量									

（續）表10-1　餐廳電腦管理系統架構表

地點		說明								
樓層	使用單位說明	網路主機 FILE SERVER 備份磁帶機 DAT	PC工作站 WINDOWS 95/98 NT W/S	132印表機	80印表機	雷射印表機	NT工作站 外界連線 PMS PAY_TV 房控界面	PC/POS 商品賣店 專用POS	專用通信 MODEM	考勤刷卡鐘 門禁卡鐘
B1	餐務組辦公室		1台							
B1	團體接待櫃檯		1台	1台						
B1	團體出納櫃檯		1台	1台	1台					
B2	行銷公關部		6台	1台						
B2	育樂辦公室		2台							
B2	保齡球場出納櫃檯		1台		1台					
B2	商品賣店收銀		1台		1台					
B3	電腦中心	2台	2台	1台					1台 通信維護	
B3	電腦中心電話計費連線PMS				1台	1台			1台 通信維護	
B3	房間指示器連線界面				1台	1台				
B3	付費電視連線界面				（預留）	（預留）				
	本頁小計數量									

（續）表10-1　餐廳電腦管理系統架構表

地點		說明								
樓層	使用單位說明	網路主機 FILE SERVER 備份磁帶機 DAT	PC工作站 WINDOWS 95/98 NT W/S	132印表機	80印表機	雷射印表機	NT工作站 外界連線 PMS PAY_TV 房控界面	PC/POS 商品賣店 專用POS	專用通信 MODEM	考勤刷卡鐘 門禁卡鐘
B3	董事長室		1台							
B3	總經理室		1台							
B3	助理總經理室		1台							
B3	祕書		1台	1台		1台				
B3	財務長室		1台							
B3	會計組		6台	1台						
B3	收帳組		2台	1台	1台					
B3	總出納組		2台	1台						2台
B3	工程部辦公室		2台	1台	1台		1台			
B3	監控中心		2台		1台		1台			
B3	採購部辦公室		2台	1台	（預留）		（預留）			
B3	成本控制室		2台	1台						
	本頁小計數量									

（續）表10-1　餐廳電腦管理系統架構表

地點		說明								
樓層	使用單位說明	網路主機 FILE SERVER 備份磁帶機 DAT	PC工作站 WINDOWS 95/98 NT W/S	132印表機	80印表機	雷射印表機	NT工作站 外界連線 PMS PAY_TV 房控界面	PC/POS 商品賣店 專用POS	專用通信 MODEM	考勤刷卡鐘 門禁卡鐘
B3	人事室		2台	1台						
B3	房務中心		2台	1台						
B3	倉庫管理室		1台	1台						
B3	職工警衛室									2台 上下班一台
	本頁小計數量									
	全部頁數合計數量									

資料來源：君安資訊股份有限公司。

第十一章

我國稅捐稽徵通則

- 現行稅制與稽徵行政系統
- 觀光旅館的稅捐
- 營業稅及會計處理方法

第一節　現行稅制與稽徵行政系統

稅務會計乃是以法令規定爲準繩，其相關的法源包括租稅法律、租稅協定、司法判解、委任立法及非委任立法之行政規章、解釋函令等。本節將對我國現行稅制與行政系統作一概介，以利讀者瞭解。

一、我國現行各項稅目與一般會計科目

我國現行稅目有十七種之多，分爲直接稅、間接稅、國稅、省稅、縣市稅等多種。直接稅即繳稅人與實際上負稅人爲同一人稱爲直接稅，如土地稅、所得稅、房屋稅、契稅等。間接稅主要的有關稅、貨物稅。稅收歸屬中央即爲國稅，如關稅、礦區稅、所得稅（營利事業所得稅與綜合所得稅）、遺產及贈與稅（遺產稅、贈與稅）、貨物稅及證券交易稅。稅收歸屬地方爲地方稅，分爲省稅與縣市稅，省稅包括營業稅、印花稅、使用牌照稅；縣市稅包括土地稅（田賦、地價稅、土地增值稅）、房屋稅、娛樂稅、契稅等。表11-1爲1995年與1996年全國各項稅收統計表，這些稅捐的支付在帳務處理上應屬費用科目、資產成本或原料成本。各項稅捐之會計處理如表11-2。

2002年11月19日立法院院會三讀通過「地方稅法通則」，明定直轄市、縣市及鄉鎮市政府得在轄區內開徵新稅目，鄉鎮市首次取得課稅的法源； 地方政府就地方稅徵收率，可在30%的範圍內予以調高，草案也賦予直轄市及縣市政府，除關稅、貨物稅、營業稅外，可就現有國稅中附加徵收，附加稅率不得超過原規定稅率的30%，以充裕地方財源。

表11-1　1995年及1996年全國各項稅收統計表

金額單位：新台幣（億元）

稅目	金額		比重（%）	
	1995年	1996年	1995年	1996年
合計	11,322.64	11,936.15	100.00	100.00
一、稅捐	11,708.56	11,382.22	95.02	95.36
1.關稅	1,153.66	1,047.69	9.36	8.78
*2.礦區稅	0.13	0.11	0.00	0.00
*3.所得稅：	3,193.84	3,427.74	25.92	28.72
*（1）營利事業所得稅	1,467.83	1,482.27	11.91	12.42
・公營	248.50	262.35	2.01	2.20
・民營	1,219.33	1,219.92	9.90	10.22
*（2）綜合所得稅	1,726.01	1,945.47	14.01	16.30
*4.遺產及贈與稅：	214.58	244.22	1.74	2.05
*（1）遺產稅	162.30	182.81	1.32	1.53
*（2）贈與稅	52.28	61.41	0.42	0.52
5.貨物稅	1,567.57	1,520.43	12.72	12.74
*6.證券交易稅	492.23	338.98	4.00	2.84
7.營業稅	2,142.48	2,169.72	17.39	18.18
8.印花印	67.37	68.62	0.55	0.57
9.使用牌照稅	304.46	363.56	2.47	3.04
10.商港建設費	—	—	—	—
*11.土地稅：	1,936.15	1,580.64	15.71	13.24
*（1）田賦	—	0.01	—	0.00
*（2）地價稅	382.61	423.77	3.10	3.55
*（3）土地增值稅	1,553.54	1,156.86	12.61	9.69
*12.房屋稅	358.71	388.16	2.91	3.26
13.娛樂稅	12.15	14.28	0.10	0.12
*14.契稅	176.16	171.71	1.43	1.44
15.教育臨時捐	89.07	46.36	0.72	0.39
二、公賣利益（繳庫數）	614.08	553.93	4.98	4.64

註：1.有*號者爲直接稅，餘爲間接稅。
2.1～6爲國稅；7～10爲省稅；11～14爲縣市稅。
3.商港建設費自1991年起改列爲稅課外收入。

資料來源：財政部統計處編〈全國稅收統計月報〉。

表11-2　各項稅捐支出之一般情況會計科目

稅捐項目	納稅義務人	營利事業適用情況性質	會計科目
關稅	個人／營利事業	自國外進料或購買設備	商品或原料成本／設備成本
礦區稅	營利事業	採礦公司所營礦區之礦業權	稅捐費用
營利事業所得稅	營利事業	盈餘之分配，不得作爲費用，惟可做爲股東之抵稅權	累積盈虧／可扣抵稅額
個人綜合所得稅	個人	不適用	—
遺產稅	個人	不適用	—
贈與稅	個人	不適用	—
貨物稅	個人／營利事業	自國外進口或自行製造課徵貨物稅之原料或商品	進料成本／進貨／稅捐費用
證券交易稅	個人／營利事業	出售股票時應繳3‰證交稅；債券憑證1‰證交稅	有價證券或長期投資成本
印花稅	個人／營利事業	因開立應稅憑證而發生	稅捐費用／設備成本／存貨
營業稅	消費者／營利事業	因購買或銷售貨物與勞務而發生	進項稅額／銷項稅額／（部分可轉）費用或設備
使用牌照稅	個人／營利事業	使用汽機車繳納之稅捐	稅捐費用
商港建設費	個人／營利事業	自國外進貨（料）或購買設備支付	原料成本／進貨／設備成本
地價稅	個人／營利事業	公司土地或工廠用地所課徵之稅	稅捐費用
田賦	個人	不適用	—
土地增值稅	個人／營利事業	出售公司或工廠土地所繳納	財產交易成本
房屋稅	個人／營利事業	公司房屋或工廠所繳納	稅捐費用
娛樂稅	個人／營利事業	公司招待員工或客户使用	職工福利／交際費
契稅	個人／營利事業	買入公司房屋或廠房所支付之稅捐	廠房設備成本

資料來源：卓敏枝、盧聯生、莊傅成著，《稅務會計》（台北：三民書局，1997年）。

二、我國稅務稽徵行政組織

我國主管租稅之最高行政機構爲財政部，隸屬行政院（如表11-3）。財政部下設：

1.賦稅署：主管內地稅（關稅以外之稅）法令的研修、解釋及立法授權之行政規章的訂定。

2.關政司：主管關稅法令的研修、解釋及立法授權之行政規章的訂定。

3.關稅總局：主管關務行政、關稅驗估及統計工作，下設有基隆、台北、台中、高雄等各關稅局，其下視需要設各支局，負責關稅之稽徵工作。

4.台北市國稅局：主管台北市內地稅中有關國稅部分的稽徵工作，其下設各地區稽徵所，負責徵收各轄區的國稅。

5.高雄市國稅局：負責高雄市內有關國稅的稽核，其下設各地區之之稽徵所。

6.台灣省北區、中區、南區國稅局：主管台灣省內地稅中有關國稅部分之稽徵工作，下設各縣市二十一個國稅分局與三十六個稽徵所。

7.財稅人員訓練所：主管財稅人員之職前及在職訓練工作。

8.財稅資料處理及考核中心：主管財稅資料的整理統計及稅務查稽工作。

表11-3　稅務行政組織系統圖

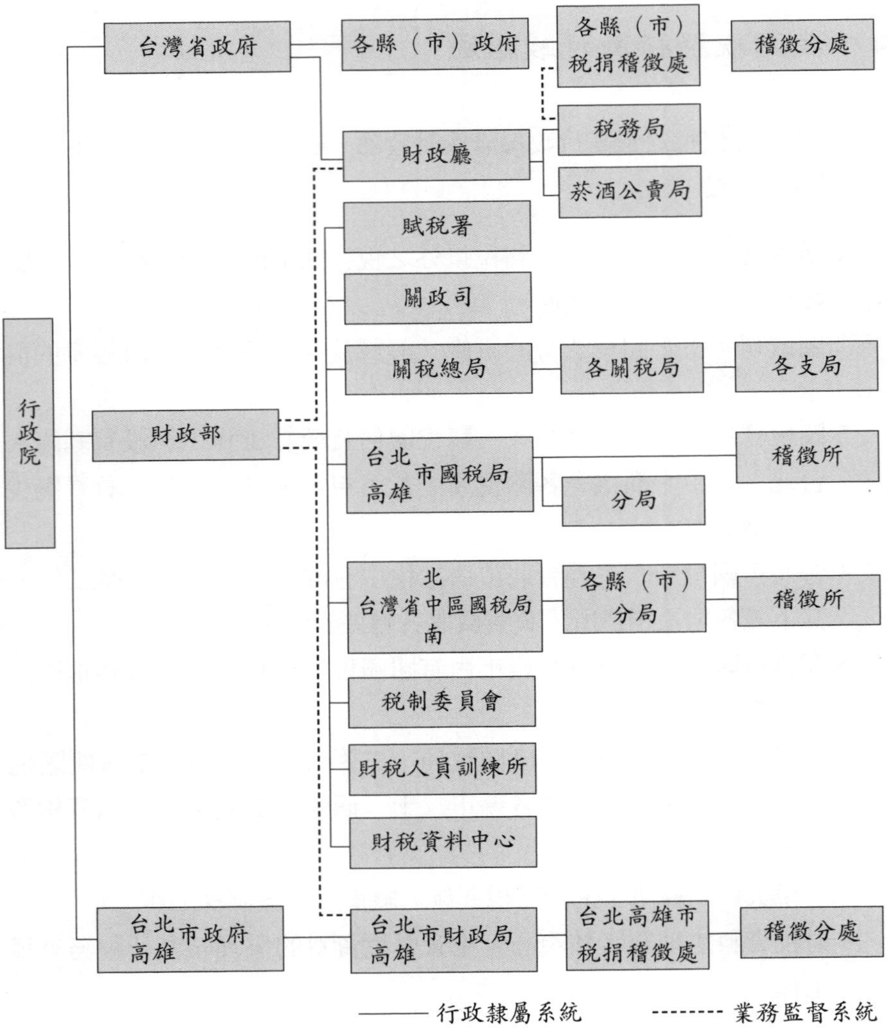

資料來源：阮呂芳周、陳寶欽編著，《稅務會計》（台北：文笙書局，1998年）。

第二節 觀光旅館的稅捐

國際觀光旅館如同其他產業一樣，對於國家的財政與經濟產生直接或間接的影響。

國際觀光旅館應繳納各種稅捐，如每月應繳納的稅捐爲薪資所得扣繳；每兩個月應繳納的稅捐爲營業稅；每年應繳納一次的稅捐有營利事業所得稅、房屋稅、地價稅及車輛使用牌照稅等。因此，旅館業經營狀況的優劣，將影響稅收的多寡，故提供業者良好的投資環境與有利的經營條件，可促使增加稅源。

稅金的計算包括營業稅、房屋稅、印花稅，茲說明如下：

（一）營業稅

應納稅額的計算公式是：

應納營業稅稅額＝應納稅收入×適用稅率

飯店應納營業稅的計稅基礎是企業的營業收入。按照稅法規定，飯店的營業稅率基本分爲三類：

1.提供旅遊服務的營業收入，其稅率爲5%，如客房、餐飲。
2.商品銷售和運輸收入稅率爲3%，如商品、美容、洗衣。
3.手續費收入按10%計徵，如飯店代銷商品收入。

（二）房屋稅

房屋稅的計稅依據分爲以價徵收和以租徵收兩部分。以價計徵的，按帳面房屋原值一次性減除10%～30%後的餘值計算繳納，稅率爲1.2%；出租房屋以租金爲計稅依據，稅率爲12%。

按固定資產帳面原值計算的公式是：

年應納稅額＝房屋帳面原值×（1－10%～30%）×1.2%

按租金收入計算的公式是：

年應納稅額＝年租金收入×年稅率12%

飯店業房屋稅是以房屋原始價值爲課稅對象。舊的房屋按原值作一定折扣以後計納，新建房屋以原值金額乘以稅率爲應納房屋稅金。

應納房屋稅＝計稅房屋價值×1.2%

（三）印花稅

印花稅採用比例稅率和定額稅率，按比例稅率徵稅的各類憑證都載有金額，按比例納稅。

由交通部觀光局統計資料中，2001年國際觀光旅館捐總額爲2,182,245,121元，其中以營業稅最重，達43.06%，房屋稅占20.35%，營利事業所得稅占18.23%，地價稅占12.24%，其他稅捐4.43%，代徵娛樂稅爲1.42%，汽車牌照稅0.26%及進口稅捐0.02%。（如圖11-1）

各地區國際觀光旅館所繳納之稅捐，以台北地區金額最高共計1,637,442,377元，占稅捐總額的75.03%，而高雄地區稅捐224,282,544元，桃竹苗地區120,755,998元，風景區爲84,779,232元，台中地區65,954,133元，花蓮地區40,898,630元及其他地區爲8,132,207元。各地區所占的詳細比例，請參閱圖11-2。

國際觀光旅館的外匯收入有助於平衡國際收支，2001年國際觀光旅館外匯收入共計美金408,342,127元，其中信用卡部分爲美金309,159,515元，所占的比率爲75.71%；其次爲國外匯款美金93,765,662元，占22.96%；外幣收兌美金5,416,949元占1.33%。

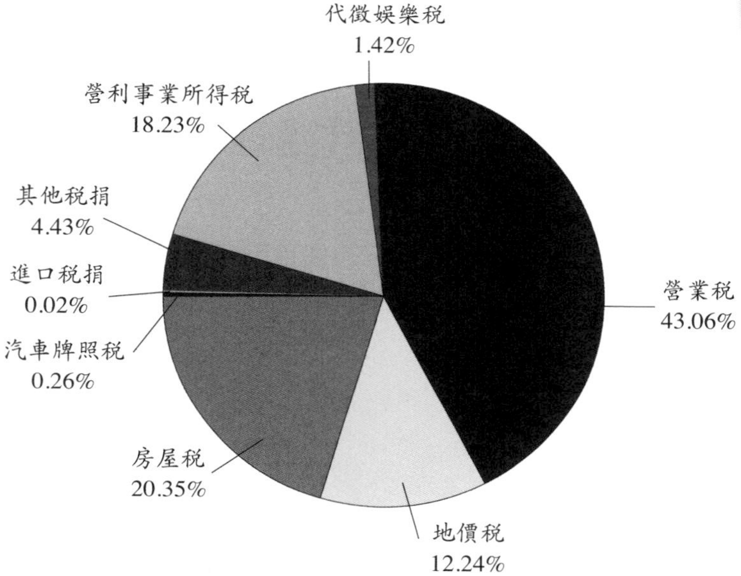

圖11-1　2001年國際觀光旅館稅捐收入比例圖
資料來源：交通部觀光局。

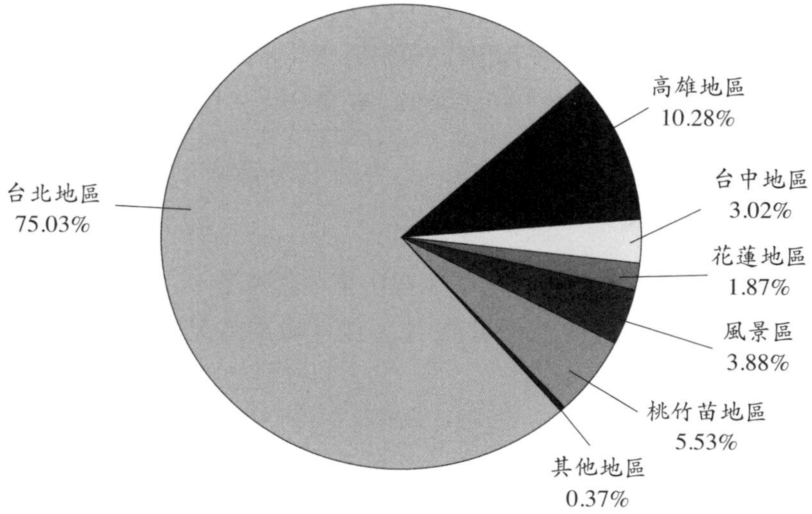

圖11-2　2001年各地區國際觀光旅館稅捐收入比例圖
資料來源：交通部觀光局。

第三節　營業稅及會計處理方法

我國營業稅自1931年6月13日經國民政府公布施行以後，其間亦經多次修正，1986年4月行政院開始實施新稅制——營業加值稅。茲分述如下：

一、營業稅

茲將現行營業稅之稅率分析說明如下：

適用於一般稅額計算之營業人，係指加值稅體系之營業人，適用稅率為：

1.一般營業人：指在中華民國境內銷售貨物或勞務之營業人，稅率最高不得超過10%，最低不得少於5%，徵收率由行政院訂定。依行政院所定的現行實際徵收率為5%。

2.外銷業：指經營外銷或類似外銷業務者，稅率為零。

適用特種稅額計算之營業人，係指非屬加值稅體系之營業人，稅率可分為下列三種：

1.金融保險業：指保險業、銀行業、證券業、信託投資業、短期票券業及典當業，稅率為5%，但保險業再保費收入之營業稅率為1%。

2.特種飲食業：

（1）夜總會及有娛樂節目之餐飲店，稅率為15%。

（2）酒家及有女性陪侍的茶室、酒吧、咖啡廳，稅率為25%。

3.小規模營業人：指平均每月銷售額未達財政部規定標準而按查定

課徵營業稅之人，及其他經財政部規定免予申報銷售額的營業人，稅率爲1%。農產品批發市場的承銷人，及銷售產品之人稅率爲0.1%。

一般稅額的計算方法說明如下：

1.稅額計算公式：計算方式採稅額相減法，即由銷項稅額減進項稅額而得應付或溢付稅額。

銷項稅額－進項稅額＝應付（或溢付）稅額

上式若爲正值，即是銷項稅額大於進項稅額，爲當期應納營業稅額。若爲負值，即進項稅額大於銷項稅額，表示當期溢付的營業稅額，可用以留抵次期應納稅額，或由稽徵機關查明後退還納稅人。

2.銷項稅額計算公式：

銷項稅額＝銷售額×稅率

銷售額是指銷售貨物或勞務所獲取的全部代價，包括營業人在貨物或勞務之價額外所收取的一切費用，及銷售貨物時所應加計的貨物稅額在內，但不包括本次銷售的營業稅額在內。如旅館客房部收取房租2,500元，服務費250元，其銷售額應按2,750元計算。

3.進項稅額：所謂進項稅額是指營業人購買貨物或勞務時，依規定支付的營業稅額。進項稅額用以扣抵銷項稅額。

4.應納或溢付稅額：

（1）應納稅額的處理：營業人當期銷項稅額若大於進項稅額，其差額即爲當期應納稅額，應於次期15日以前塡具「營業申報銷售額與稅額繳款書」自動向公庫繳納。

（2）溢付稅額的處理：營業人當期銷項稅額若小於進項稅額時，

其差額即為當期溢付稅額，此項溢付稅額可退還營業人或留抵次期應納稅額。

二、會計處理方法

我國營業加值稅的稅額採外加方式，應納稅額之計算採用稅額扣抵法，在會計處理上，使用方法如下：

（一）進項稅額

指營業人所支付的營業稅額，支付時記入本科目的借方，當進貨折讓或退出而收回營業稅額時，記入本科目貸方，每月底將餘額沖轉銷項稅額。

（二）銷項稅額

指營業人依規定所收取的營業稅額，收取時記入貸方，當銷貨退回或折讓而退還營業稅額時，記入本科目借方，每月將餘額與進項稅額沖轉，將差額記入應付稅額、留抵稅款，或應收退稅款。

（三）應付稅額

若銷項稅額大於進項稅額時，其差額記入應付稅額之貸方，於次月15日前報繳營業稅時再沖銷本科目。在編製財務報表時，應付稅額應列入資產負債表之流動負債項下。

（銷項稅額－銷貨退回或折讓所退還之稅額）－進項稅額
＝應納或溢付稅額

（四）留抵稅款

進項稅額大於銷項稅額時，其差額為溢付稅額，此項差額若不得退還營業人時，應記入留抵稅款科目之借方，用以抵減以後月份的應納稅額，當抵減時記入貸方。在編製財務報表時，留抵稅款科目應列入資產負債表之流動資產項下。

（五）應收退稅款

營業人若因適用零稅率或購置固定資產而產生的溢付稅額，可向稽徵機關申請退還，故此項溢付稅額應記入借方，收到退稅款時記入貸方。應收退稅款應列入資產負債表之流動資產項下。

營業額申報及稅款繳納時，營業人不論有無銷售額，應以每兩個月為一期於次期開始（即每年1、3、5、6、9、11月）15日前填具規定格式之申報書，向所在地主管稽徵機關申報上期（即上兩個月）之銷售額，其有應納稅額者，並應填具繳款書，並檢附統一發票明細表，上項申報稅額截止日期如逢星期六，准予延至次星期一申報。

若未於規定期限申報銷售額或統一發票明細表，其未逾三十日，每逾二日按應納稅額加徵1%滯報金，其金額不得少於新台幣1,200元，其逾三十日，按核定應納稅額加徵30%怠報金，其金額不得少於新台幣3,000元。其無應納稅額者，滯報金為新台幣1,200元，怠報金為新台幣3,000元。

營業人短報或漏報銷售額者，除依法追繳稅款外並按所漏稅額，處一倍至十倍罰鍰，並得停止營業。

營業人漏開統一發票或於統一發票上短開銷售額經查獲者，應就漏開銷售額按規定稅率計算稅額繳納稅款外，處一倍至十倍罰鍰。一年內經查獲達三次者，並停止其營業。

會計係社會科學，會計原則之制定除以實務配合外，並兼顧現行有關法令之規定。以美國為例，如固定資產採定率遞減法及年數合計法提列折舊，即是先有稅法規定，再制定一般公認會計原則。以我國為例，一般公認會計原則第25條規定，固定資產及無形資產可依法令規定辦理重估價，均係參考稅法，從善如流之實際作法。故財稅之配合應係相輔相成，而無主從之關係。

會計對同一交易可以選擇不同之處理方法入帳，其中有部分在稅法上亦允許，利用不同的會計處理方式亦屬租稅規劃的一部分。但是先決條件必須企業的帳簿組織完備，會計制度健全，否則若被稽徵機關按同業利潤核定，則企業將損失鉅大。

2001年國際觀光旅館稅捐統計表，請參閱表11-4。

2002年週休二日制度實施後，國人休閒時間增加，刺激國民旅遊意願，加上國人消費能力提升，使得國際觀光旅館主要客源已由外國旅客轉爲本國旅客。國際觀光旅館的營收，國外仍以客房收入爲主，約占60%，而國內則以餐飲收入爲重。

觀光局每年均視實際需要，不定期辦理各項講習。至於獎勵觀光旅館業，現行法令對觀光旅館業特定投資行爲之獎勵及優惠規定如下：

1.「促進民間參與公共建設法」之有關免納營利事業所得稅、投資抵減應納營利事業所得稅額、免徵及分期繳納進口關稅、減免地價稅、房屋稅、契稅等優惠。
2.「促進產業升級條例」之有關投資抵減應納營利事業所得稅額優惠。
3.「中長期資金運用作業須知」之中長期資金融資規定。

1999年國民旅遊市場遭逢九二一大地震重創，中部多處主要遊憩區道路設施受損，加上國人基於旅遊安全心理因素影響，多不願意赴中部地區旅遊，造成1999年10月至12月全台遊憩區遊客大幅下降30.42%，（中部災區下降58.52%），1999年全年亦負成長8.34%。經採取「加速重建區觀光產業復建」、「搶求國際觀光市場」、「促銷重建區旅遊」等三大振興策略，推出短期立即活絡當地產業的措施，舉辦谷關、日月潭系列活動，鼓勵公務人員率先至災區旅遊，並鼓勵旅行業者規劃中部地區

表11-4　2001年國際觀光旅館稅捐統計（依稅捐別區分）

單位：新台幣（元）／%

營業科目＼地區		台北24家	高雄8家	台中6家	花蓮4家	風景區7家	桃竹苗5家	其他1家	合計55家
營業稅	總和	717,931,628	84,761,422	29,668,478	19,760,205	44,878,956	42,589,725	0	939,590,414
	平均	29,913,818	10,595,178	4,944,746	4,940,051	6,411,279	8,517,945	0	17,083,462
	百分比	43.84%	37.79%	44.98%	48.32%	52.94%	35.27%	0.00%	43.06%
地價稅	總和	224,266,899	12,742,565	10,027,540	9,979,611	2,884,682	5,514,883	1,683,137	267,099,317
	平均	9,344,454	1,592,821	1,671,257	2,494,903	412,097	1,102,977	1,683,137	4,856,351
	百分比	13.70%	5.68%	15.20%	24.40%	3.40%	4.57%	20.70%	12.24%
房屋稅	總和	223,291,475	122,563,376	25,223,622	10,716,084	16,149,884	44,934,771	1,192,024	444,071,236
	平均	9,303,811	15,320,422	4,203,937	2,679,021	2,307,126	8,986,954	1,192,024	8,074,022
	百分比	13.64%	54.65%	38.24%	26.20%	19.05%	37.21%	14.66%	20.35%
汽車牌照稅	總和	3,485,624	920,415	252,290	225,410	498,437	190,417	63,470	5,636,063
	平均	145,234	115,052	42,048	56,353	71,205	38,083	63,470	102,474
	百分比	0.21%	0.41%	0.38%	0.55%	0.59%	0.16%	0.78%	0.26%
進口稅捐	總和	400,034	4,710	0	21,177	0	10,121	0	436,042
	平均	16,668	589	0	5,294	0	2,024	0	7,928
	百分比	0.02%	0.00%	0.00%	0.05%	0.00%	0.01%	0.00%	0.02%
其他稅捐	總和	94,736,957	409,873	115,170	32,040	991,768	275,491	38,910	96,600,209
	平均	3,947,373	51,234	19,195	8,010	141,681	55,098	38,910	1,756,367
	百分比	5.79%	0.18%	0.17%	0.08%	1.17%	0.23%	0.48%	4.43%
營利事業所得稅	總和	365,539,844	0	147,054	0	19,127,342	7,789,644	5,154,666	397,758,550
	平均	15,230,827	0	24,509	0	2,732,477	1,557,929	5,154,666	7,231,974
	百分比	22.32%	0.00%	0.22%	0.00%	22.56%	6.45%	63.39%	18.23%
代徵娛樂稅	總和	7,789,916	2,880,183	519,979	164,103	248,163	19,450,946	0	31,053,290
	平均	324,580	360,023	86,663	41,026	35,452	3,890,189	0	564,605
	百分比	0.48%	1.28%	0.79%	0.40%	0.29%	16.11%	0.00%	1.42%
合計	總和	1,637,442,377	224,282,544	65,954,133	40,898,630	84,779,232	120,755,998	8,132,207	2,182,245,121
	平均	68,226,766	28,035,318	10,992,356	10,224,658	12,111,319	24,151,200	8,132,207	39,677,184
	百分比	100.00%	100.00%	100.00%	100.00%	100.00%	100.00%	100.00%	100.00%

資料來源：交通部觀光局。

關懷之旅的套裝行程，中部災區旅遊人次已有增加趨勢，整個國民旅遊市場則已見復甦，並轉爲正成長，成長率爲8.23%。

2002年，台灣加入WTO，推展觀光應是全民運動，政府、業者及民衆應致力營造具有魅力、友善的觀光旅遊環境，建置以台灣爲名之網站，增加國際能見度，並以台灣之特殊地理、人文特色，重塑台灣國際新形象。

附　錄

附錄一　旅館開幕前客房與餐飲設備項目參考表

某200間房的國際觀光旅館之客房與餐飲備品項目總表

NO	品名	規格	數量	單位	NO	品名	規格	數量	單位
1	電視機	大同彩色14"	196	台	25	浴缸墊	8.4"×10.8"	210	塊
2	電視機	大同彩色20"	10	台	26	拖鞋	7.2"×10.8"	496	雙
3	電冰箱	大同TR-1018G	209	台	27	木衣架		1200	支
4	彈簧床	3.5"×6.2"	274	只	28	圓桶皮椅		210	只
5	彈簧床	4.5"×6.2"	70	只	29	椅子腳	柳安木	450	支
6	彈簧床	3"×6.2"	10	只	30	客房間書夾		300	本
7	毛毯		500	條	31	鑰匙牌		617	支
8	床單	7.2"×10	1200	條	32	鎖把		214	支
9	床單	8.4"×10.8"	400	條	33	房間門鎖		213	付
10	床罩	8.4"×10.8"	128	條	34	防盜鎖鍊		207	付
11	床罩	7.2"×10.8"	404	條	35	浴室門鎖		210	付
12	被墊	3.5"×9.2"	408	條	36	房間門扣		854	層
13	被墊	4.5"×6.2"	139	條	37	飲水機	580SL冷熱兩用	6	台
14	枕頭套		2000	條	38	飲水機	800SL單冰	3	台
15	木棉枕頭		450	只	39	吸塵器	VCP-700.S東芝	5	台
16	毛巾		202	打	40	吸塵器	#687"	1	台
17	浴巾		80	打	41	吸水機		1	台
18	熱水瓶		210	支	42	打臘機	14"	1	台
19	ST茶皿		210	支	43	滅火器	5P	60	支
20	冷水壺		200	支	44	太平門燈		60	個
21	ST茶壺		50	個	45	迷你抽水機		1	台
22	菸灰缸		21	支	46	旗座		12	座
23	木字紙簍		210	個	47	手推車			
24	三角垃圾桶		202	個	48	洞牌	Floor Station	5	塊

某200間房的國際觀光旅館之客房與餐飲備品項目總表

NO	品名	規格	數量	單位	NO	品名	規格	數量	單位
49	銅牌	電報、接待出納	3	塊	73	印台		14	個
50	銅牌	一樓服務中心	1	組	74	黑板		2	塊
51	銅日曆		2	個	75	鐵夾	特大	12	個
52	行李網		6	條	76	鐵夾	中小	52	個
53	保溫茶桶	12.1	1	個	77	橡皮章		32	個
54	手電筒		6	支	78	美國黑夾		12	個
55	印時鐘		1	台	79	資料夾		4	個
56	打卡鐘		2	台	80	帳簿夾	26孔活頁用	5	個
57	英文打字機	全自動CITIZEN	1	台	81	公文夾		42	個
58	英文打字機		1	台	82	透明公文夾		60	個
59	膠帶打字機		2	台	83	簡便塑膠夾		46	個
60	號碼機		2	台	84	塑膠公文夾		120	個
61	金庫		3	台	85	報夾		8	個
62	鐵櫃		5	台	86	剪刀		8	支
63	計算機	12ND 金寶	3	台	87	文具盒		3	個
64	計算機	無敵牌超迷你	10	台	88	鐵子		2	支
65	訂書機	NO 10.	27	支	89	座筆檯架		5	個
66	訂書機	NO 3.	1	台	90	現代秘書實務		2	本
67	鋼尺	60.CW	2	支	91	現代秘書實務		1	本
68	膠紙台		5	台	92	大陸簡明英漢辭典		1	本
69	小費箱		2	個	93	指示牌	壓克力	23	個
70	紙張打孔機		2	台	94	壓克力名牌		1,000	個
71	鬧鐘		1	台	95	電話按內牌		250	片
72	開會鈴		2	個	96	請勿打擾牌		300	片

某200間房的國際觀光旅館之客房與餐飲備品項目總表

NO	品名	規格	數量	單位	NO	品名	規格	數量	單位
97	銅鎖		12	付	121	瓷器茶杯組		1	組
98	檯燈		2	支	122	冷氣機		5	台
99	辦公桌	3.5 "附裝	17	只	123	鐵腳圓桌		50	張
100	辦公桌	4.5"附裝	6	只	124	鐵腳圓椅		4	只
101	辦公桌	5"附裝	4	只	125	墨鏡招牌		1	塊
102	大轉椅	棕色	3	只	126	壓克力招牌		5	式
103	大轉椅	黑皮	1	只	127	銅字招牌		2	厚
104	中轉椅	黑皮	8	只	128	金箔字及商標		1	面
105	黑皮椅		26	只	129	壓克力招牌		1	式
106	藤椅		8	只	130	化妝鏡		378	才
107	角鋼辦公室		4	只	131	舒美地毯	5F總機	1	式
108	中轉椅	有扶手（灰）	4	只	132	管子鉗	8"	1	支
109	中轉椅	無扶手（灰）	8	只	133	管子鉗	14"	1	支
110	電話專機	3148808	2	只	134	管子鉗	18"	1	支
111	音樂帶		36	卷	135	噴釘		1	台
112	咖啡皮沙發		1	組	136	鋼絲鉗	8"	1	支
113	紅絨沙發		1	組	137	斜口鉗	6"	1	支
114	芝絨沙發		1	組	138	尖嘴鉗	6"	1	支
115	紅絨沙發		1	組	139	活動板手	12"	1	支
116	會客桌椅	1桌2椅	3	組	140	起子	（+）6"	2	支
117	會客桌椅	黃色玻璃小茶几	2	組	141	起子	（+）4"	2	支
118	十二樓鍋爐鐵架		1	式	142	起子	（+）3"	2	支
119	萬能角鋼		450	呎	143	起子	（-）6"	2	支
120	算盤		9	個	144	起子	（-）4"	2	支

某200間房的國際觀光旅館之客房與餐飲備品項目總表

NO	品名	規格	數量	單位	NO	品名	規格	數量	單位
145	起子	(-) 3"	2	支	169	垃圾桶	中	1	個
146	梅花板手		1	組	170	塑膠冰桶		15	個
147	鐵鎚	3LD附柄	1	支	171	酒瓶起子		130	支
148	工作皮套		2	套	172	菸灰缸	印馬克	1,008	個
149	檢電起子		2	支	173	菸灰缸		29	打
150	管子車牙機		1	台	174	瓷器茶杯		127	個
151	管子切刀	附三角架	1	台	175	膠錢皿		25	個
152	電工刀		2	支	176	除訂器		1	支
153	抗油捻		1	支	177	傳票叉		10	支
154	振動電鈷	1/2	1	台	178	菜單		300	本
155	水泥漸	大、中、小	1	組	179	西餐椅		367	只
154	輪座	50米	1	只	180	西餐桌		99	只
157	鋼鋸架		1	組	181	傳票夾		200	個
158	焊槍		1	支	182	菜單夾		100	本
159	捲尺		1	卷	183	聖誕燈		8	條
160	膠管		60	尺	184	咖啡架		5	組
161	桌上虎鉗		1	台	185	木夾		2	盒
162	安全帽		3	頂	186	麵粉袋		20	個
163	鐵床		8	只	187	果汁機		3	台
164	摺床		2	只	188	白鐵壓汁機		2	台
165	睡袋		17	條	189	電動壓汁機		1	台
166	棉被		25	條	190	瓦斯爐		4	台
167	垃圾桶	特大	21	個	191	磅秤	12公斤	1	台
168	垃圾桶	小	20	個	192	磅秤	1公斤	2	台

某200間房的國際觀光旅館之客房與餐飲備品項目總表

NO	品名	規格	數量	單位	NO	品名	規格	數量	單位
193	磅秤		1	台	217	膠片		5	片
194	電動刨冰機		1	台	218	電木肉叉		5	支
195	大菜板		5	個	219	207肉叉		120	支
196	膠菜板		3	個	220	扁肉叉		105	支
197	磨漿板		2	個	221	肉槌		2	支
198	佛來板	8"	12	支	222	佐料杓		15	支
199	佛來板	10"	12	支	223	料理杓		10	支
200	佛來板	12"	2	支	224	濾水器		1	支
201	佛來板	14"	5	支	225	刀石		8	個
202	牛刀	330m/m	7	支	226	磨刀棒		1	支
203	源義鋼刀	300m/m	2	支	227	乾冰桶		1	個
204	一角刀	330m/m	2	支	228	雙劍冰桶		9	個
205	一角刀	270m/m	4	支	229	保溫咖啡箱		1	台
206	一角刀	150m/m	2	支	230	麵包保溫箱		1	台
207	一角刀	120m/m	7	支	231	鐵鼎		2	個
208	尖刀	120m/m	6	支	232	湯桶		12	個
209	理肉刀		1	支	233	快鍋		1	台
210	四角小菜刀		1	支	234	三更鍋		25	組
211	浪花切刀		5	支	235	牛奶鍋		6	支
212	蛋糕刀		2	支	236	50人份瓦斯鍋附雙內鍋		1	組
213	洋芋刨刀		2	支	237	飯鍋		5	個
214	瓜皮刀		5	支	238	文化鍋		30	個
215	刮平刀		3	支	239	滷湯桶		9	個
216	橡皮刀		15	支	240	單字鍋		30	支

某200間房的國際觀光旅館之客房與餐飲備品項目總表

NO	品名	規格	數量	單位	NO	品名	規格	數量	單位
241	牙筷		25	束	265	黑木皿		50	個
242	長筷		30	雙	266	反口皿		50	個
243	活動麵桿		2	支	267	烤皿		113	個
244	切麵刀		2	支	268	扇形烤肉		65	個
245	麵桿		2	支	269	派皿		50	個
246	沙拉碗		72	個	270	小考碗		120	個
247	湯碗		498	個	271	8" 底皿		10	個
248	肉皿		618	個	272	四合箱		3	個
249	長皿		98	個	273	冰杓		8	支
250	天一 6" 皿		108	個	274	木製拖皿		60	個
251	天一 湯皿		60	個	275	大匙		500	支
252	麵碗		132	個	276	茶匙		500	支
253	麵碗	6" 洋井	10	個	277	大叉		700	支
254	ST碗		20	個	278	中叉		400	支
255	咖哩碗		60	個	279	小叉		420	支
256	拖皿墊		24	個	280	冰匙		120	支
257	舒樂碗		36	個	281	餐刀		700	支
258	素麵碗		50	個	282	牛排刀		150	支
259	京平碗		50	個	283	奶油刀		300	支
260	木皿		10	個	284	咖啡匙		100	支
261	牛排皿		120	個	285	電木匙		69	支
262	圓框皿		24	個	286	長粥匙		15	支
263	方皿		108	個	287	長飯匙		5	支
264	蒸籠		1	組	288	西餐匙		9	支

某200間房的國際觀光旅館之客房與餐飲備品項目總表

NO	品名	規格	數量	單位	NO	品名	規格	數量	單位
289	茶匙		10	支	313	咖啡杯	全白大	30	套
290	白鐵大鏟		1	支	314	綜合咖啡杯		130	套
291	搖酒器		2	個	315	茶古		10	支
292	量酒器		1	個	316	咖啡壺		27	支
293	調酒棒		3	支	317	咖		53	組
294	量杯		3	個	318	8059杯		5	打
295	量匙		2	組	319	3130啤酒杯		10	打
296	印飯模		4	個	320	150A 水果皿		119	個
297	蛋糕模	10"活動式	20	個	321	112聖代杯		58	個
298	蛋糕模	10"有空	10	個	322	318沙活杯		1	打
299	蛋糕模		4	個	323	301香檳杯		3	打
300	蛋塔模		100	個	324	306白蘭地杯		3	打
301	印模	龍形、雞形	4	個	325	309純酒杯		1	打
302	印模	圖形	1	組	326	328果汁杯		1	打
303	布丁模		200	個	327	三角杯		3	打
304	白鐵針架		10	個	328	3577杯		3	打
305	麵包籃		50	個	329	2342果汁杯		348	個
306	麵包夾		3	支	330	小高眞酒杯		2	打
307	毛巾夾		12	支	331	301杯		11	打
308	小灰夾		1	支	332	香蕉船		126	個
309	冰夾		7	支	333	335子母杯		15	打
310	冰水壺		15	個	334	335子杯		152	個
311	玻璃冰壺		6	支	335	馬丁尼杯		3	打
312	啤酒架		20	個	336	318水晶杯		24	個

某200間房的國際觀光旅館之客房與餐飲備品項目總表

NO	品名	規格	數量	單位	NO	品名	規格	數量	單位
337	312甜酒杯		1	打	361	漏盆		45	個
338	1610威瑟杯		3	打	362	菜盆		50	個
339	白蘭地杯		3	打	363	油漏		79	支
340	小酒杯		3	打	364	膠漏斗		2	個
341	2301香檳杯		3	打	365	平林		46	個
342	3057果汁杯		3	打	366	萬能盆		28	個
343	美茄羅		20	個	367	苔斗		9	個
344	法國水杯		48	個	368	奶油袋		13	個
345	302香檳杯		3	打	369	花嘴		4	組
346	奇異花鉢	10"有空	23	個	370	奶油皿		300	個
347	蓮花小鉢		50	個	371	牙籤台		40	個
348	牛奶缸		68	個	372	鯉魚鉗		5	支
349	圓小鉢		50	個	373	羊毛刷		7	支
350	胡椒瓶		160	支	374	腰只鐵刷		10	支
351	透明筒		46	個	375	油刷		7	支
352	油筒		5	個	376	牙鐵刷		10	支
353	勝利筒		51	個	377	ST水飄		2	支
354	圓筒		1	個	378	洗衣板		1	個
355	ST菜盆		5	支	379	耐酸桶		6	個
356	打蛋盆		12	個	380	圓膠皿		50	個
357	鋁盆		16	個	381	工具箱	附工具	1	個
358	浴膠盆		2	個	382	手把		3	支
359	打蛋器		11	支	383	宵夜燈		84	個
360	切蛋器		4	個	384	瓦斯管		20	尺

某200間房的國際觀光旅館之客房與餐飲備品項目總表

NO	品名	規格	數量	單位	NO	品名	規格	數量	單位
385	烘手機		3	台	409	廣告霓虹燈			
386	小皮包		1	台	410	熱水器		1	台
387	鋼琴	阿波羅A-35附筒	1	台	411	電扇		3	台
388	鋼琴	0-361K符筒	1	台	412	電話分機		4	部
389	西餐爐	2400×900×800	1	台	413	客房部水槽		5	台
390	工作檯	600×600×800	1	台	414	電錶		2	個
391	日式西餐廳附牛排爐	1800×900×800	1	台	415	閉路電視		1	台
392	煙罩	5000×1000×750	1	台	416	十二F鍋爐		1	式
393	排風機	18"	4	台					
394	單水槽	600×600×800	1	台					
395	食物架	1800×500×1600	1	台					
396	碗盤消毒廚	1500×700×1600	1	台					
397	三連式水槽		1	台					
398	殘菜處理檯	1200×700×800	1	台					
399	出菜檯	1200×700×800	1	台					
400	沙拉冰箱	1900×800×800	1	台					
401	六門式冰箱	1800×750×1800	2	台					
402	麵粉工作檯	1500×800×800	1	台					
403	電烤箱	12KG	1	台					
404	攪拌機	1/2	1	台					
405	打蛋機	1/4	1	台					
406	雙連式水槽	1500×700×800	1	台					
407	工作檯	100×900×800	2	台					
408	蛋糕櫥		1	台					

資料來源：楊長輝著，《旅館經營管理實務》（台北：揚智文化，1996年）。

附錄二　旅館會計科目用語

Revenue　收入
Operating Revenue　營業收入
Room Revenue 客房收入
Food and Beverage Revenue　餐飲收入
Amusement Facilities Revenue　遊樂設施收入
Guest Laundry Revenue　洗衣收入
Other Operating Revenue　其他營業收入
Non-operating Revenue　營業外收入
Interest Earned　利息收入
Profit on investments　投資收益
Gain on Sales of Assets　出售資產利得
Overage on Inventory Taking　盤存盈餘
Expenditure　支出
Operating Costs　營業成本
Room Costs　客房成本
Salaries and Employee Benefits　用人成本
Other Expenses　間接成本
Guest Supplies　客用消耗品
Glassware China　玻璃、陶瓷品
Cleaning Supplies　清潔用品及清潔費
Laundry　布巾、窗簾、制服等洗滌費
Decorations　裝飾費
Travelling and Transportation　旅運費
Reservation Expenses and Commission　訂房費及佣金

Printing and Stationery 文具印刷費

Uniforms 服裝費

Business Taxes 稅捐

Miscellaneous 什費

Food and Beverage Costs 餐飲成本

Cost of Food and Beverages Consumed 直接成本（材料成本）

Guest Laundry Costs 洗衣成本

Other Operating Costs 其他營業成本（其他營業收入之有關成本）

Operating Expenses 營業費用

Rental Expenses 租金支出

Postage Telephone and Telegraph 郵電費

Advertising and Promotion 廣告費

Electricity and Water 水電費

Insurance Premium 保險費

Entertainments 交際費

Donations 捐贈

Loss on Bad Debts 呆帳損失

Depreciation and Depletion 折舊及耗竭

Amortization Expenses 各項攤提，即分期攤銷之各種遞延費用

Employees' Welfare 職工福利

Fuel 燃料費

Non-operating Expenses 營業外支出

Interest Expenses 利息支出

Loss on Investments 投資損失

Shortages on Inventory taking 盤存虧損

Other Non-operating Expenditure 其他營業外支出（凡不屬於上列科目之非營業性支出）

參考書目

1.陳永鳳編著（2002）。《企業會計實務指南》。香港：中國國際出版社。
2.鄭丁旺、汪泱若、黃金發著（1991）。《初級會計學》。著者自行發行。
3.中國救總職業訓練所編印（1987）。《餐飲管理實務》。
4.經濟部商業司編印（1995）。《餐飲業經營管理技術實務》。
5.《台灣地區國際觀光旅館營運90年度分析報告》（交通部觀光編印）。
6.李宗黎、林蕙眞著（1990）。《會計學新論》上冊。台北：證業出版。
7.蔣丁新、張宏坤編著（1997）。《飯店財務管理》。台北：百通圖書。
8.何健民著（1994）。《現代賓館管理原理與實務》。上海：上海外語教育出版社。
9.詹益政著（1994）。《旅館經營實務》。著者自行發行。
10.何西哲著（1995）。《餐旅管理會計》。著者自行發行。
11.蕭君安、陳堯帝著（2000）。《旅館資訊系統》。台北：揚智文化。
12.蕭君安、陳堯帝著（2000）。《餐飲資訊系統》。台北：揚智文化。
13.卓敏枝、盧聯生、莊傳成著（1997）。《稅務會計》。台北：三民書局。
14.阮呂方周、陳寶欽編著（1998）。《稅務會計》。台北：文笙書局。
15.薛明玲、高文宏修訂（1991）。《營利事業稅務行事曆》。台北：聯輔中心。
16.蘇芳基著（1997）。《採購》。著者自行發行。
17.高秋英著（1994）。《餐飲管理》。台北：揚智文化。
18.薛明敏著（1999）。《餐廳服務》。台北：明敏餐旅管理顧問公司。
19.陳子民著（1997）。《中小型商業會計制度》。台北：聯輔中心。
20.萬光玲著（1998）。《餐飲成本控制》。台北：百通圖書。
21.潘朝達著（1979）。《旅館管理基本作業》。著者自行發行。

Note

Note

Note

Note

Note

旅館會計實務

著　　者☞ 楊上輝
出 版 者☞ 揚智文化事業股份有限公司
發 行 人☞ 葉忠賢
總 編 輯☞ 林新倫
登 記 證☞ 局版北市業字第 1117 號
地　　址☞ 新北市深坑區北深路 3 段 260 號 8 樓
電　　話☞ （02）8662-6826
傳　　真☞ （02）2664-7633
法律顧問☞ 北辰著作權事務所　蕭雄淋律師
印　　刷☞ 鼎易印刷事業股份有限公司
初版三刷☞ 2012 年 2 月
I S B N ☞ 957-818-629-0
定　　價☞ 新台幣 400 元
網　　址☞ http://www.ycrc.com.tw
E-mail ☞ service@ycrc.com.tw

國家圖書館出版品預行編目資料

旅館會計實務 = Practical Hotel Accounting
/ 楊上輝著. -- 初版. -- 臺北市：揚智文
化, 2004[民 93]
面；　公分
參考書目:面
ISBN 957-818-629-0 (平裝)

1. 旅館業 – 會計 2. 管理會計

495.59　　93008407